木浦幹雄 著

デザイン
リサーチの
教科書

DESIGN
RESEARCH:
BUILD,
TEST,
REPEAT

はじめに

　私たちは、イノベーションの掛け声のもとに、会社を成長させることが求められている。そのために新しいプロダクトやビジネスを生み出す。あるいは既存のプロダクトやビジネスを成長させる。または仕事のやり方を工夫することによって、より効率良く、もっと成果を出す、つまりリソースの効率性を高め投資対効果を最大化することが求められている。そのために必要なことは、アイデアである。

　しかしながら、変化が激しく、未来を予測することの困難さが増し続けるこの社会において、新しいアイデア、しかも実現可能で高い効果を期待でき、かつ他の人が思いつかないような意味のあるアイデアを出すことは容易ではない。良いアイデアはどのように生み出せばよいのか。そしてアイデアをどのようにして評価し、他の人に伝え、社会に送り出せばよいのだろうか。

　様々なアイデアを生み出すことが求められる仕事はたくさんある。ライター、作曲家、イラストレーター、建築家、YouTuber……挙げればきりがないが、デザイナーもそのひとつである。ファッションデザイナー、インテリアデザイナー、インダストリアルデザイナー、Webデザイナーなど、どんな領域のデザイナーも、常に新しいアイデアを生み出し、何らかの形で顧客に提案することが求められている。

　なぜ新しいアイデアを出し続けることができるのだろうか。それは適切なリサーチの方法を知っているからである。デザイナーによってそれぞれ得意とするやり方が異なるものの、インスピレーションを得る方法を見つけ出し、実践している。このインスピレーションを得る

方法が、本書のテーマとなるデザインリサーチである。

　近年は、UXデザイン、ビジネスデザイン、組織デザイン、業務デザインなど、これまでデザインの対象とは思われてこなかった領域までもがデザインの対象となり、その範囲は拡がり続けている。これに伴いデザインリサーチに求められる専門性は高まり、リサーチに必要な工数も増加し続けている。欧米ではデザインリサーチに取り組むデザインリサーチャーが専門職として認知され、求人数が増加の一途を辿っていることからもデザインリサーチの重要性を垣間見ることができる。

　筆者はデンマークのコペンハーゲンにあるデザインスクールCopenhagen Institute of Interaction Design (CIID) に留学した経験を持つ。CIIDは2006年創立と非常に新しい学校ながら、各界から高い評価を得て、すでに世界のトップデザインスクールとして名を馳せている。2020年には東京で2週間のワークショップを開催し100名以上の参加者を集めた。海外のデザインスクールが日本国内で開催するワークショップとしては過去最大規模であり、注目の高さが窺える。

　CIID卒業後はいくつかの海外デザインファームでデザインプロジェクトに従事し、日本に帰国後、自身の会社アンカーデザイン株式会社を立ち上げた。アンカーデザインでは、海外で生まれ育まれてきたデザインリサーチの方法論を尊重しつつ、日本の文化や商習慣に合うデザインリサーチの形を模索している。その成果を顧客に対して提供する一方で、企業に対してデザインリサーチに関する研修を実施している。

　海外においてデザインリサーチの進め方はある程度体系化されているものの、日本国内においては、各デザイン会社、あるいは事業会社のデザイナーやデザインリサーチャーが手探りでデザインリサーチに取り組んでいるような状況である。本書は、このような状況を鑑み、デザイナーやデザインリサーチャーはもちろんのこと、新規事業創出あるいは既存プロダクトの改善に関わる広義のデザイナー、具体的には企画者、事業開発者、プロダクトオーナー、エンジニア、カスタマーサクセスなどの立場からデザインリサーチに取り組む人々の一助とな

るよう、入門書として執筆した。

　本書の構成は次の通りである。

　まず1章ではデザインのトレンドについて紹介し、2章ではデザインリサーチの概要について述べる。3章でデザインリサーチプロジェクトの進め方を解説し、4章ではデザインリサーチをどのように導入し運用していけばよいかについて紹介する。

　新しいプロダクトを作る時や既存のプロダクトを改善する時はもちろんのこと、業務を改善する時にもデザインリサーチは効果的だ。新しい採用の方法を考えなければならない時、より良い人材育成の方法を考えなければならない時、営業チームのパフォーマンスを向上させる方法を模索している時、店舗での接客を通して顧客満足度を高める方法を探している時、コールセンターの効率的な運営方法を見いだしたい時、研究開発業務の効率を高めたい時、より良い公共サービスのあり方を検討したい時、都市の将来ビジョンを考える時。これらは粒度や範囲はバラバラであるが、いずれもデザインリサーチが適用可能な領域である。必ずしも本書で紹介するプロセスに従ってプロジェクトを進める必要はないが、部分的にでも参考にしていただければ幸甚である。

木浦幹雄

本書の構成

本書の構成は下記の通りとなっている。順番に読まなければ意味をなさないというようなものではなく、必要なところから読み始めてもらって構わない。

1　なぜデザインなのか、なぜデザインリサーチなのか

「デザイン」あるいは「プロダクト」という言葉は受け取る人によって様々な意味で解釈されることがある。これらの言葉について、デザインに関する近年のトレンドに触れながら本書における捉え方を解説する。これまで主にユーザーとしてデザインと関わってきた方は、この章から読んでいただけるとデザインリサーチが必要とされる背景についてより深い洞察を得られるものと思う。

2　デザインリサーチとは何か

本書のテーマであるデザインリサーチの概要について解説する。デザインリサーチとはどのようなもので、なぜデザインリサーチが必要なのか。そしてマーケティングリサーチと比較することによってデザインリサーチの特徴について説明する。また最後に、どのようなシーンでデザインリサーチが活用できるのか、いくつかの例をもとに紹介する。デザインリサーチに興味があり、その有用性について理解したい方や他者へ説明したい方、あるいは自分の業務にどのような形で取り入れることができるか知りたい方へのヒントとなるはずである。

3　デザインリサーチの手順

デザインリサーチの手順について詳細に解説する。デザインリサーチのプロセスについて紹介したのち、プロセスの各ステップについて具体的に説明する。デザインリサーチに取り組むことになった、あるいはデザインリサーチプロジェクトに参加することになったが何から始めてよいかわからないという方は、この章が参考になるものと思う。またすでに部分的に取り入れている方も、改めて全体を俯瞰することができるだろう。

4　デザインリサーチの運用

デザインリサーチをプロダクト開発の流れの中でどのように取り入れ、どのように運用していくかについて解説する。デザインリサーチの意義についての理解、その手順についてのある程度の知識や経験のある方が、それを組織や実際のプロダクト開発にどのように導入し継続していくかを検討する上でのヒントとなれば幸いである。

もくじ

3 デザインリサーチの手順 ……………………………… 096

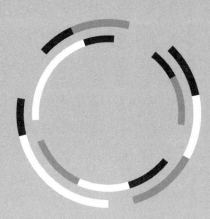

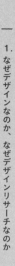

1. なぜデザインなのか、なぜデザインリサーチなのか

1

なぜデザインなのか、
なぜデザインリサーチなのか

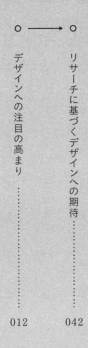

1.1 デザインへの注目の高まり

デザインは今、大きな転換期を迎えようとしている。これは、デザインの対象とする領域が拡がり続けていること、多くの人々が様々なプロダクトを手に入れられるようになったこと、社会の変換のスピードが高まり未来を予測することが難しくなっていること、あるいはデザインという行為そのものが多くの人々を巻き込みながら進められるようになったことなど、様々な要因がある。このような状況下ではこれまで通りのものづくりの方法が通用しなくなりつつあり、デザインが社会に対していかに貢献できるかが試されている。

1.1.1 デザイン領域の拡大

見た目だけではないデザイン

「デザイン」という言葉を聞いた時、あなたはどのようなものをイメージするだろうか。「これは良いデザインだね」あるいは「製品をデザインする」と言った場合、多くは「見た目が優れていること」や「見た目を洗練させる」ことを意味することが多い。

　これはデザインに携わる人、つまりデザイナーについて言及する際も同様である。「将来の夢はデザイナーです」あるいは「デザイナーとして働いています」と言った時、多くの人は「ファッションデザイナー」や「グラフィックデザイナー」をイメージすることが多いだろう。

「デザイナーズマンション」といえば主におしゃれなデザインの部屋を思い浮かべることと思う。

　Twitter や Facebook などのソーシャル・ネットワーキング・サービス上ではインターネットミームの一種として「デザインの敗北」なるフレーズが駆け巡ることもある。これはデザイナーが対象をスタイリッシュにしようとした結果、見た目は良いが実際に利用するユーザーにとっては使い勝手の悪いものとなってしまい、注意書きのテプラを貼り付けるといった対処が必要な状態を指す。いずれにしてもデザインとは見た目に関するもの、見た目を良くするものであるという認識が根底にある。

　この「デザイン＝見た目の話」として認識されているのは日本に限った話ではない。私はデンマークのデザインスクールにてデザインを学び、様々な国や地域の人々と一緒にプロジェクトに取り組んだ経験があるが、多くの国においてデザインに対する一般的な認識に大きな差はないと感じている。

　このイメージがいまだ大多数を占めることに変わりはないが、少しずつ変化の兆しが見えていることも事実である。

　例えば、グランドデザイン (Grand Design) という言葉をニュースなどで見聞きしたことはないだろうか。「国土のグランドデザイン」「大阪のグランドデザイン」といったように、国として、あるいは特定の地域として将来どのような方向を目指すべきかという、ときには数十年を要するような壮大なビジョンを描く時に使用される言葉であり、それが色や形についての話をしていないことは明白であろう。この場合における「デザイン」という言葉は、大きな目的を達成するための仕組みやシステムの構想についての企画・設計を指す。

　ビジネスの現場では、UX デザイン (User Experience Design) と呼ばれるような、見た目ではなく体験にフォーカスしたデザイン分野が徐々にではあるものの市民権を得つつあるし、デザイン思考を活用したイノベーション創出ワークショップが連日どこかの企業で実施されている。新規事業開発や業務改善の場においてデザインスプリントが導入されるケースも見聞きするようになった。

2018年に経産省から「デザイン経営」宣言が発表されたことも大きなニュースであった。デザイン経営宣言とは、企業の経営にデザインの力を浸透させることによってより大きな成長が期待できること、あるいはデザインがイノベーションを生み出す原動力となり得る旨を政府が中心となって取りまとめたものである。本宣言は1960年に東京で開催された世界デザイン会議を引き合いに出し、それ以上のインパクトを日本のデザイン業界、そして日本社会に与えるものであるともいわれている。

このように、見た目だけではない「デザイン」に対する注目が徐々に高まりつつあるといえるだろう。

プロダクトとは何か

見た目だけではないデザインについて説明したが、デザインへの注目が高まる背景として、「プロダクト」というものの捉え方の変化についても説明しなくてはならない。そのために、まずは下記の図1-1、Richard Buchananによる論文「Design Research and the New Learning」で提唱されている、デザインの分類を示した「Four Orders of Design」と呼ばれる概念を紹介しよう。

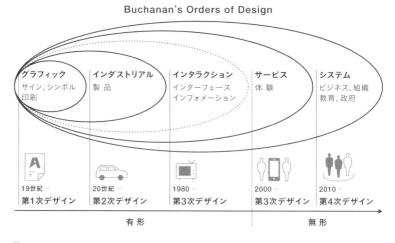

図1-1　Tomoki Hirano「Design School Koldingまでの軌跡（絶望編）」(https://medium.com/@hiranotomoki) より許可を得て翻訳・作成

最初の1つ目はグラフィックデザインである。従来、グラフィックデザインで扱うデザイン対象物は印刷物やサインが中心だったが、現在では映像やGUI (Graphical User Interface) など様々なメディアを利活用した表現技法が含まれるようになり、それに伴いこの分野をコミュニケーションデザインと呼ぶこともある。これはグラフィックデザインが、言葉や画像などの情報を人々にいかにして伝達するかにフォーカスしているからであり、カバー範囲が広がっても情報を人々に伝えるためのデザインという根底の部分は同一であると考えることができるからであろう。

　2つ目はインダストリアルデザインである。インダストリアルデザインは物理的なモノのデザインのことを指す。主にこの領域のことを取り上げてプロダクトデザインと呼ぶこともある。これは後述するインタラクション、サービス、システムに関する領域まで含めてプロダクトとして認知されたのがデザインの歴史からすると比較的最近であるためであろう。

　グラフィックデザインとインダストリアルデザインの違いは、デザインの対象がビジュアルシンボルか物理的なモノかであるともいえる。ここで重要なポイントとして、インダストリアルデザインとして何か物理的なモノを作り上げる際には、グラフィックデザインが必要になってくる点である。例えばiPhoneを想像していただくとよいかと思うが、ハードウェアとしての造形の他に、iOSというソフトウェアを作り上げる必要があり、そこにはグラフィックデザインの知識、スキルなどが要求されることは想像に難くないだろう。インダストリアルデザインがグラフィックデザインを内包する形で示されているのはこのためである。

　さて、ここまでは比較的従来の「デザイン」という単語が持つイメージから大きな乖離がないと思う。だが、3つ目のインタラクションデザインとサービスデザインや、4つ目のシステムデザインは、デザインに興味のない多くの人にとって馴染みの少ないものであろう。

　3つ目のインタラクションデザインとして呼ばれる分野は人々の行動や経験をデザインする分野である。国際的なデザインファーム

IDEOの共同創業者の1人であり、CIIDのボードメンバーであった
Bill Moggridgeが1980年代に提唱したといわれている。インタラク
ションデザインにおける成果物は、ビジュアルシンボルの場合もあれ
ば、物理的なモノの場合もあり、場合によっては人と人とのコミュニ
ケーションの取り決めかもしれない。私たちのデザインしたプロダク
トは、様々な形で人々や周りの環境に影響を与える。デザインされた
プロダクトと、それを使用する人々の繋がり、そしてそれによって生
まれる行動や経験、影響を、デザインの対象としたのだ。

　サービスデザインは、インタラクションデザインを発展させたもの
として扱われることが多い。これはあくまでも私なりの解釈であるが、
インタラクションデザインとサービスデザインの違いは、持続可能性
にあると考えている。プロダクトによって人々の行動に影響を与え、
多くの人がそこに価値を感じたとしても、それがコスト的な観点や法
的な問題、あるいは裏側のオペレーションの都合などによってサービ
スを継続して提供可能でなければ、一時的なプロジェクトで終わって
しまう。それを長期間にわたり、可能であれば解決したい課題が存在
し続けるあいだ、持続的にソリューションを提供し続けるための仕組
みを構築すること、これこそがサービスデザインと呼ばれる領域にな
るのだ。サービスデザインに関する詳細は『THIS IS SERVICE
DESIGN THINKING.—Basics-Tools-Cases 領域横断的アプローチによ
るビジネスモデルの設計』（マーク スティックドーン、ヤコブ シュナイダー
編著、ビー・エヌ・エヌ）や『This is Service Design Doing　サービスデ
ザインの実践』（マーク・スティックドーン、アダム・ローレンス、マーカス・ホー
メス、ヤコブ・シュナイダー著、ビー・エヌ・エヌ）にて詳細に説明されて
いるため、本書での説明は省く。

　最後に、4つ目としてシステムデザインを提案している。これは我
々が働く、遊ぶ、学ぶといった、生活する上で直面するあらゆる機会
を統合した非常に大きな範囲を意味しており、次元数では表現できな
いような非常に複雑なプロダクト、具体的には組織のデザインなどが
含まれる。

　ここまででデザインと呼ばれるものの4つの括りを紹介したが、こ

の分類で興味深いのは、プロダクトデザインの対象となる領域が、2次元（グラフィックデザイン）から3次元（インダストリアルデザイン）へ、そして4次元（時間軸を伴う行動）へと次元を増やしていることと同時に、プロダクトに対する捉え方の変化も認識しなければならないという点である。従来私たちは、プロダクトを外部から捉えていた。プロダクトを外部から捉えるとはつまり、製品の形、機能、素材、製造方法、使い方などに目を向けていたわけだ。

良いデザインとは何か

グラフィックデザインやインダストリアルデザインは多くの場合、外側から見える要素、例えば見た目の美しさや機能などで評価される。そのためグラフィックデザインやインダストリアルデザインを教える学校では、材料、ツール、テクニックが教えられてきたし、いかに美しい見た目を生み出したかもさることながら、どのような製造方法を用いてプロダクトをデザインしたかも評価の対象であった。

　例えば、マルセル・ブロイヤーのデザインした代表的な椅子である「Club chair (model B3)」通称ワシリーチェア。図1-2の通りスチールパイプと生地のみで作成された世界初の椅子であるとされている。ワシリーチェアは座り心地や見た目が良いだけではなく、画期的な製造方法であったことも高く評価されている要因のひとつである。

図1-2　Wassily™ by Marcel Lajos Breuer

デンマークが誇るデザイナー、アルネ・ヤコブセンがデザインしたアントチェアや、エッグチェアについても言及したい。図1-3の通りアントチェアは三本脚でアリのようなシルエットが特徴的な椅子で、当時としては新しい素材であった成形合板を巧みに利用したデザインである。図1-4のエッグチェアは、ヤコブセンが手がけたコペンハーゲンにあるSASロイヤルホテルのためにデザインされた椅子であり、当時最先端の素材であった硬質発泡ウレタンを利用している。卵を思わせる独特のフォルムを持ち、特にSASロイヤルホテルの直線的なデザインとの対比が美しさを際立たせる。

　このような椅子をプロダクトとして捉えた時に、見た目だけではなく、その製造方法に対する評価もプロダクトデザインの世界において重要視されてきたことがわかる。しかし、あくまでもこれらは外部からプロダクトを捉えた視点での評価である。もちろん、だからといってこれらの椅子が座りにくいかというとそのようなことは決してなく、座り心地にも十分に配慮がなされていることは述べるまでもない。

図1-3　Ant™ by Arne Jacobsen © Fritz Hansen　　図1-4　Egg™ by Arne Jacobsen © Fritz Hansen

インタラクションデザインやサービスデザイン、システムデザインにおいても、機能や形、製造方法はもちろん無視することができないが、もっと内面的な評価軸が登場し、重視されるようになった。それは

Useful（役に立つか）、Usable（使いやすいか）、Desirable（好ましいか）といった評価軸であり、プロダクトデザインに対する評価方法が、あるいはプロダクトに期待されるべき項目が変わりつつあるといってもよいだろう。

　このようなデザインに対する期待、あるいはデザイナーたち自身が社会に対して提供する価値が何かという考え方の変化に伴い、新しい種類のデザイナー、新しい種類のデザインスクールが登場する。そのひとつが筆者の母校でもあるCopenhagen Institute of Interaction Design（CIID）である（世界を見渡せば同様の考え方、カリキュラムを持ったデザインスクールは多くあるだろうが、インタラクションデザインに特化したデザインスクールで現存するのは世界中にCIIDのみであると思われる）。

　CIIDをはじめとした、新しい種類のデザインスクールで教えられているカリキュラムを覗いてみると、材料、ツール、テクニックはもちろん重要でカリキュラムに含まれているものの、プロダクトが社会や人々の役に立ち、使いやすく、好ましくあるためのリサーチ手法や検証、改善方法に、それらと同様か、あるいはそれ以上の価値を置いたプログラムになっている。

　このような流れは特に北欧で顕著である。例えば、デンマークの南部、コリングの街にDesign School Koldingがある。Design School Koldingは伝統ある美術学校であり、ファッションデザイン、テキスタイルデザイン、アクセサリーデザインなどの課程を持っている。そして、ここの学生は当然であるが、ファッション、テキスタイル、アクセサリーなど様々なプロダクトを作る手法を学ぶ。しかしそれと同時に、自分たちのプロダクトが社会やビジネスの文脈の中でどのような意味を持つか、リサーチを通して見いだすのである。

　私自身も彼らの卒業制作展に足を運び、卒業生と話をさせてもらったことがあるが、Design School Koldingの卒業制作の特徴として、それぞれの学生はどこか外部の企業や組織をパートナーに選ばなければならないという点が挙げられる。パートナーとは、例えば自分が靴のデザインに興味があれば靴製造会社かもしれないし、新しい玩具をデザインしたいのであれば玩具メーカーかもしれない。あるいは警察署

や刑務所、病院といった組織かもしれないが、いずれにしても何らか
のプロダクトをデザインするということは、デザインしたプロダクト
を通して実世界に何らかのインパクトを与える必要がある、というこ
とを学ぶのだ。

　テキスタイルやアクセサリーはプロダクトとして捉えられてはいる
ものの、芸術作品に近いプロダクトであろう。ビジネスの文脈の中に
置かれることがあったとしても、見た目や素材、製法など外見からの
特徴によって評価されることが多い。しかしながらこのようなプロダ
クトをデザインの枠組みの中で作ることは極めて重要なことである。
日本の美術大学における卒業制作といえば、自分が熱中できるテーマ
を見つけ、自分の作りたいものを作るのが一般的であるから、ここに
Design School Kolding との大きな違いが認められる。

　この特徴は Design School Kolding 元学長である Elsebeth Gerner
Nielsen の考え方の影響を色濃く受けている。彼女は約20年間デン
マークで政治家として活動していた。その後 Design School Kolding
の学長に就任し様々な改革を行い、伝統的な美術学校から、世界の
トップ100に数えられるような国際的に非常に評価の高いデザインス
クールに進化させたのである。

プロダクトの意味の拡大　モノからサービスへ

プロダクトデザインといえば、何らかの物理的なオブジェクトをデザ
インすることであると一般的に考えられているが、プロダクトが指し
示す範囲は広がり続けている。スマートフォンのアプリケーションや
PC上で動作するソフトウェアのように物理的な実体を伴わないもの
もプロダクトと称されている。また、アプリケーションやWebサイ
トなどを介していても、ソフトウェアそのものが価値を生み出すわけ
ではないプロダクトも存在する。オイシックスは定期的に食品が配達
されてくるというサービスがプロダクトであるし、タイムズカーシェ
アは自動車の時間貸しサービスがプロダクトである。このように顧客
に対して提供するサービスそのものをプロダクトとして扱うことも

ある。

　さらに、それらアプリケーションを動作させるプラットフォームの
iPhoneやAndroidなどのスマートフォンも、ハードウェアだけで構成
されるプロダクトではなく、アプリケーションストアを通してダウン
ロード可能な多種多様な機能やクラウドサービスとの連携、GPSを
活用して紛失時に端末の位置を特定するサービス、Apple Watchや
Wear OS by Google搭載スマートウォッチのような外部デバイスとの
連携といった、ハードウェアを通してユーザーに体験を提供する一連
のサービスを含めてプロダクトとして扱われる。

　このようなプロダクト、つまりハードウェアだけではなくそれを取
り巻く様々なサービスと組み合わさることによって顧客に価値を提供
するプロダクトは枚挙に暇がない。独自のコンシェルジュサービスを
提供するレクサスや、インターネット経由で追加機能を購入できるテ
スラなどの自動車、新しいレシピをインターネットからダウンロード
して自動調理できるシャープのヘルシオやパナソニックのビストロ、
話しかけることでニュースや音楽の再生、家電の操作などをこなして
くれるスマートスピーカーのAmazon AlexaやGoogle Homeなどが一
般に普及している。BtoBに目を向ければ、全世界に展開する数十万
台を常時監視しトラブル発生時には遠隔制御可能なコマツの建設機械、
航空機をリアルタイムでモニタリングすることでトラブルやメンテナ
ンスを必要とする箇所が発生次第把握できるGEのジェットエンジン、
ネットワーク経由で顧客の利用状況を把握することで機器故障やト
ナー切れなどを防ぎ、メンテナンスの品質とスピードを向上させたキ
ヤノンのコピー機などもそうだ。

　こういった現代のプロダクトに共通して見られる特徴を挙げるとす
るならば、そのサービス化だといえるだろう。

　プロダクトがサービス化するとは何を意味するのだろうか。プロダ
クトがサービス化した社会では、私たちは完成されたハードウェアそ
のものにというよりも、ハードウェアを通して受けられる様々な恩恵
に価値を感じ、購入の意志決定に至るだろう。プロダクトの提供者も
同様に、プロダクトを通してどのようなサービスを提供できるかを考

え、より魅力的なサービスを継続的に提供することによってプロダクトの価値を高めようとするのである。

「デザイン経営」宣言

プロダクトのサービス化に併せて前述したデザイン経営についても触れておく必要がある。「デザイン経営」宣言とは、2018年に経済産業省および特許庁から発表された報告書[1]のことであり、この報告書は「産業競争力とデザインを考える研究会」による提言をまとめたものである。デザインと経営は一見、関連性の薄いものに思われるかもしれないが、欧米では多くの企業が戦略の中心にデザインを据えている。一方で、多くの日本企業はデザインを有効な経営手段と認識しておらず、グローバルな競争環境での弱みとなっていた。

　この提言では、デザインが経営に貢献できる点、あるいはデザインに期待される点として、ブランド力とイノベーション力の向上を挙げている。当然ブランドとはプロダクトの外見を魅力的にするだけで構築されるわけではない。顧客と企業との様々な接点の一つひとつに意味があり、魅力的で適切なコミュニケーションがなされた結果として構築されるものがブランドである。一方で、デザインはイノベーションの源泉としても期待されている。これはデザインリサーチがより威力を発揮する領域でもあるが、デザインは人々が気が付かないニーズを明らかにし、形にしていく力を持っている。

　このことはまさに、プロダクトがサービス化したことによって顕在化したデザインへの期待であるとも考えられる。サービス化したプロダクトにおいては、顧客と長期にわたって良好な関係を維持することが必要であり、そのためには顧客の生活の一部だけを切り取って理解した気になるのではなく、生活全体を理解した上でプロダクトを提案する必要がある。これを実現するためには、組織の中の一部門として

1　https://www.meti.go.jp/press/2018/05/20180523002/20180523002-1.pdf

存在するデザイナーが、プロダクトの仕上げで見た目を魅力的にするために注力するのではなく、プロダクト開発の上流からプロジェクトに参加すること、デザイン責任者が経営に参加することが必要であろう。企業経営者の目にデザイン経営宣言がどのように受け止められ、実行に移されるかは今後の推移を見守るより他にないが、少なくともこのような提言が経産省から出されたことは、デザイナー、あるいはデザイン業界、そしてより良いプロダクトを作ろうとする様々な現場にとって強力な追い風であることは間違いない。

<u>1.1.2</u>　作り手の都合から、社会の都合へ

デザインが我々の社会で重要な位置を占めるようになった背景を理解するためには、プロダクトデザインの歴史について知る必要がある。

　人類が地球上に現れてから数十万年とも数百万年ともいわれている。人類は昔から二足歩行をしていたと考えられてはいるものの、ずっと立ちっぱなしだったとは考えづらいだろう。疲れた時には我々と同じように、何かに腰掛けたくなることもあったはずだ。我々の祖先は自然の中にある石や丸太そのものを椅子として使用するだけでなく、座りやすいように石を割って丁度よいサイズにしたり、あるいは丸太の座り心地を良くするために木を削ったりしたかもしれない。

　これらは、我々がイメージするプロダクトとは大きくかけ離れたものかもしれないが、疲れた時に腰掛ける、あるいは疲れないように腰掛けることができるという点において、機能としては我々が椅子として認識しているプロダクトと大きな違いはないはずだ。

　ただし、このようにして作られたプロダクトは、大量生産を前提としたものではない。古代エジプトのナポレオンと呼ばれたトトメス3世の時代の壁画を見ると、一部の職人たちが椅子に腰掛けながら作業していることからプロダクトとしての椅子がある程度は普及していたものと思われるが、自分のため、あるいは自分の属するコミュニティのためにプロダクトをデザインしていたと考えられる。

現代のようなプロダクトデザインの概念の登場は、資本の力を使ってプロダクトを大量に生産する仕組みと、それらを売りさばくための物流網が必要である。アダム・スミスは『国富論』の中で、経済発展と物流の関連について述べている。つまり馬車から船、機関車のように、ものを運ぶコストを大幅に下げることが大量生産を可能にしている。後述する産業革命がイギリスで始まったのも、イギリスが多くの植民地を持っていたことに起因する。

作る都合によるデザイン

プロダクトデザインの歴史は、産業革命から説明されることが多い。産業革命とは、イギリスで18世紀半ばから19世紀にかけてなされた産業の急激な発展と、それに伴う大きな社会構造の変化のことである。それまで問屋制家内工業から工業製手工業へと資本の集中による生産体制の変化はあったものの、手作業によるものづくりが主体であった時代から、様々な技術革新を経た機械設備の導入による大量生産の時代へと移り変わった。大量生産の恩恵を受けて商品の価格が下がったことにより、庶民は日用品を安価に手に入れられるようになる。一方で、急激な社会の変化は様々な問題を引き起こした。

アーツ・アンド・クラフツ運動

産業革命によって顕在化した様々な社会課題に対する代表的なアプローチとして、アーツ・アンド・クラフツ運動 (Arts and Crafts movement) が挙げられる。19世紀後半にイギリスで生まれた、芸術と工芸と生活を一致させようとする目的の美術工芸運動のことである。

中世の手仕事の美しさや職人技を重視し、日用品を美しいものにしようとしたのがデザイナーであるウィリアム・モリスや、美術評論家ジョン・ラスキンらであり、このモリスの思想やその活動を指してアーツ・アンド・クラフツ運動と呼ばれている。モリスは彼の会社を立ち上げ、質の高い日用品の量産体制を整えた。一方で、手工芸によって生産されたプロダクトたちは結果として高価なものになってし

まい、富裕層にしか手が届かなかったともいわれている。

ドイツ工作連盟からバウハウスまで

イギリスで興ったアーツ・アンド・クラフツ運動は様々な形で各国に影響を与えた。ドイツでは20世紀初頭、アーツ・アンド・クラフツ運動をモデルに、芸術、工業、職人技術の共同により製品の品質向上と産業振興を目指しドイツ工作連盟が設立された。アーツ・アンド・クラフツ運動との大きな違いは、前者はあくまでも職人による手仕事に重きを置いていたが、ドイツ工作連盟では機械によるものづくりを肯定した点である。

　機械によって生産された工業製品の品質が粗悪であるということは、イギリスのアーツ・アンド・クラフツ運動もドイツの工作連盟も課題として認識していたものの、両者のアプローチは大きく異なる。アーツ・アンド・クラフツ運動は手工芸への回帰を目指したが、ドイツ工作連盟は、急速に経済発展が進んでいたドイツの状況を鑑みてという事情もあるだろうが、機械による生産の価値を認めた上で工業製品の品質を向上させようとした。その方法として、製品の規格化や、製品をデザインする者と生産する者での分業化が行われた。

　この流れを受けて、建築家のヴァルター・グロピウスがドイツに設立したデザインスクールがバウハウスである。バウハウスは芸術と技術の統合を理念に掲げ、王侯貴族のための芸術ではなく庶民生活をより豊かにするためのデザインを目指した。一方で、モホリ＝ナジ・ラースローにより、合理主義、機能主義的方針へ舵を切る。これは工業化のトレンドに合わせてビジネスとして製品づくりを行う場合に、スケーラビリティを考慮する必要性が出てきたためであり、インダストリアルデザインの文脈に迎合するものであった。

製品の魅力を高めるためのデザイン

大量生産が当たり前になってくると、デザインの優劣が製品の売上を左右することが認識され始めた。このことを象徴するプロダクトして例に出されるのが、1908年に発売されたT型フォードである。T型

フォードは当時の自動車業界に対して圧倒的な低価格で挑み、大成功を収めたが、フォード社がT型フォードを社会に大量に送り出したことで、道路はT型フォードだらけになった。T型フォードを量産するモデルを確立したフォード自身も「顧客の望む色はどんな色でも売ります——それが黒である限り」と有名なセリフを残しているが、低価格を実現するための様々な工夫を施す一方で、現代では想像できないが車体の色すら選択することができなかったのである。そこで消費者の関心は「安価な運送手段が欲しい」から次のステージに進む。これに目をつけたのがGM社であり、デザインによって製品の魅力を高める戦略、つまり車種は同一ながら見た目を変えた新しいモデルを毎年発売する戦略をとりシェアを大きく伸ばした。その結果、T型フォードの売れ行きは悪化し、1927年には生産中止に追い込まれるのである。

　T型フォードが生産終了してから2年後の1929年、アメリカを発端に世界恐慌を迎えた時、世界的な不況にあえぐ企業に活力を与える方法としてデザインへの注目が集まった。デザインで見た目を良くして消費者を刺激し、購買意欲を沸かせるのである。やはりこの文脈でも、デザインはあくまでも作り手の都合、つまりビジネス的な側面を第一に捉えており、消費者の社会的身分や地位を誇示しようとする欲求を巧みに利用していて消費者の真の欲求に応えようとするものではない、といくつかの批判が当時からなされていた。

人がプロダクトに合わせる時代から、プロダクトが人に合わせる時代へ

従来のプロダクトづくりは、そのプロダクトを使って何ができるかといった機能を中心としたデザインが主な価値として考えられており、そのプロダクトを使う人々がプロダクトの形態に合わせればよいといった考え方が主流であった。しかし、1980年代頃よりユニバーサルデザインや人間中心設計といった考え方が台頭し、ユーザーにとっての使い勝手がプロダクトの価値を構成する主要な要素であると考えられるようになっていく。

　これはコンピュータなど、内部の仕組みをイメージできないプロダ

クトが登場してきたことによるものだ。かつて日本で三種の神器と呼ばれたテレビ、洗濯機、冷蔵庫をはじめとする多くの電化製品は「どのように使うか」を理解するのが非常に容易であった。テレビはスイッチを入れれば電源が入り、チャンネルを回せばチャンネルが変わる。現在の洗濯機には様々な機能が付いているが、黎明期の洗濯機は非常にシンプルな構造であった。冷蔵庫に至ってはスイッチなどなく扉が付いているだけであったから、利用方法を学ぶまでもなかったはずだ。前述した自動車は、クラッチの仕組みなどを学び理解する必要があるかもしれないが、ハンドルを回したらタイヤが傾く、アクセルを踏むとタイヤが回る、ブレーキを踏むとタイヤの回転を止めるなどのように、内部の仕組みを理解することが比較的容易であろう。

　ところが、コンピュータというプロダクトは、ただスイッチを入れれば所望の動作を行うようなものではないし、内部がどのようになっているかを図示してユーザーが理解することも、また目の前にして使い方を想像することも難しい。

　我々はパソコンやスマートフォンのようなデジタルプロダクトを利用する時、画面に表示されるボタンやアイコンなどを手がかりに操作し望む結果を得ようとするが、これは内部の複雑さに比べると非常に限定されたインターフェースである。画面デザインに関わるデザイナーが、この限られた人々との接点で適切なユーザーインターフェースを提供しなければ、そもそもユーザーが利用することすらできないのである。人間中心設計に携わる人の必読書といっても過言ではないD.A.ノーマンの『誰のためのデザイン？』（新曜社）の原著が出版されたのが1988年であり、この頃からユーザビリティの重要性に注目が集まり始める。

　参加型デザイン（スカンジナビア型デザイン）と呼ばれる手法が登場したのもこの頃である。これは、人々は自身の体験に基づく専門家であるという考え方のもとに、ユーザーをデザインプロセスに迎え入れることによって、製品の価値を向上させようとしたものである。

　ただし、初期の人間中心設計は、ユーザーが特定の機能を利用できるかどうかにフォーカスを当てることで良いプロダクトを作ろうとし

たものであり、人々の本質的なニーズを追求しようとする現代の人間中心設計とは異なることに注意を払う必要がある。

人間中心設計から、社会のためのプロダクトへ

1990年代になると、人間の都合だけではなく社会全体のことを考えるべきだという考え方が台頭してくる。これは、エコデザインやソーシャルデザインといったキーワードに代表されるものである。企業は3R (Reuse、Reduce、Recycle) の掛け声のもと環境負荷の少ない製品づくりを心がけるようになり、リサイクルされたペットボトルを活用したアパレル製品の開発や、プリンターのトナーカートリッジを回収して再生することを前提とした製品づくりに取り組むなど、企業の社会的責任 (CSR) を意識しながらプロダクトをデザインするようになった。

　ソーシャルデザインはNPO法人グリーンズが提唱した言葉である。従来のような目に見えるプロダクトのデザインではなく、少子高齢化やシャッター街と化した商店街、世界における貧富の差や医療格差など、社会の中に存在し、顕在化する様々な課題をデザインの力で解決しようとする行為がソーシャルデザインである。

　このように、エコ、ソーシャルと言葉は違うが、社会そのものをプロダクトの受益者と見立てプロダクトをデザインする動きが見られるようになってきた。

持続可能な未来に向けて

環境やソーシャルに対する意識の高まりは衰えることを知らず、2015年の国連総会では『我々の世界を変革する：持続可能な開発のための2030アジェンダ (Transforming our world: the 2030 Agenda for Sustainable Development)』と題する文書で、2030年に向けた具体的行動指針として、持続可能な開発目標「Sustainable Development Goals (SDGs)」が示された。17のグローバル目標と169のターゲットから構成されており、この目標には、貧困や飢餓、教育、エネルギー、衛生といったあらゆ

る社会課題が含まれる。

　日本にもSDGsの策定を受けて様々な動きがあった。日本政府は「持続可能な開発目標（SDGs）推進本部」[2]を設置しているし、日本の企業でも積極的に導入が進められている。それぞれの企業において、また消費者の意識としてSDGsが浸透してくると、プロダクトを作る上で、そのプロダクトを使う人々、あるいはその人々が関わる社会にフォーカスしていたデザイナーたちは、人々や人間社会だけでなく、地球環境全体に対して、プロダクトを通してどのような価値を提供できるのか、あるいはどのような影響があるのかを常に考慮しなければならない。

Life-Centred Design について

私の母校でもあるCIIDは、SDGsと関わりの深いデザインスクールのひとつである。CIIDがあるコペンハーゲンには国際連合の拠点のひとつであるUN Cityがある。UN Cityは国際連合を形成する様々な国際機関が共同で利用するための施設であり、SDGsをプロジェクトとして推進する国際連合プロジェクトサービス機関（UNOPS: United Nations Office for Project Services）の本部があるため、非常に密接に連携し様々なプロジェクトに取り組んでいる。

　CIIDでは人間中心設計の考え方からさらに踏み込み、Life-Centred Designを提案・実践している。Lifeという英語は簡単なようで難しい英語のひとつである。というのも英単語から一対一で直訳できるような日本語が存在せず、文脈によっていくつかの意味に訳される。いくつかの意味とは主に、生活、人生、生命の3つであり、それぞれ単語の意味としての説明は不要であろうが、それを中心に据えたデザインとはどういうことか、私なりの解釈を述べておこうと思う。

　生活、あるいは人生としてのLife-Centred Designとは、私たちの

---

2 SDGsアクションプラン2020　〜2030年の目標達成に向けた「行動の10年」の始まり〜
https://www.mofa.go.jp/mofaj/gaiko/oda/sdgs/pdf/actionplan2020.pdf

生活や人生そのもので、それに所属する社会やコミュニティとの繋がりなどが含まれる。従来プロダクトをデザインする際には、人とプロダクトのタッチポイントにフォーカスした上で、どのようなプロダクトであればより大きな価値を人々に提供できるかについて検討を行っていたが、Life-Centred Designの中心は、人々の生活である。人々が、どのように働き、遊び、暮らしているのか。そしてその中でどのような人たちと接し、何に価値を感じているのか。人々はどのように暮らしたいと考えているのか。このように、まず人々の生活があり、人々にとってより理想的な生活を実現するために、プロダクトにできることは何か？を考えるのである。そしてプロダクトが、利用されるその瞬間だけではなく、その人の人生という数十年スパンの中で、どのような価値を提供できるかについて検討するのである。子どもが玩具で遊ぶのは人生全体から捉えるとごくわずかな期間かもしれないが、その瞬間だけを念頭にプロダクトをデザインするのではなく、10年後、あるいは30年後、その玩具で遊んだ経験がその後の人生にどのような影響を与えるかを検討しなければならない。

　さらに生命としてのLife-Centred Designがある。これは命があるもの全体を見据えたデザインの必要性を訴求するものである。近年では地球環境や、SDGsへの関心の高まりもあり、今後我々がいかに持続可能な発展を目指すかが重要なトピックとしてみなされている。Human CentredやPeople Centred、つまり様々な生態系の中で人間が一番偉く、人間が中心で、人間だけがよければいいという発想ではなく、地球環境を含め、すべての生命を念頭に置いた上で、どのようにプロダクトをデザインしていくべきか、これがこれからのデザイナーに求められている視野である。

　デザイナーに、包括的な視野と様々な制約条件の中で適切なソリューションを出すことが求められるようになると、課題を見つけて、そこに対する脊髄反射的なソリューションを出すことだけではなく、綿密なリサーチに基づいて、様々な利害関係者（人間以外を含む）への影響を念頭に置きつつ、プロダクトが提供する価値を最大化する試みが必要になる。これが新しいデザインが必要な理由である。

変化し続ける社会の中でプロダクトを作り続ける

今までになくデザインに注目が集まっている理由のひとつには、社会の変化が大きく、かつ速くなり、これまで通りの仕事の進め方では変化に追いつけなくなりつつある現状が挙げられる。

このような社会を象徴する言葉のひとつにVUCAがある。VUCAとはVolatility（変動）、Uncertainty（不確実）、Complexity（複雑）、Ambiguity（曖昧）の頭文字を取ったもので、1990年代後半にアメリカ合衆国で軍事用語として生まれた言葉であるが、現在ではビジネスの現場において目にする機会が多くなってきている。

未来の曖昧さには、想定される可能性の幅や変数の数に応じていくつかのパターンが存在する。Hugh Courtneyらが1997年に発表した論文では、不確実な時代でどう戦略を策定するべきかを説明しており、この論文では図1–5のように、不確実性を曖昧さの度合いによって、十分に明確な未来、選択的な未来、ある範囲内の未来、不確実な未来の4つのレベルに分類している。不確実性についてはいくつかの軸から評価することができるだろうが、テクノロジーの発展や、市場や社

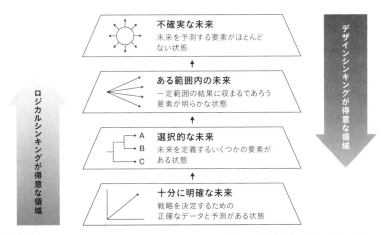

図1–5　Hugh Courtney, Jane Kirkland and Patrick Viguerie「Strategy Under Uncertainty」（https://hbr.org/1997/11/strategy-under-uncertainty）を参考に翻訳・改変・作成

会の状況、人々の生活や嗜好の変化、または法規制に関する議論の結果などがあるだろう。

十分に明確な未来

意思決定するために十分なデータを入手可能である場合は、未来がある程度明確であるといえよう。高度成長期の社会を振り返ってみると、プロダクト、つまり冷蔵庫を作れば売れる、テレビを作れば売れる時代があった。多くのプロダクトの黎明期は、競争原理が明らかであることが多い。例えば、PCに使用されるCPUの競争原理について考えてみると、20世紀末頃までは1秒間に計算できる回数を示すクロック数をいかに高めるかという観点から、IntelやAMDが熾烈な技術開発競争に取り組んでいたし、デジタルカメラの登場からしばらくのあいだ、消費者は主に画素数を見てカメラを選んでいた。

　このような状況は、ロジカルシンキングに代表される従来型の分析手法が得意な領域である。状況を分析し、要素ごとに分割し、課題を発見して大きな効果が見込めるところから順番に対応していくことが、費用対効果の面から見て明らかに最適な手法であった。

選択的な未来

プロダクトの属する業界がある程度成熟してくると、未来として様々な可能性を取りうる状況を迎える。様々な可能性が想定でき、何が決定要素になるかは明らかな状況である。前述したテレビの例だと、ハイビジョンテレビの次として消費者に受け入れられるのは3次元テレビなのか、あるいはより高解像度な4Kテレビなのかと言う議論があった。テレビを録画するための規格として、ベータとVHSのどちらが主流になるのか、あるいはブルーレイとHD DVDのどちらが主流になるのかで争っていた時期もある。スマートフォン向けアプリケーションを開発するとしてGoogleのAndroidとAppleのiPhoneのどちらを選択するか、あるいは最近ではバーチャルリアリティ用デバイスの選択などもプロダクト開発者にとっては重要であろう。これは、何かが決まれば未来が容易に予測できるという状態である。

また、法規制による影響も挙げられるだろう。例えばMaaS（Mobility as a Service）[3] に対する注目が高まっているが、実際にサービスを提供するためには様々な法規制に対応する必要がある。一般の人々が空いた時間に自分の車を使って移動したい人々を運ぶUberは、2020年現在日本で認可される兆候は見えない。一方で、電動スクーターや自動運転自動車などは今後緩和される可能性もあるし、規制されたとしてどこまで規制されるかはいくつかのパターンが想定され、それによって市場の動向は大きく変わってくる。

ある範囲内の未来

将来について予測をしてみる時に、ある程度の範囲に落ち着くと思われるが、何がそれを決定するかわからないケースも存在する。自動車を例に出すと、将来は燃料電池自動車や電気自動車など、ガソリンではない次世代の駆動方式、あるいはAI（人工知能）が運転する自動運転自動車が主流になることは間違いないと思われる。しかしそれがいつ頃になるかはわからない。自動車だけでなく、私たちの生活にAIがより溶け込むことは疑いの余地がない。だがそれがどの程度、どのような形で私たちの生活に影響を及ぼすかを現時点で予測することは困難である。

　これらは大まかな方向性としては予測できる。しかしながらその未来を決定づけるための分岐点を構成する要素がわからない状態である。

予測できない未来

これまで見てきた3種類の未来は、少なくとも何らかの方向性が見えていた。しかし状況によっては、未来に関する手がかりがほとんどない、あるいはまったくないという状況もあるだろう。自社の事業領域が将来どうなっているのか。拡大しているのか、縮小しているのか。

---

3 クラウドやスマートフォンなどの技術を活用して、様々な交通手段による移動をサービスと捉えシームレスな移動体験を提供する。

競合他社が参入してくるのか、隣接領域に参入していくのか。Uber EatsやAirbnbのように、一般の人々が自分の空き時間や使用していない部屋を利用して他者にサービスを提供し始めたら？ あるいはリモートワークの影響を受けたら？ もちろん従来から、このような社会の変化は常にあったが、その頻度、スピードが従来とは比べ物にならないほどに増大化しているのである。

私がかつて勤めていた企業は、業界において絶対王者と称されることもあるようなポジションを確立していた。いくつかのメーカーでの経験から、圧倒的なシェアを持つ企業と、それ以外の企業の違いについてこう考えている。2位以下の企業は、プロダクト開発におけるプロセスにおいて、どうすれば上位メーカーのシェアを奪うことができるか、どうすれば上位メーカーの商品に勝つことができるかについての議論が多くなる。つまり、プロダクトの目指すべき方向がある程度明確である。一方で、王者のプロダクト開発プロセスは大きく異なる。どうすれば他社プロダクトに勝てるかという話は議論の俎上に載らず、どうすればプロダクトを通して業界の未来を作れるかに終始する。これはすなわち、予測できない未来の中でプロダクトを作らなければならないことを意味する。

　前述した通りVUCAは未来に対する不確実性、曖昧性が高まっていることを説明するための表現であるものの、未来に関するすべてが完全に不確実であると捉えるのは少々大げさであろう。様々なカテゴリーにおいて、徐々にではあるが、下から上へとシフトしつつあると捉えるのが適切だと思われる。また、ひとつのカテゴリーの中においても、要素を分解していけば明確な領域と不確実な領域が存在しうる。

　このような社会において、私たちはどのように行動すればよいのだろうか。

　VUCAの時代において未来を考えるのは大変に難しい。特に従来の大企業のプロダクト開発プロセスは、ウォーターフォール的な考え方が組織を支配しており、昨今のデザイン思考の文脈では当たり前と

なっているような「走りながら考える」とは対極にあるカルチャーで
あった。

　意思決定の困難さとは、想定される変数が指数関数的に増えること
によって、すべてのパターンについて評価することが困難な状況のこ
とである。このような状況は、デザイン思考と呼ばれる手法が非常に
得意とする分野である。

ロジカルシンキングの限界

ロジカルシンキングとは、情報を集めて整理していけば問題を適切に
解くことができるという考え方である。しかしロジカルシンキングに
は3つの問題点があると指摘されている。

　ひとつはインターネットやテクノロジーの進歩によって、情報の入
手難易度が大きく下がった点である。インターネット以前は、特定の
トピックについて調べようと思っても、そもそもそのトピックについ
て書かれた本が存在するかどうかさえ容易に判明しなかった。何らか
のトピック、例えばデザインを学ぶための本を探そうとする場合、書
店の棚に並んでいる本から探すことが第一のステップとなり、そこに
並んでいない本は、本を探す人にとってこの世に存在しないも同然な
のである。このように、適切な情報を入手することで競合と差をつけ
られた時代においては、ロジカルシンキングは非常に有効な武器で
あったが、インターネットが普及した現在はどうだろうか。

　大手通販サイトなどでトピックについて検索してみれば、そのト
ピックに関連してこの世の中に存在する（中には絶版になったものも含ま
れているだろうが）本のリストを一瞬で入手することができる。このよ
うに、情報入手の難易度が下がり、誰でも容易に様々な情報にアクセ
スできるようになった現代では、物事を判断するために誰もが同様の
情報を入手し、利用することとなる。その結果、競合同士は同じ答え
に行き着き、同じ戦術をとることになってしまうだろう。これでは戦
おうにも消耗戦となってしまい、お互いに旨味の少ない状態だ。

　ふたつ目の問題点は、情報の入手難易度が大きく下がったことに

よって、一瞬にして大量の情報を掴める点である。我々はどの程度の情報を把握することができるのだろうか。また、それらの情報を整理するコストは情報の量に比例するのだろうか？　一般的に考えれば、情報と情報の関連性などを理解した上で整理する必要があるため、情報量に対して指数関数的に必要な時間が増えるであろう。つまり、ロジカルシンキングの前提である、情報を集めて整理していけば問題を適切に解くことができるというストーリーは、扱う情報が多すぎる場合には破綻してしまう。

　そして最後に、人々の要求の高まりとWicked Problem（厄介な問題）の顕在化が挙げられる。複雑な未来においては、将来の予測が難しいだけではなく、そもそもの解決を図ることに難しさがある。このことをWicked Problemと呼ぶ。Wickedとは「邪悪な、悪意のある、意地悪な」のような意味を持つ英語であり、日本語では「厄介な問題」と呼ばれることが多い。これは下記のような特徴を持っている。

- 解くべき問いが不完全で、矛盾し、要件が常に変化しており、一意に定めることが難しい。
- 社会的な複雑さのために誰もが納得できる「解決」といえるような点がない。
- 課題同士が複雑な依存関係を持っているために、ひとつの問題を解決しようとしても、他の問題が顕在化したり、あるいは新たな問題が生じたりする。

この言葉はもともと社会政策が解くべき課題に対する説明として導入が図られたものであるが、現在では、プロダクトづくりにおいても広く使われるようになっている。

　前述した産業革命などはWicked Problemのよい例である。産業の発展により社会が豊かになった一方で、様々な社会問題も引き起こしているのである。列車や自動車が発明されて人々は遠く離れた地まで容易に赴くことができるようになったが、交通事故という概念がこの世に生まれたともいわれている。もちろんそれゆえに列車や自動車は

悪だと簡単に決めつけられるものではないが、私たちプロダクトデザインに携わる者としては、私たちが生み出すプロダクトが社会に対してどのような影響を与えるのかを常に考えなければならず、それは可能な限りポジティブなインパクトでなければならないだろう。

　このように、現代のプロダクト開発においてロジカルシンキングでは限界がある。情報の曖昧さを許容し、情報を包括的に捉えて、独自の視点を入れ込みながら、そしてプロジェクトの影響範囲を最大限に見極めながらプロジェクトを進めることが重要になってくる。

<u>1.1.4</u>　みんなでデザインする時代

不確実な未来において、もうひとつトレンドとして挙げるとすれば、デザインという行為の主導権が、デザイナーという職業の枠を超えて他の人々に渡りつつあるということである。

　IDEO創業者のティム・ブラウンがTEDでのプレゼンテーション「デザイナーはもっと大きく考えるべきだ (Designers — think big!)」の中で「Design is too important to be left to designers」という言葉を紹介した（フランス出身のインダストリアルデザイナー、レイモンド・ローウィの言葉だと紹介されることもあるが詳細は不明である）。これは日本語にすると「デザインはデザイナーだけに任せるには重要すぎる」といった意味になろうか。デザインに求められる役割が複雑で深く曖昧になったことによって、一人あるいは少数のスターデザイナーがすべてをデザインする時代から、みんなでデザインする時代に変化しつつある。これは社会が複雑化したことにより、それぞれの分野において以前よりも高い専門性が要求されるようになってきたという側面もあるが、包括的なデザインを社会が求めるようになってきたからでもある。

　デザインリサーチャーとして30年以上のキャリアを持ち、現在はオハイオ州立大学で准教授を務めるLiz Sandersが2014年に発表した論文「From designing to co-designing to collective dreaming: three slices in time」の中で次の図1-6を示している。

図1-6　Liz Sanders and Pieter Jan Stappers「From designing to co-designing to collective dreaming: three slices in time」(ACM『Interactions』誌 2014年11-12月号)より許可を得て転載　© ACM, Inc. November 2014 created by Paul Davis, c/o Debut Art

Design For People、Design With People、Design By People と3つのステップにわたってデザインの考え方が示されている。For People の時代、デザイナーは人々のためにデザインをしていた。人々がどのようなものを求めているだろうかとインタビューをしたり観察をしたりしてプロダクトをより良いものにしていった。もちろんユーザーテストを実施する場合もあるが、プロダクトを作る主体はあくまでもデザイナーである。

　次に With People の時代になると、デザイナーは人々と共にデザインし始めた。これは開発プロセスの中に人々を巻き込んでいくと捉えることもできるし、プロダクトは人々の様々な活動の上に成り立って

いると考えることもできる。参加型デザインなどはこの文脈であるし、TwitterやInstagram、YouTube、TikTokといったプロダクトを思い浮かべてみると、プロダクトデザイナーは確かにプラットフォームをデザインしているものの、そのサービスとしての価値は、様々な人々と一緒に作り上げたものであると考えることもできる。

　そして最後に、By Peopleである。これはデザインの主導権をデザインされたプロダクトを利用する人々が持つ状態である。3Dプリンターやレーザーカッター、ノーコード開発ツールなどの普及や利活用により、これまで限られた人々しか作り出すことのできなかったプロダクトを、多くの人々が自分自身の手で作り出すことができるようになった。このような社会の中で、デザイナーの役割は従来と大きく変わったものになるだろう。

　なお、ここで再度念押ししておかなければならないのは、人間中心設計（あるいはユーザー中心設計）という言葉の意味が以前と変わっているということだ。従来の人間中心設計という言葉は、ユーザーである人間にフォーカスして、プロダクトを使う人のことを常に考えならがプロダクトを作ることを指した。比べて、人々をデザインプロセスの中心に据えた上で彼らと一緒にデザインすることが、現代の人間中心設計である。

デザイナー、そしてデザインの役割の変化

デザイナーの役割の変化についても、デザインへの注目の高まりと併せて触れる必要がある。

　従来のデザイナーといえば「見た目を整えること」が主な役割であった。家電製品の開発プロセスであれば、企画チームが製品企画を行い、開発チームが開発し、最後にデザインチームが綺麗なガワを作るといったウォーターフォール的なプロセスで実施されていることが多く、デザイナーがプロダクトに関わるのは最後の最後であった。

　昨今では、上流工程からプロダクト開発にデザイナーが関与することも多くなっている。これはユーザー中心設計の考え方が広まるにつ

れ、デザイナーの主要なスキルセットである「人々を理解する能力」が重要視されるようになってきたからであり、これはすなわち人々を理解した上でプロダクトを作ることの重要性が社会に広く認められてきたからである。

　筆者が留学していたCIIDでは、デザイナーの役割、あるいはプロダクト開発においてデザイナーが関わるべきフェーズは次の3つであると定義している。

- Opportunity Scout（機会発見）
- Storytelling（ストーリーテリング）
- Execution（エグゼキューション）

機会発見とは、ユーザーインタビューを実施したり、あるいはユーザーの行動を観察するなどして、そこからインスピレーションを得て、イノベーションのためにどのような領域が存在するかを発見することである。ストーリーテリングとは、発見した機会を、同僚あるいは潜在的な顧客に伝えることである。そしてエグゼキューションとは、デザインを現実のものとすることである。

　ここで、「デザイナーの役割」だけではなく「デザイナーが関わるべきフェーズ」と書いたのには理由がある。デザイナーに求められる役割として、プロジェクトにおけるファシリテーター、あるいはコーチと呼ぶべき役割が求められるシーンが多くなってきている。

　これまでのデザイナーの役割は、図1-7のように、デザインの専門家としてクライアントプロジェクトに携わり、クライアントに対してデザイン成果物（アウトプット）を納品する立場であった。これからは、クライアントと一緒にチームとして成果を出す姿勢が求められていくと考えている。

図1-7

1.2 リサーチに基づくデザインへの期待

みんなでデザインすることの重要性について、そしてデザイナーの役割の変化について前節で述べた。不確実性が高まる時代の中で正しいプロダクトを作ることの難しさは増すばかりである。人々のニーズは目にも留まらぬ速さで移り変わるようになり、社会が複雑になるにつれて"プロダクトに何らかの形で関わる可能性がある人々"は増え続けるだろう。このような環境下では、プロダクトのデザインプロセスに多種多様なステークホルダーが関与することが珍しくない。

　従来通りのデザインプロセスで変化し続ける状況に対応することは難しい。有名なデザイナーが手がけたプロダクトだからといってそのまま受け入れて送り出すのではなく、プロジェクトに関わる人々がチームとしてコラボレーションしながら、納得感を持ってプロダクトを世に出していくことが重要になる。

　そのためには人々について思い込みや表面的な理解で済ませるのではなく、人々を巻き込んだリサーチを行い、人々のことをより深く理解する必要がある。そこからイノベーションの機会を発見し、ストーリーとして周りの人々に伝え、協力を取り付け、プロジェクトを前に進めなくてはならない。

　前述した「デザイン経営」宣言でも言及されているが、人々の生活を理解し、潜在ニーズを発見することは、デザイナーが得意とする領域だ。デザインリサーチは、デザイナーの職能の中から、まさにこの領域を切り出し、体系化したものである。これは、現代社会において人々に価値を提供するための強力な武器となるはずだ。

以上、本章では、なぜ今デザインに対する注目が高まっているのかについて、デザイン領域の拡大やデザイントレンドの推移、社会の不確実性などに触れながら考察した。

　デザイン領域がグラフィックやインダストリアルといったモノから、ユーザーの体験やサービス全体へと拡がる中で、プロダクトをデザインする際には人々や社会の都合に十分な配慮が求められるようになり、デザインのプロセスに人々を巻き込むことが当たり前になりつつある。刻々と変化し複雑で不確実性の高まる世界も、デザインの台頭を後押しする重要なポイントであろう。これらは、デザインリサーチに対する期待に繋がっていく。

　次の章では、これら社会状況の変化の中でデザインリサーチが必要とされる背景と、デザインリサーチの特徴や適用範囲について解説する。

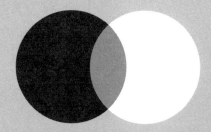

2

デザインリサーチとは何か

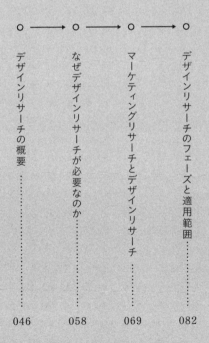

2.1 デザインリサーチの概要

プロダクトをデザインするためのリサーチを、本書ではデザインリサーチとして扱う。デザイナーは、プロダクトをデザインする際に、与えられた課題に対していきなりソリューションを導き出すのではなく、まずは様々な情報を集め、分析し、機会を見いだすといったデザインのために必要なリサーチに取り掛かる。そこで得られた機会をもとにソリューションを作り出しているのだ。

2.1.1 本書におけるデザインリサーチ

デザインリサーチという言葉が指し示す範囲は非常に広く、様々な意味で使われていることをはじめに断っておかなければならない。学術界では、プロダクトがどのようにデザインされているか、その手法やプロセスに関する研究を「デザインリサーチ」と呼ぶ。一方で、産業界でデザインに従事している私たちは、プロダクトをデザインするためのリサーチ、つまり人々や社会などプロダクトが置かれる状況を理解するためのリサーチを「デザインリサーチ」と呼ぶことが多い。この場合、デザインリサーチはプロダクトのデザインプロセスの一部であると捉えることができる。本書のテーマは産業界におけるデザインリサーチである。

　Liz Sanders らは論文の中で、デザインとリサーチの関係性を図2-1のように分類している。この図におけるデザインのアウトプット

は新しいプロダクトであり、リサーチのアウトプットは新しい一般化された知識である。aは、デザインとリサーチが一部重複するものの、異なるアウトプットに至るような関係である。つまり、リサーチで得られた結果をプロダクトのデザインに使用するかもしれないが、リサーチはリサーチとして論文や報告書など何らかの異なるアウトプットを目指す。bは、本書で扱うデザインリサーチである。リサーチの結果を用いてプロダクトをデザインする。cは、Research through Designと呼ばれ、デザインされたものを用いてリサーチを行う研究分野である。dは、従来型のリサーチとデザインが異なる担当者によって行われ、交わらないプロセスを示している。

　なお、本書では便宜上、bのようにデザインの中にリサーチがあるものをデザインリサーチと定義するが、これらの図に示された関係性はどれもデザインリサーチと呼ばれることがあるものであり、b以外をデザインリサーチと呼ぶことを否定するものではない。

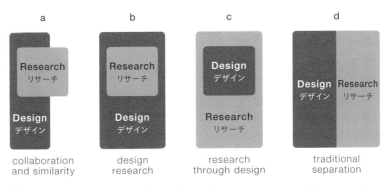

図2-1　Liz Sanders and Pieter Jan Stappers「From designing to co-designing to collective dreaming: three slices in time」（ACM『Interactions』誌 2014年11・12月号）を元に翻訳・作成

プロダクトをデザインするためのリサーチ

では、プロダクトをデザインするためのリサーチとはどのようなものを指すのだろうか。まずはじめに、デザイナーがどのようにデザインしているかについて簡単に紹介したい。

　多くの方がイメージするデザイナーの頭の中は図2-2のようになっ

ているのではないだろうか。よくわからないブラックボックスのような構造になっていて、お題に対してデザイナー特有のセンスでものづくりをしている (a)。もちろんそのようなデザイナーもいるかもしれないが、多くのデザイナーは、丹念に様々な情報を集め、整理し、知見を見いだし、アイデアを創出するという、ある種のプロセスを持っている (b)。私たちがデザイナーのセンスとして認識しているものは、それらのプロセスを経て分析した上で導き出されるソリューションなのである。

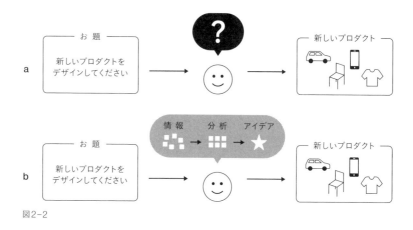

図2-2

人々がどのような生活をしているか、人々がどのようなニーズや願望を持っているか、社会がどのような課題を抱えているか、未来のあるべき姿とはどのようなものなのか……デザイナーがプロダクトをデザインする前に、あるいは初期段階で収集する情報は、多岐にわたる。デザインに着手したあとも、プロジェクトは正しい方向へ向かっているだろうか、ユーザーに受け入れられるだろうか、ビジネスとして成功するだろうかなど、様々な事項についてリサーチを重ねる。リサーチはプロダクトをデザインするため、あるいは意思決定を支えてプロジェクトを前に進めるために行われる。これら多種多様なリサーチを、私たちはデザインリサーチと呼ぶ。

デザインリサーチの目的

デザインリサーチの目的は大きく分けると2つである。ひとつ目は可能性を広げること。そして、ふたつ目は可能性を狭めること、つまり意思決定をすることである。

　例えば、あなたが新しいカメラをデザインするというお題を与えられたとしよう。この社会にはすでに様々なカメラが存在する。一眼レフカメラやコンパクトデジカメのような汎用的なカメラも存在すれば、アクションカメラと呼ばれるようなアウトドアスポーツを楽しむ際に身に付けて、あるいはサーフボードや自転車などに取り付けて映像を撮影することを目的としたカメラも存在する。一方で、空港や駅などの公共施設で防犯のために設置される防犯カメラも存在するし、ドローンと呼ばれるラジコン航空機も一種のカメラとして捉えることができるだろう。「新しいカメラ」がどのようなものかはわからないが、少なくともすでに世の中に存在するカメラとは異なる要素を期待されている。

　カメラに限らず新しいプロダクトをデザインする際には、そのプロダクトを通してどのような価値を提供できるか、またユーザーが抱える課題を解決できるかについて、検討する必要がある。しかし、すでに明らかになっている価値や課題は、すでに何らかのプロダクトが存在するか、解決が難しいことが多い。

　人々のニーズとして「綺麗な写真を撮影したい」が存在することは明らかだが、そのニーズに応えるプロダクトは様々なカメラメーカーによって開発され販売されている。各メーカーが多額の研究開発費を投じ続けている領域でもあり、今から新しく参入するのであれば何らかの工夫が必要だ。

　解決の難しさの例としてはがん治療薬が挙げられる。「がんを完治させる薬が欲しい」というニーズの大きさに議論の余地はないが、実現の難しさは説明するまでもない。すでに創薬に関する知識と経験があり、この問いを解決できる自信があるならば、あるいはこの課題を解決することに対してとても大きな思い入れがあるならば、この課題

に挑戦してみる価値はある。しかし、そうでないのならば他の課題を探すほうが現実的である。

　つまり、新しいプロダクトをデザインするためは、人々や社会が持つ課題やニーズの中から、まだ解決されておらず、かつ現実的なコストで解決可能なものを見つけ出す必要がある。価値の大きさと解決難易度の関係を図2-3に示す。合理的に考えるのであれば、私たちが挑戦すべきは左上、つまり価値が高く、解決が容易な領域である。このような課題やニーズのことを本書では「機会」と呼ぶ。デザインリサーチの目的のひとつは、可能性を広げることであると書いた。可能性とは機会のことであり、様々な機会を見つけることが可能性を広げることにほかならない。デザインリサーチに取り組む中で、様々な機会を、そして機会に対するソリューションを見いだすことができる。次なる問題は、どの機会に対して取り組むべきか？　あるいは、その機会に対するソリューションとして適切なのはどれか？　考えたソリューションが適切であるか？を判断することである。

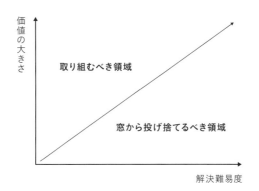

図2-3

　これがデザインリサーチのふたつ目の目的として述べた、可能性を狭めることであり、意思決定をすることである。可能性を狭めると表現するとネガティブな印象を受けるかもしれないが、決してそのようなことはない。プロジェクトを前に進めるためには、目の前にあるいくつかの選択肢からひとつを選び、取り組む必要がある。

これを図にすると、図2-4のようなイメージとなる。目指すべきプロダクト（♡）に辿り着く道には、いくつもの分岐がある (a)。正解は1つかもしれないし、複数かもしれない。いずれにしても、プロジェクト開始の段階では、どのような道が目の前にあるかわかっておらず、道の大半が雲で隠れている (b)。もしかしたら、数多く存在する道のうちのいくつかは見えているかもしれないが、それが正しいゴールに辿り着くという確証はないし、もっと走りやすい道が存在するかもしれない。

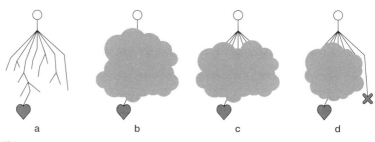

図2-4

　そこでまず、目の前にどのような道があるかを探索する (c)。これが可能性を広げるリサーチである。ゴールに辿り着くまでのすべての道順が明らかになっているわけではないが、少なくとも現時点で選択可能な道としてどのようなものがあるかを列挙することができる。ここで注意しなければならないのは、この世で選択しうるすべての選択肢を列挙できるわけではないことであり、ここで存在に気が付かなかった道が正解である可能性ももちろんある。しかしながら、可能性を広げることをせずに、一番最初に目についた道を選択して歩き出す場合と、目の前に存在するであろう道を列挙した上で進むべき道を選択するのでは、後者のほうが適切な道を選択できる可能性が高い。
　取りうる複数の選択肢が目の前にあるその時に、私たちはどうするべきだろうか。当然だがゴールを目指すためには、前に進むことが必要であり、そのためには、目の前にある選択肢のうちから1つを選ばなければならない。では、どの選択肢を選べばよいか。おそらく何ら

かの指標に基づいて選択肢に優先順位をつけ前に進むことになる。もちろんその選んだ道が間違いである場合もあるが、それもひとつの成果である (d)。このような、次に進むべき道を決定するためのリサーチが意思決定のためのリサーチ、あるいは選択肢を捨てるためのリサーチである。

機会からソリューションを見いだす

ここで説明した選択肢を本書では機会 (Opportunity) とよび、選択肢を広げる行為を機会発見 (Opportunity Finding) と呼ぶが、これは図2-5のように表現されることもある。

図2-5

課題を解決するための方法を直接検討するのではなく、一度機会に変換する。そしてそこから課題を解くためのソリューションを探索するのである。つまり、デザインリサーチは可能性のある選択肢を見つけ出すことによって、より良いソリューションを実現するための方法であるともいえる。前述した図2-4にあてはめると、機会を探索することが選択肢を列挙することであり、ソリューションを決定することが選択肢を選び出すことであると言うこともできる。

では、このように機会を定義してからソリューションを見いだそうとすることに何の意味があるのだろうか。

ひとつは、手戻りを少なくできるということである。課題に対して適切だと思ったソリューションがうまくいかなかった時、異なるアプローチを選び直す場合がある。その時に、課題まで立ち戻って新しい

ソリューションを考えるのはそれなりに手間がかかることが多いが、機会がすでに定義されていれば（定義された機会が適切であったという前提ではあるが）、その機会に対して別のソリューションを考えることができる。

もうひとつは、プロセスの透明性を高め、プロセスの改善に取り組むためである。課題からソリューションへと至る道筋がブラックボックスであると、出てきたソリューションがうまくいかなかった時に、何が原因なのか突き止めることが難しい。プロセスを透明化すると、定義した機会が適切ではなかったのか、あるいは機会は適切だったが機会に対するソリューションが適切ではなかったのかなど、あとから道のりを振り返って、どこに改善の余地があるのかを検証しやすくなる。

プロセスの検証が容易であることは、プロセスそのものの改善に取り組みやすくなることを意味している。機会の定義に課題があるのであれば、より綿密にリサーチする必要性や、選ぶリサーチの方法または結果から機会の導出過程に改善すべき点があるとあたりを付けることもできるだろう。一方で、ソリューションの導出に課題があるのであれば、アイディエーション（アイデアを出すこと）の方法や、アイデアの選択方法に改善の余地があるかもしれない。いずれにせよ、解決方法へのステップを明確にすることによって、プロセスの検証が可能になり、プロセスの改善が容易になる。

機会とソリューションの例

もう少し具体的に、課題、機会、ソリューションの関係について説明しよう。

あなたは、プリンターメーカーの企画部門で新しい製品を企画する仕事をしている。新しい製品といっても様々なアプローチが考えられる。家庭用、あるいはオフィス向け、公共空間に置かれているものなど、プリンターもいくつかのタイプが存在している。スマートフォンなどで撮影した写真を気軽に印刷するためのプリンターもあれば、レ

ポートや参考資料などの文書を印刷することをユースケースとして想定しているプリンターもある。年賀状などの印刷に主に使われることを想定した機種があれば、写真を趣味にしている人向けに、高画質で印刷できることを売りにしている機種もある。ここで述べるアプローチ、つまりプロダクトを通してどのような価値を提供するか、が機会である。そして機会に対してソリューションを検討するのである。

　例えば「スマートフォンで撮影した写真を気軽に楽しめるようにするにはどうすればよいだろうか？」という機会に対して、L版サイズ（一般的な写真のサイズ）の写真を印刷する機能だけに絞って、小型で持ち運びができ、バッテリーで駆動するプリンター製品を企画することもひとつのソリューションであるし、スマートフォンとの連携機能を充実させた通常のA4サイズのプリンターを提案することもまた別のソリューションであろう。そもそもスマートフォンの写真を気軽に印刷してもらうために、ハードウェアとしてのプリンターを購入してもらうのではなく、街中に写真印刷専用のプリンターを設置して気軽に使えるサービスを提供したらどうだろうか。あるいはスマートフォンのアプリケーションで写真を選択して申し込めば、後日印刷された写真が郵送されてくるようなサービスを提案してもよいだろう。

　もちろん、ソリューションとしてのアイデアをいくつか考えてみたけれど、どれもイマイチという場合もあるだろう。その場合は設定した機会に立ち戻るのもよい。「スマートフォンなどで撮影した写真を気軽に楽しめるとよい」と考えてみたけれど、実際にはあまりニーズがないのではないか。あるいは実際に実現しようとすると技術的課題が多すぎる、コスト的にビジネスとしては成立しない、様々な壁が想定されるが、いずれにしても設定した機会に対する適切なアプローチを見いだすことができないのであれば仕方がない。次に有望そうな機会を選択し、検討を続ければよいのである。

　ここでは機会の役割について説明した。機会を利用することで様々なアイデアを出すことが可能になるが、機会を定義せずにこのようなアイデアを出すことが可能だろうか。例えば、「新しいプリンター製品を提案する」というお題を与えられてアイデアを考える時と、「ス

マートフォンなどで撮影した写真を気軽に楽しめるようにするにはどうすればよいだろうか？」というお題を与えられてアイデアを考える時、どちらがよりアイデアを考えやすいかといえば、おそらく多くの方は後者を選択するはずだ。

　私たち人間の強みのひとつはクリエイティビティであり、創造力を駆使して自由な発想ができる。一方で、クリエイティビティを発揮するためにはある程度の制約が必要である。人はあまりにも自由に発想してよいと言われると逆に萎縮してしまい、アイデアが生まれなくなる。そのため、いかに適切にアイデアを出すための制約を作るかがポイントとなる。デザインリサーチとは、デザインをするために必要な、制約づくりであるともいえよう。

2.1.2　デザインプロセスにおけるデザインリサーチの範囲

　プロダクトのデザインプロセスの中で、どの範囲をデザインリサーチと呼ぶべきだろうか。これにはいくつかの議論があると考えている。本章の冒頭で述べた通り、本書におけるデザインリサーチはデザインするために必要な各種情報を集め提供することである。しかしながら、一度のデザインリサーチで、確実な情報を取得し、それを元にデザインされたプロダクトが完璧である、というケースはほぼ存在しない。リサーチとデザインのあいだをイテレーティブに、つまり行ったり来たりを繰り返しながらプロダクトを成長させ、理想的な状態に近づけていくことが必要である。

　一方で、デザインリサーチを実施した上で提供した情報にどの程度の妥当性があるかを確認するプロセスもまた、デザインリサーチといえるであろう。後述するが、本書ではアイディエーションやコンセプト作成、プロトタイピングについても扱う。

　これらはデザインリサーチに含まれない場合も多く、一部のデザインリサーチャーからは異論があるかもしれないことは理解している。しかし、私たちデザインリサーチャーのアウトプットであるインサイ

ト[1]や機会[2]の妥当性を何らかの手段で検証しようとすると、それらアウトプットに基づきデザインが可能であるかどうかを無視して語ることはできない。デザインリサーチャーは、リサーチそのものだけではなく、プロダクトデザインプロセス全体をいかに良いものにするかについても責任を持つべきであるとの考えから、デザインリサーチャーが関わる領域として本書では広めに紹介している。

　リサーチとデザインはグラデーションのようなものであると捉えてほしい。デザインリサーチやデザインリサーチャーが関わる領域というのは、ウェイトの違いはあれデザインに関する領域すべてであるとも考えることができる。図2-6のaのように、「インタビューや観察を通してインサイトを見いだし、機会を特定したからこれで私の仕事は終わりだ、やれやれあとはデザイナーに任せよう」というスタンスではなく、bのように、デザイナーと一緒に良いプロダクトを作り上げていくというマインドが重要である。

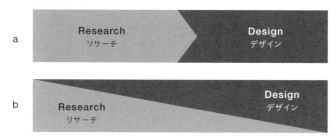

図2-6

併せてデザインリサーチのプロセスについても述べておきたい。デザインリサーチは図2-7のウォーターフォールプロセスのようなものではない。ある工程をやったら次の工程、その次はあの工程のように一直線の道ではなく、仮説を立て調査の準備をし、調査をし、反映さ

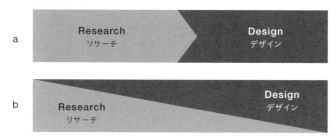内の文字:
a　Research リサーチ　Design デザイン
b　Research リサーチ　Design デザイン

1　インタビューや観察などの調査によって見いだされたイノベーションのヒントとなる文章のこと。
2　プロダクトをデザインする上で解くべき問いのこと。

せ……図2-8のようなサイクルを繰り返すことによって人々とプロ
ダクトを理解していくのである。

図2-7　　　　　　　　　　　　　　図2-8

2.2 なぜデザインリサーチが必要なのか

前節ではデザインリサーチの概要について述べた。デザインリサーチでは人々を理解し、人々からインスピレーションを得ることを大切にしている。これによって、プロダクト開発を取り巻く現在の環境の中で、社会からの高まる要望に応え、より良いプロダクトを作り出すことが可能になる。仮説に対する証拠を集めるためのリサーチではない点に留意してほしい。

2.2.1 人々を理解し、人々からインスピレーションを得る

ここで述べる人々とは、私たちがプロダクトを通して価値を届けようとしている人々、つまり想定ユーザーだけではなく、私たちが一緒にデザインに取り組んでいる人々、そしてそのデザインによって影響を受ける人々を含む、プロダクトに関わるすべての人を指す。

しかしながら、人々が非常に複雑であることは想像に難くない。述べるまでもなく、この地球上に一人として同じ人間は存在しない。自分自身や身の回りの人々のことを思い浮かべてもらえるとよいが、好きなものや嫌いなものも違えば、性格も違い、これまで経験してきたことも大きく異なる。また、同じような体験をしてきたとして、その際に抱く感情、考えることは人それぞれだろう。ちょっとした出来事が、何年か、あるいは何十年もあとの人生に影響を与えることもある。

これこそが、私たちデザインリサーチャーがインスピレーションを

大切にする理由である。それと同時に、デザインリサーチによって、新しいイノベーションやプロダクトが生まれる源泉でもあると考えている。

　前章で、デザインの変化として次の4点を挙げた。これら状況の変化に対応するための強力なアプローチのひとつがデザインリサーチなのだ。振り返りながら裏付けたい。

- デザイン領域の拡大 (1.1.1)
- 作り手の都合から、社会の都合へ (1.1.2)
- 社会の不確実性の高まり (1.1.3)
- みんなでデザインする時代 (1.1.4)

2.2.2　人々とプロダクトを繋がりとして捉える

デザインが対象とする領域、つまりプロダクトに含まれる領域が、2次元から3次元、そしてインタラクションやサービスへと拡大し、プロダクトを取り巻く環境は複雑化の一途を辿る。このような状況下においてプロダクトをデザインするためには、プロダクトの利用される環境や、プロダクトに関わる様々な人々を理解する必要がある。

　例えば、ポスターや冊子カタログなどをデザインする際には、どのような情報をそこに入れ込めばよいかや、見る人にどのような行動をさせたいかなどについて考慮する。これが例えば家具のような3次元のプロダクトになると考慮すべき情報が増加する。

　家具が利用される環境を理解した上でデザインしなければ人々のライフスタイルに合わず、市場から受け入れられない。対象とする人々がどのような家に住んでいるかを把握できていないと、そもそも家具のサイズが大きすぎて、玄関から部屋の中に運び込むことができないといったわかりやすい問題が生じる可能性もある。

　デンマークの家具デザイナーであるコーア・クリントは、家具のデザインに取り組むにあたって、様々なリサーチを実施したといわれて

いる。一般的な家庭にあるシャツや下着、靴下など衣類の種類や数、食事のシーンごとに使用される様々な食器やカトラリーの種類、その平均的な所有数などを調べ、人々がどのように生活しているかについて理解を試みた。そして調査結果に基づいて、収納家具の寸法や引き出しの種類や数を決めていった。過去のデザインや伝統的なクラフトマンシップを尊重すると同時に、リサーチを通して人々の理解に取り組んだのである。

　家具のようなプロダクトは、ユーザーよって求められるものが異なるとはいえ、私たちにとって比較的馴染み深いプロダクトである。椅子や戸棚が人々にどのように利用されているか全く想像がつかないということはないだろう。そのため、産業革命以降、プロダクトをデザインする、あるいは企画するのはデザイナー自身であった。彼らは人々が、社会が何を求めているかを知っていた。ところが、デザインの対象となる領域が拡大するにつれて、デザイナーの馴染みのない領域でのプロダクトデザインが求められる機会が増えていく。

　このような例として、2つの例を挙げる。ひとつは専門性の高い業務で使用されるプロダクトである。ここでは、病院などで利用される医療機器について考えてみたい。

　私たちは、健康診断、あるいは体調が悪い時や怪我をした時、病院に行く機会がある。病院には検査のために様々な機器が設置されていて、必要に応じて私たちはそれらを利用するが、それはあくまでも患者として、検査される側の立場としてである。レントゲン撮影を受ける機会はあったとしても、レントゲン撮影装置を操作可能な人はごくわずかである（診療放射線技師と呼ばれる国家資格が必要であり、病院従事者数は5万人に満たない）。撮影されたデータがどのような人の手を経て診断に利用されるかを把握している人、という括りであればもう少し増えるだろうが、それでも多くの人が持っている知識でないことには変わりない。私たちが知っていることは、専用の部屋に置かれた機械に対象部位を当てて撮影すると、骨がどのようになっているかを把握できるということと、X線被爆の影響を最小限にするために機械の操作は隣の部屋で行われるということぐらいであろうか。機械を操作する

ユーザーが、何をやっているのか知る機会のない患者としての知識や経験だけで、レントゲン装置をデザインすることは不可能だ。こういった専門性の高い装置をデザインする人は、そのプロダクトが病院の中でどのような人と関わる機会があり、それぞれの人がどのように使うかを理解する必要がある。

　もうひとつの例は、医療用機器のように専門性が高いわけではないが、プロダクトを利用する人々がデザイナー自身と異なる生活様式を持っているようなケースである。プロダクトが対象とする地域が異なれば、リサーチの必要性は増えてくる。家電メーカーはプロダクトをデザインする際に、デザインしようとするプロダクトを利用する人々がどのような生活をしているかをリサーチする。韓国のサムスン電子はインドで冷蔵庫を販売する際に、インドに住む人々のライフスタイルについて調査を行い、鍵をかけられる冷蔵庫を販売している。日本に住む私たちの感覚からすると、冷蔵庫に鍵が必要だろうか？と思ってしまいそうであるが、当時のインドでは冷蔵庫は富裕層のみが所有しており、彼らの自宅には様々な人が出入りしていた。よって、人々のつまみ食いを防ぐために鍵がかけられる冷蔵庫に対するニーズがあったそうだ。

　文化的、あるいは生活様式の違いは必ずしも地理的な距離に依存したものではない。身近な例ではスマートフォンをイメージしてほしい。スマートフォンはインターネットを介して、様々な種類のアプリケーションをダウンロードし、インストールすることができる。この結果、私たち一人ひとりが全く違う使い方をしている。周りを見渡してみた時に、自分と同じ使い方をしている人を見つけるのはとても難しいだろう。仮に自分と同じようなアプリケーションをインストールしていたとしても、使い方はきっと各々異なるはずだ。

　「デザイン領域の拡大とともにデザイナーが様々なプロダクトと関わる機会が増えた」。これはデザイナーにとって非常に喜ばしいことである反面、プロダクトをデザインする際に、利用する人々、利用される環境などについてリサーチを行う必要性が増し続けていることを意味する。

なお、リサーチを行う際に、私たちはプロダクトのユーザーを専門家としてみなしてインタビューや観察を実施する。医療機器のような専門性の高いプロダクトであればユーザーを専門家と呼ぶことに違和感は少ないかもしれないが、冷蔵庫のような一般的な家電製品や、カレンダーのようなスマートフォンアプリであっても、それらを使うすべての人々は彼ら自身の生活を送っており、私たちがデザインするプロダクトは人々の生活の中にしか成立し得ない。このような観点に立つと、彼らの生活を一番知っているのは彼ら自身なのである。私たちはプロダクトをデザインする時、そのプロダクトに関わる人々から多くのことを学ばなければならないのである。

2.2.3 社会に対する責任に応える

前述した通り、産業革命、あるいはその後しばらくの時代は、作り手側の都合によってプロダクトがデザインされていた。これによってプロダクトが市井の人々にも購入可能な価格で市場に提供され、人々の生活レベルは明らかに向上した。作り手の都合というとネガティブな印象を受けるかもしれないが、これは当時の人々にとって大きな価値であったといえる。

　必ずしもこの方法でデザインされたプロダクトが、プロダクトを使う人々のことを十分に考慮していなかったとは思わないが、競合他社の台頭により競争環境が醸成されると、作り手の都合よりもより使い手の都合が優先されるようになる。

　作り手、使い手の都合優先というのは、バランスの問題であって、そのバランスは市場の環境によって大きく変わる。一般的には市場に競合が登場すると、人々に寄り添う傾向がある。市場に競合がいない状況では、一人ひとりにフォーカスを当ててプロダクトを作るよりも、できる限り大きなマーケット、つまり人々を十把一絡げに捉えてプロダクトを作ることが利に適っているが、競合が登場すると、人々をより丁寧にセグメンテーションして、自社のプロダクトが対象とする領

域を定義する必要がある。

　そのためには、人々がどのように暮らし、どのように働き、どのように遊んでいるかを知り、人々がどのようなニーズや要望を持っているかを深く理解しなければならない。

　適切なユーザーインターフェースは、ユーザーを適切に理解してこそ実現できるものであるし、ユーザーを適切に理解したとしても容易に実現できるものではないだろう。そのためユーザーを知るだけではなく、プロトタイピング、つまり仮説を立てて検証することを繰り返しながらプロダクトを作り上げるプロセスを辿る。具体的にはプロダクトをラフな状態で人々に見せ、使ってもらい、フィードバックを集めながら正しいプロダクトをデザインしていくのである。

　人々を理解するとは、必ずしも人々とプロダクトのタッチポイントのみに基づく理解ではない。人々の人生そのもの、つまりプロダクトに関わる一瞬だけではなく、その10年後、あるいは50年後に、そのプロダクトがその人に与える影響についても、プロダクトをデザインする者は配慮しなければならない。時間軸だけではなく、社会やコミュニティに対する理解も必要だ。さらには、そのプロダクトに直接関わらない人に及ぶ影響についても考えたい。

　プロダクトに関わる人とは、ユーザーはもちろんのこと、ユーザーの周囲の人や、プロダクトの生産、流通、販売に関わる人なども含まれる。人々は様々な繋がりを持っている。その繋がりを理解しなければならない。良いプロダクトとは、これらの関わりの適切なバランスの中に存在する。

　子ども向けの玩具をデザインするならば、その玩具で遊ぶ子どもにプロダクトがどのような影響を与えるかだけでなく、その子どもへの影響を介して周囲の人、例えば近所に住む人や学校の先生などにどのような影響を与えるだろうか。そしてその子どもが大人になった時に、プロダクトを利用した経験はどのような形で人々に影響を与えるだろうか。そう考えると検討しなければならないことは途方もなく多く、すべてを網羅するのは現実的ではないかもしれない。しかしプロダクトを利用するユーザーさえ良ければいい、プロダクトを利用している

瞬間さえ良ければいいという考え方は、あまりにも無責任であろう。

　近年では、人間中心ではなく、人間以外の生物や地球環境全体への影響を考慮したデザインが社会から求められている。私たちはこれまで人間中心のお題目のもと、人々の満足度を高めるために、世界中の様々なリソースを際限なく利用して生活のクオリティ向上に努めてきた。産業革命が人々の生活を大幅に向上させたと同時に様々な社会課題を生み出してきたと先に述べたが、これは人間中心設計も同様であり、人間の満足度を追求する過程で様々な社会課題が生み出された。私たちは今後、より持続可能な社会を実現するために、人間さえ良ければそれでいいという考え方から脱却しなければならない。人間以外の動植物にどのような影響を与えるか、水や空気、その他の様々な資源や環境にどのような影響を与えるかについて十分な配慮をした上で、適切なプロダクトをデザインする必要がある。そのためにはより綿密なリサーチが必要になる。

2.2.4　不確実な未来に向けたディシジョンパートナー

VUCAという言葉で表現されるように、不確実性の高まりもデザインリサーチが重要となっているひとつの背景であろう。情報を網羅的に集めて整理し、論理的に結論を導き出すロジカルシンキングのようなアプローチとは大きく異なり、デザインリサーチでは情報を包括的に、曖昧な情報は曖昧なまま扱い、リサーチャーの主観、インタビューや観察などから受けるインスピレーションを大切にする。

　人々の生活様式や人々のニーズ、私たちが利用可能なテクノロジー、社会が変化するスピードは加速し続けている。このような社会において多くの時間をかけてリサーチしても、プロダクトが世の中に出る頃には、人々のニーズや利用を想定していたテクノロジーなどの前提が大きく変わっている可能性がある。情報を軽視し、情報収集をおろそかにするということでは決してないが、情報を完全に集めることに時間やコストといった大切なリソースを注ぎ込むよりも、まずはスター

ト地点に立って走り出し、必要に応じて軌道修正することのほうが重要だ。

　前節で述べた通り、デザインリサーチはプロダクトをデザインするプロセスにおける特定のフェーズではないし、上流や下流などの形で表現することも不適切であろう。人々に多くの選択肢があり、嗜好が多様化し、専門性が高まる社会の中で、私たちはどのようなプロダクトを、どのような機能を持ち、どのような性能を発揮できるようなスペックで作ればよいのかわからなくなっている。選択肢が簡単には見つからなくなっている状況で、プロジェクトの立脚点を掴むために、デザインリサーチに取り組む必要性が認められつつある。

　プロジェクトが走り出したらデザインリサーチの役目が終了というわけではなく、プロダクト開発のプロセスは仮説検証の繰り返しである。この考え方に基づくと、プロダクト開発そのものがデザインリサーチであるともいえる。

　プロダクト開発の方法論には様々なものがあるが、代表的なものをひとつ挙げるとすればリーンスタートアップであろう。大企業の新規事業やスタートアップなど、様々な規模の現場で実際に使用されている。この方法は、大きなコストをかけずに最低限のプロダクトを開発して顧客に提供し、顧客がプロダクトを使用する様子を観察することによって、そのプロダクトが顧客に受け入れられるか、市場性があるかどうかを判断しながらプロダクトを改善していく方法である。このような開発方法、つまり顧客を観察してプロダクト改善に活かすプロセスは、まさにデザインリサーチとして捉えることができ、デザインリサーチとラベルが付いていなかったとしても、デザインリサーチのノウハウが活用できるポイントである。

　リーンスタートアップはプロダクトを創出するフレームワークであるが、開発全体を俯瞰して捉えたものであり、開発における日々の活動について説明するものではない。そこで、プロダクト開発プロセスの中身について、もう少し詳細に見ていこう。プロダクト開発の現場における代表的な開発手法としては、スクラム開発が挙げられる。スクラム開発ではチームで一丸となってユーザーを理解し、何を開発す

るかを決定し、実際にプロダクトを開発し、開発したプロダクトをテストする。より具体的には、ユーザーへ提供する価値にフォーカスして、どのような機能があるとよいかを書き示したリスト（プロダクトバックログと呼ぶ）を作成し、1週間から最大でも1ヶ月程度の期間をひとつの開発期間（この単位をスプリントと呼ぶ）として取り組む。そしてスプリント終了時に、開発したプロダクトがユーザーのニーズに沿っているか、品質は十分であるかについて確認（スプリントレビューと呼ぶ）し、プロダクトをリリースする。

　このプロダクトバックログを作成する際に、あるいはスプリントレビューを実施する際に、ユーザーのニーズや要望を明確にし、開発したプロダクトがユーザーのニーズや要望を満たしているかを検証するために、デザインリサーチは非常にパワフルなツールとなる。

　このように、プロダクト開発にデザインリサーチャーが並走することによって、正しいプロダクトを作ることに、そしてプロジェクトをドライブさせることに貢献できるだろう。

2.2.5　プロセスを透明化する

プロダクトや社会が複雑化するにつれ、プロダクトを世に送り出す際には様々な人々が関わるようになる。チームで取り組むプロジェクトにおいて最大限の成果を出すためには、デザインリサーチにおいても可能な限り様々な専門性、様々な立場の人が参加することが望ましく、これがプロジェクトの成功の鍵となる。

　同時に、デザインリサーチのプロセスは、様々なバックグラウンドを持つ多様な人々が一緒に働く上で、プロジェクトへのコミットメントを高め、自律的に動きやすい環境を作り出す潤滑油、あるいは接着剤のような役割を果たす。

　デザインリサーチプロジェクトでは、プロジェクトのプロセスをできる限り透明にし、これまでにやってきたこと、これからやることについて、プロジェクトに関わる人は誰でも容易に把握できる状態にす

る。デザインリサーチのプロセスには、大きく分けると情報を集める
フェーズ、情報を分析するフェーズが存在するが、それぞれどのような作業が行われどのようなアウトプットが得られたか、そしてこれからどこに向かい、どのような結果が得られる想定なのかを可能な限り事前に共有する。

　デザインリサーチのアウトプットは、インタビュー計画、インタビューの書き起こし、分析結果、インサイト、カスタマージャーニーマップ、How Might We など多岐にわたるが、基本的にはプロセスに沿って、プロセスの各ステップで一定のアウトプットが得られるように設計されるため、どのようにして現時点での最新のアウトプットが得られたかを振り返ることができるようになっている。これらの資料を時系列に沿って読み返すことで、プロジェクトが向かっている方向性とその理由について把握でき、「なぜこれを作るのかわからない」「人々が本当にこれを求めているのだろうか」といった疑問ができる限り解消されるようになっている。

　このことは、プロジェクトへのコミットメントを高める上で非常に重要な点だ。上司がやれと言ったからやるのではなく、一定の文脈があり、その文脈の中でプロジェクトが走っていることを確認できる。逆にいえばプロジェクト参加者は、プロジェクトの状況ができる限り説明可能であるように、アウトプットを蓄積する必要がある。

　これは自分たちの関わるプロジェクトの検証可能性を維持することでもある。リサーチのプロセスが透明化されることによって、どこに問題があるのかを突き止めて、必要であればその前提を検証し、プロジェクトのクオリティを向上させることができる。

　アウトプットに至る過程が明らかになっていると、プロジェクトがここからどう進んでいくのかについて各々が把握し、チームとしてパフォーマンスを出すことが容易になる。複数人で料理する時のことをイメージしてもらえるとよいが、完成に至る手順がチーム内で共有されていないと、各自が判断して自律的に動くことができない。ゴールへの道筋が明らかになっていれば、ある人は米を研ぎ、またある人は野菜を切り、またある人は魚をおろすなどのように作業を分担するこ

とができる。次に何をすればよいのかがわかるので、作業の進捗を確認しながら必要であれば他の人の作業を手伝うこともできるし、そろそろ必要だなと思えば鍋を火にかけてお湯を沸かしておくこともできるだろう。

　また、最終的なアウトプットがどのようになるかが共有されることで、プロセスの各ステップで出すべきアウトプットについても詳細を指示されずとも推測することができる。最終的にカレーを作るということがわかっていれば、野菜を切ってくださいと頼まれた時に、どの程度の大きさに切ればよいか詳細を説明されなくてもわかるが、完成形がイメージできない状態では、みじん切りにすればよいのか、千切りにすればよいのか、逐一確認しなければならない。

　このように、プロジェクトのプロセスについてチームメンバーに公開することで各メンバーのコミットメントを高め、自律的に動きやすい環境を作り出すのである。デザインリサーチのプロセスをチーム全体、可能であれば組織全体で通用する共通言語に昇華させていくことで、組織の運営効率を高め、組織としてのパフォーマンスを飛躍させることができる。

2.3 マーケティングリサーチと デザインリサーチ

ここで、デザインリサーチに関してよく話題になる質問に答えようと思う。デザインリサーチとはデザインをドライブするためのリサーチ手法であると書いた。よく違いを問われるマーケティングリサーチは、現在では非常に様々なシーンで用いられているが、起源を辿ればマーケティングをドライブさせるためのリサーチであった。本節ではデザインリサーチとマーケティングリサーチを比較しながら見ていこう。

2.3.1 マーケティングするためのリサーチ vs デザインするためのリサーチ

マーケティングリサーチとデザインリサーチの違いについて一言で述べるとすれば、リサーチの目的が違うといえるだろう。マーケティングリサーチでは、マーケットの状況に応じて、既存の製品やサービスをどのように改善すればより消費者にとって受け入れられやすくなるかを探るため実施されることが多い。一方で、デザインリサーチは新しいプロダクトを創出するために、あるいは既存のプロダクトを改善するために、言い換えれば新たなイノベーションを起こすために実施されることが多い。

　自動車王ヘンリー・フォードの有名すぎる言葉に「人々にどのような馬が欲しいかと聞いていたら"もっと早く走る馬が欲しい"と答えるだろう (If I had asked people what they wanted, they would have said faster horses.）」がある。

　このような顧客の声を聞いた上で「ではもっと早く走る馬を育てればよいのだな」と考えるのがマーケティングリサーチである。しかしながら人々がこのように回答する根源には、馬が欲しいわけではなく、もっと早く移動したいというニーズがあるはずだ。

　Apple Computer（現在のApple）の創業者であるスティーブ・ジョブズの言葉に「フォーカスグループによって製品をデザインするのはとても難しい。多くの場合、人は形にして見せてもらうまで、自分は何が欲しいのかわからないものだ（It's really hard to design products by focus groups. A lot of times, people don't know what they want until you show it to them.）」がある。

　フォーカスグループとは、プロダクトが想定するユーザーを集めて現段階で検討しているアイデアについて質問し、そのアイデアの妥当性を確認する調査手法である。パーソナルコンピュータが人々にとって馴染みのない時代に、アイデアをもとにプロダクトの良し悪しを評価するのは困難であっただろう。

　ジョブズはApple Computerが本格的なビジネスとしてコンピュータ製造に乗り出す前に、共同創業者であるスティーブ・ウォズニアックが開発したプロダクトを顧客に見せフィードバックを得て、ブラッシュアップしていったといわれている。ジョブズは優れたデザインリサーチャーであったともいえるだろう。

　つまり、これまでの延長線上にはないような製品を作り出すためには、従来のマーケティングリサーチでは不十分である場合が多い。ではなぜ、従来のマーケティングリサーチが新しい製品やサービスの開発に向かないのであろうか。

2.3.2　ニーズは明らか vs 新たなニーズを探す

マーケティングリサーチの場合、対象となる製品の顧客ニーズは明らかである。例えば、電球を作っている会社であれば「部屋をより明る

くしたい」あるいは「電球を長持ちさせたい」「電気代を抑えたい」などが顧客ニーズだとして考えるであろう。ところが、デザインリサーチでは、顧客すらも気が付いていなかった新しいニーズを探すことを試みる。

新しいニーズの例としてPhilipsのHueが挙げられる。Philipsは2012年、スマートフォンから自由に明るさや色をコントロールできるLED照明Hueを発売した。これは従来の「より明るくしたい」「長持ちさせたい」「電気代を抑えたい」を顧客ニーズとして捉えるマーケティングリサーチからは生まれることのないプロダクトであろう。

照明に関するプロダクト繋がりで、ヤンキーキャンドルの事例も紹介しよう。かつて、ロウソクといえば日本では仏壇などで使用したり、台風が来る時に停電に備えて買っておくようなものであって、日常的に利用するアイテムではなかった。少なくとも、部屋の中を明るくしたいというニーズを満たすためであれば、電気を利用する照明器具のスイッチひとつ押せば事足り、火をつける手間や火事になる危険性を鑑みるとロウソクを利用するメリットはないように思える。ヤンキーキャンドルは、このような一見成長性が見込めないマーケットに対して、ロウソクによって香りを楽しむという新しい価値を見いだした。ラベンダーなどの定番の香りだけでなく、ソフトブランケットの匂い、あるいはベーコンの匂いまである。

バンク・オブ・アメリカのキープ・ザ・チェンジの事例も紹介したい。アメリカの大手銀行であるバンク・オブ・アメリカはどうすれば預金額を増やせるかを考えていた。彼らは買い物をした時に出る端数を自動的に貯金に回すことができるデビットカードを提供した。ユーザーは普段通り買い物するだけで、支払いの際に生じる1ドル未満のお釣りを自動的に貯金することができる。この仕組みが人々に受け入れられ半年で新規に250万口座が開設されたといわれている。

2.3.3 統計を重視する vs 個人に注目する

マーケティングリサーチでは統計データを多用する。例えば10代の80％は1日に8時間以上スマートフォンを使用する、30代の70％は朝テレビを見る、などだ。そしてこれらの情報をもとに、新たな企画を行う。しかし実際には、"普通の人"は世の中にほとんど存在しない。普通の人の定義は難しいが、例えば「年収400万以上」「身長170cm以上」「普通体型」「大卒以上」「正社員」などの項目について、各項目で全人口の50％程度が該当するとする。実際には各項目間の相関を考慮する必要があるが、仮に相関がないとすれば、すべてを満たす人々は50％×50％×50％×50％×50％＝3.125％となり、全人口の約3％しか存在しないのである。

デザインリサーチでは統計データよりもまず一人ひとりに注目し、人々を集団として扱うようなことをしない。私たちは一人ひとりが異なる考え方や生活様式を持っており、一人として同じ人間はこの世に存在しないからだ。人々を安易に抽象化したり、グルーピングしたとしても、それは人々を理解したことにはならないのである。

デザインリサーチでは、目の前にいる一人に対してじっくりとインタビューをしたり、一緒に行動したりすることで、その人が普段何を考え、どのような生活を送っているのか、何を大切にし何を求めているかについて理解を試みる。そのような丁寧なリサーチを通して得られた情報をもとに分析を重ねることによって、その人が本当に必要としているものを導き出すのである。もちろん、実際にはこのようなリサーチを複数人を対象に行うかもしれないが、それぞれのリサーチ協力者がどんな人であるか、どのように暮らしどのような課題を抱えているか、を理解する大前提は変わらない。すべては一人の人と向き合うことから始まるのである。

もちろん定量的な調査の実施を否定するわけではないし、統計データを扱う場合もあるだろう。例えば、人々にインタビューを実施して得られた知見が、その人固有のものなのか、あるいは特定の集団に対してある程度共通して当てはまるものかを早い段階で把握しておくこ

とは検討を進める上で有益だ。

2.3.4　制御された環境下での調査 vs 普段の行動を通しての調査

マーケティングリサーチでは前述したフォーカスグループの手法がよく利用される。プロダクトを創出する際に、あるいはプロダクトを改善するタイミングでこのような手法を取り入れている企業は少なくない。しかしながらデザインリサーチでは、コントロールされた環境下でのユーザーの声にはあまり意味がないと考えられている。

　黒い四角いお皿の話を聞いたことがあるだろうか。とある食器メーカーで新しいプロダクトを開発中に、どのようなお皿がターゲットとなる顧客層に好まれるかをリサーチするために、5人の主婦を会社の会議室に集め、何種類かの試作品を見せながらそれぞれに対する意見を聞く機会を設けた。様々な議論を経たあとで一番良いと思うプロダクトを参加者に選ぶようにお願いしたところ、満場一致で「黒い四角いお皿」が選ばれた。実際のユーザーに話を聞いた上で、彼らが良いと思うプロダクトを知ることができたので、ヒアリングの場として大成功のように思われる。しかしながら、イベントの最後に「本日参加いただいたお礼としてお好きなお皿をお持ち帰りください」と伝えたところ、参加者全員が白くて丸いお皿を持って帰ったのである。

　この話はマーケティングリサーチの世界では有名であるが、実際にあった話なのかどうかはわからない。都市伝説のたぐいかもしれないが、ユーザーの声をどのようにして扱うかという教訓として非常に興味深いものであろう。

　また人々は、人前では社会通念上適切であると思われる行動を取ろうとすることも忘れてはならない。Webサービスやスマートフォンのアプリケーションを利用する時、多くの場合、利用規約が表示される。みなさんは普段あの利用規約をどの程度しっかり読むだろうか？

　ユーザーインタビューを実施すると多くのユーザーは利用規約を読むと答えるし、ユーザーテストを実施すると多くの方は利用規約に関

するページを開き少なくとも読むふりをする。しかしながら実際には、サーバーに残されたアクセスログを確認しても利用規約はほとんど読まれていないのである。これは、多くの人々の頭の中に「利用規約は本当は読まないといけないものである」という認識があるため起きる結果であろう。

このような例は、様々な場面で見つけることができるし、複数人の協力者を集めて実施するようなフォーカスグループインタビューでは顕著だ。例えば、とあるリサーチで子育て中の母親たちを集めて意見を聞いたところ、子どものために食べ物には特に気を使っており、できる限りオーガニック食品を与えているという話が聞けた。しかし後日、家庭への訪問をお願いしたところ、実は他の母親たちの前で見栄を張っていただけで、実際には冷凍食品やファーストフードに頼った食生活であることを打ち明けられたという事例もある。

また、業務改善のためのリサーチプロジェクトを実施する際、状況によって複数人の従業員から話を聞いたり、あるいは従業員を集めてワークショップを実施する機会があるが、こういった時、多くの従業員はさも模範的であるように振る舞うのである。私の体験を紹介しよう。過去にとある店舗のリサーチを実施している時に、明らかに泥酔している方が入店して従業員に絡み始めたことがあった。私は従業員の方がどのように対応するのかを観察し、後にヒアリングをさせてもらった。するとその方は「先ほどの方は私たちの店舗を選んでくださり、商品を購入するために真剣に選んでいらっしゃいました。私たちにとって大切なお客様です。迷惑だなんてとんでもありません」と真面目な顔で言ったのだ。これはこれで大変素晴らしい顧客第一な精神であると思うが、私たちはこれをどこまでリアルに受け取るべきだろうか。彼らの言動が建前であるか、普段の行動をそのまま表しているかは、注意深く見極める必要があるだろう。

では、ユーザーの本当の生活、行動、ストーリーをリサーチを通して知るにはどうすればよいのだろうか。デザインリサーチではできる限り、ユーザーが普段過ごしている環境でのインタビューや観察を試みる。例えば、新しい調理器具開発に関するリサーチであればユー

ザーの自宅にある台所にお邪魔して、どのように料理をしているのか
を観察することになるだろう。子どものための玩具を開発するのであ
れば、ご家庭や保育園に出向き、実際にどうやって遊んでいるのかを
観察し、ニーズや課題の抽出を試みるのである。料理をする人々に会
議室でヒアリングしたり、子どもたちを集めて様々な玩具を見せたり
するような調査方法では、人々を表面的に理解したに過ぎず、真のイ
ンサイトを得られるとは限らない。

2.3.5　定量的なインタビュー vs 定性的なインタビュー

マーケティングリサーチの場合、あらかじめ聞きたいことをリスト化
しておき、複数の人に同じような質問を投げかける構造化インタ
ビューや、アンケートツールを利用したオンラインサーベイを利用す
ることが多いが、デザインリサーチの場合は真逆である。もちろん調
査協力者に対して聞きたいことを大まかなトピックとして事前にリス
トアップしておくのだが、目の前にいる一人の人と向き合って聞くべ
きポイントを柔軟に組み替えていく。

　例えば釣具に関する製品開発をするのであれば、釣りが趣味の人に
今度釣りに行く時に同行させてくださいとお願いし、現地でさらなる
インタビューを行うかもしれないし、釣具店に一緒に行って、釣具に
ついて会話をするかもしれない。このような形での調査は、インタ
ビュー協力者によってまるで異なる柔軟な内容になり、インタビュー
に時間や工数も必要であるため、より深く協力してもらう必要がある。
しかしながら、こうした活動を通して、新しい、他の人が得られてい
ないようなインスピレーションを得ることが、新しいプロダクトを作
る土台となるのである。

2.3.6 典型的なユーザーに注目する vs エクストリームユーザーにも注目する

新しいプロダクト、例えば家庭向けの調理器具のデザインをする際に、どのような人々と一緒にリサーチを行うべきであろうか。典型的なマーケティングリサーチの場合は、調理器具を利用するユーザー層の中でも特にボリュームの大きな主婦層にターゲットを絞り、主婦がどのような製品を欲しいかなどを調べるはずだ。この時デザインリサーチの場合は、主流ではないユーザーにも注目する。

例えば、子どもやお年寄りや、普段外食ばかりで台所に立たないような人に対してリサーチへの協力をお願いする場合もあるし、逆にプロの料理人に対して協力をお願いする場合もある。デザインリサーチではこのようにメインターゲットとは異なるグループに属する方々を「エクストリームユーザー」と呼ぶ。ここで注意しなければならないのは、こういった活動、つまり典型的なユーザー以外への調査は、必ずしも新しいターゲットへ向けた調理器具を作ることを主目的にしているわけではなく、あくまでもインスピレーションを得るため、イノベーションのヒントを得るために行われるという点である。

例えば、子どもやお年寄りに注目して既存の調理器具について調査してみると、一部の調理器具を扱うには結構な握力が必要で、子どもやお年寄りにとっては大変だということがわかるかもしれない。そのような調査結果をもとに、握力がなくても使える製品を開発して、主婦層に試用してもらったとしよう。主婦層は普段から炊事場に立ち、様々な調理器具を使い慣れているから、ある程度の握力が必要だと暗黙的に感じており、苦痛であるとまでは思っていなかった。しかし試してみて、力を入れずに使える道具があるのであればそのほうが楽であるし、次に調理器具を買い換える時にはそのような調理器具を購入しよう、となるかもしれない。

これまで調理場に立ったことがない人にリサーチを行うことで、バイアスのない新しい観点からのインサイトが得られる可能性もあるだろうし、あるいはプロの料理人の協力を得てリサーチを実施すること

で、プロの料理人が無意識のうちに実施しているノウハウやテクニックを何らかの形で調理器具に反映させ、より良い調理器具の実現に繋げられる可能性もあるだろう。

このように、代表的なユーザーだけではなく、エクストリームユーザーに注目することで、メインユーザーを対象にリサーチしていただけではわからなかった、これまで埋もれていたニーズを浮かび上がらせることができる。

2.3.7　客観的な分析 vs 体験を重視する

マーケティングリサーチでは、論文や調査レポートなど二次情報をもとに判断を下す場合も多くあるが、デザインリサーチでは一次情報を重要視する。これは人々との対話などもそうであるし、観察や体験も含まれる。つまり、リサーチ対象となる現場に行き、そこでどのような人々が、どのような環境で、どのような活動をしているかを理解する。そしてできる限り自分自身で体験してみるのである。

Webサービスの改善プロジェクトであれば、対象となるプロダクトを利用しているユーザーに話を聞くだけではなく、自分自身がユーザーとして使ってみる。店舗の改善プロジェクトであれば、店頭で従業員の業務を観察するだけでなく、顧客として利用したり体験させてもらう。自分自身が一人のユーザーとしてプロダクトに触れることによって、外部から観察するだけではわからなかった様々な知見が得られることは疑いの余地もない。

2.3.8　顧客を理解する vs 顧客と環境を理解する

マーケティングリサーチでは、プロダクトを顧客に販売するために、顧客がどのようにプロダクトを選んでいるか、あるいは顧客がどのようなニーズを持っているかを中心に理解を試みる。一方でデザインリ

サーチでは、プロダクトをデザインする上で、顧客だけではなく顧客を取り巻く環境を理解するように努める。

　ヘルスケア関連のアプリケーションのデザインに取り組むのであれば、アプリケーションを利用する人々だけではなく、その人々が置かれた状況についても同様に理解しなければならない。その人の家族、友人、同僚、あるいは医者や看護師、行政。ユーザーがそのアプリケーションを利用することによって影響を受ける人にはどのような人がいるだろうか。あるいは、どのような人に影響を与え、どのような人に影響を与えないべきであろうか。

　また、時間軸についても考慮する必要があるだろう。そのプロダクトを使っている現在や短期的なタイムスパンでの捉え方ではなく、その人の人生を中長期的に見た場合、そのプロダクトがどのような意味・経験をもたらすのかが非常に重要である。

　そしてさらに、人々以外への影響である。大量生産、大量消費社会の中で、私たちは生活を通して直接的または間接的に地球環境や資源、人間以外への生物に対しても様々なストレスや影響を与えている。人々がプロダクトを使っているその時だけではなく、プロダクトを製造し、流通させ、販売し、最終的には破棄されるまでの過程で、プロダクトが環境に与える影響を考慮しなければならないし、可能であれば環境に対してポジティブな影響を与えなければならない。

　繰り返しになるが、これからのプロダクトデザインにおいては、ユーザーを取り巻く環境や、ユーザーでなくなった人々、あるいは人々以外への影響についても深く考慮する包括的な視点が求められる。現代の企業活動においては、持続可能性やエシカルであることが広く求められるようになってきている。これはCSRに関連する部門だけが考え行動すればよい話ではなく、プロダクトデザインに関わる者すべてが考慮しなければならないポイントであり、特にデザインリサーチャーが貢献を求められるポイントのひとつであるといえる。

2.3.9 手の中の問題にフォーカスする vs インスピレーションのために積極的に外を見る

マーケティングリサーチでは、今取り組んでいる問題にフォーカスして解決を試みるが、デザインリサーチでは他分野からインスピレーションを受けることを是とし、積極的に外を見る。デザインリサーチにはアナロジーという考え方がある。アナロジーとは類推のことである。プロジェクトが対象とする範囲そのものではないのだが共通点がありそうな場面にフォーカスを当てて調査を実施することがある。

有名な例では、病院の手術室に関するリサーチがある。病院の手術室では外科医、看護師、麻酔科医、臨床工学士、清掃業者、医療機器メーカーの担当者といった様々な人々が手術の成功、つまりは患者の回復のために協力してプロジェクトを進めていく。彼らがより効率よく仕事を進めるためにはどうすればよいかを考える時、デザインリサーチャーは手術室、あるいは手術の様子を観察するだけではなく、インスピレーションを求めて共通した要素のある他の現場を観察する。例えば、テレビなどでF1のタイヤ交換をするピット作業を見たことはあるだろうか。レーシングカーがピットに入ってきてから作業を完了させ再びコースに戻って行くまでのあいだはわずか数秒であるが、その間にタイヤを外し、燃料を入れ、新しいタイヤを装着しと様々な作業が同時並行的に行われており、見事なチームワークをみせる。もし彼らのうち誰か一人が作業に失敗したら、あるいは作業のタイミングがズレたらどうなるであろうか。ここで作業を効率的に行うためのどのような工夫がなされているのだろうか。そのような現場を見ることによって、そしてできることならインタビューなどの形で協力してもらうことによって、本来のプロジェクトに対して役立つヒントを得るのである。もちろん表面的な工夫をそのまま持ってくるだけでは役に立たないことが多く、本質的な部分に注目することが重要だ。

私が実際にリサーチを実施した例では、富裕層向けのコンシェルジュサービスがあった。コンシェルジュとは、忙しい富裕層に代わって彼らのリクエスト、例えば条件に合うレストランを探して予約した

り、条件に合う旅行を提案し手配したりするサービスである。この
サービスの改善にあたり、アナロジーを実施するためにはいくつかの
切り口が考えられる。わかりやすいところでは他の富裕層向けビジネ
スの現場を理解することが有益であろう。例えば高級輸入車ディー
ラーや、オートクチュール専門の服飾店や高級ブランド店、一泊10
万円以上するようなホテルのスイートや、富裕層をターゲットにした
金融機関などが考えられる。このような現場において、顧客のために
どのような工夫をしているかを知ることができれば、プロジェクトに
活かすことができるはずだ。

　あるいは業務の性質からアナロジーを考えることもできる。コン
シェルジュサービスの業務を抽象化すると、顧客からの要望を伺い、
顧客が満足するであろう提案を行うことである。このような業務の性
質から考えると、様々な分野で同様の業務があることに気が付くだろ
う。例えば、私が学生時代にアルバイトしていた家電量販店の販売員
の業務には共通点が多い。来店前から購入する商品を決めているお客
様や、売り場に並んだ商品を自分で見比べて購入されるお客様もいる
が、多くの場合は店員との対話を通して商品を選択し、購入する。例
えばパソコンであれば、予算だけでなく、これまでどの程度パソコン
を使った経験があるかや、どのように使いたいか、あるいは誰がパソ
コンを使うのか（家族で共用なのか、自分一人で使うのか）や、どこで使う
のかといった様々な事項を接客の中で対話を通して引き出し、その結
果、その方にとってベストだと思われる商品をすすめる。他には自動
車のディーラーやレストランのソムリエにもおそらく共通する点が見
つかるだろう。あるいはアパレルの店舗で服を販売する業務の中にも
学ぶべき点はあるはずである。

　このように、デザインリサーチプロジェクトでは一見無関係に見え
るような領域に積極的にヒントを求めることが多くある。プロジェク
トの対象のみにフォーカスするのではなく、プロジェクトの対象とな
る領域の属性を抽出して、属性ごとにある共通点を他の業界から見い
だし、そこから様々なヒントを得る。

　ターゲットとなる領域に対するリサーチはもちろん多くのケースに

おいて有効であるが、課題解決だけではなく、どのような付加価値を
ソリューションとして提供できるかという観点もプロダクトデザイン
では重要だ。デザインは問題解決であるという、21世紀初頭におけ
るデザインに対する認識が間違っているとは思わないが、これからの
デザインを考えると、問題を解決するだけでなく、いかにして新しい
価値を作り上げていくかも求められるであろう。

2.3.10　最後の仕上げにテストする vs プロセスを通してテストする

多くの場合、マーケティングリサーチではリサーチで得られた知見を
もとにソリューションを組み立てて最後の仕上げとしてテストをする
ケースが多い。一方で、デザインリサーチではプロセスの中で様々な
形でテストを組み込みブラッシュアップしていく。

　例えば、インタビューひとつとっても、まずは小さく始めて大きく
スケールさせていく。いきなり想定顧客に1時間以上にわたるような
インタビューを実施するのではなく、まずはチーム内や身内を対象に
インタビューのリハーサルをしたり、施設内やイベント会場、あるい
は通行人を対象にインターセプトと呼ばれるアポイントなしの5分程
度の短いインタビューを実施することによって、そもそも実施しよう
としているインタビューが適切なのかどうかを確かめる。

　また、リサーチ結果については、インサイト抽出の段階、機会発見
の段階、アイディエーションの段階、コンセプト作成の段階など
フェーズごとに様々な形でテストを実施する。このように小さくルー
プを回しながらプロジェクトを進めるためには、実際のユーザーやス
テークホルダーなど、あらゆる人々の協力が必要不可欠であり、その
ためにはプロセスについて理解してもらうことが重要になる。最初か
ら高いクオリティを目指すのではなく、まずは稚拙なもので十分なの
で、とにかく早い段階でアイデアを目に見える形にすること。そして、
そこから改善していけばよいのである。

2.4 デザインリサーチのフェーズと適用範囲

デザインリサーチはプロダクト開発の様々な場面で適用できる。プロダクト開発のフェーズとして、新しいプロダクトの創出に利用することもできれば、プロダクトの改善に利用することもできる。また、プロダクトそのものに対してデザインリサーチを実施することもできれば、プロダクトの一機能に対して実施することもできる。さらに組織や業務もプロダクトの一部と捉え、そこにデザインリサーチを適用することもできる。

2.4.1 3種のリサーチ

デザインリサーチはプロダクト開発におけるフェーズごとに、いくつかの種類に分類することができる。図2-9のように大まかにはテーマを決める探索的リサーチ、テーマについて調べる生成的リサーチ、そしてユーザビリティテストなどによる評価的リサーチが存在する。

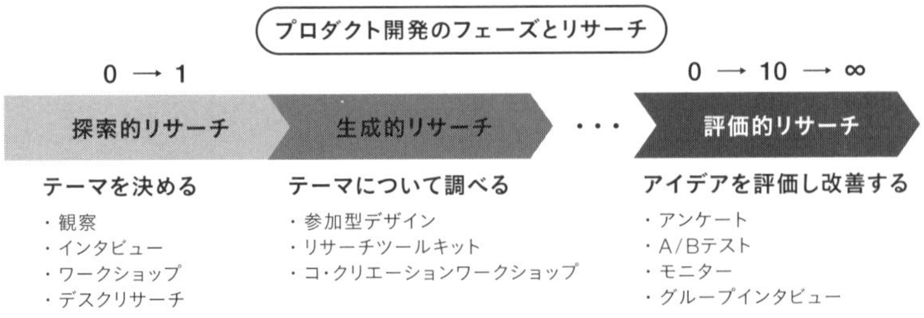

プロダクト開発のフェーズとリサーチ

0 → 1

| 探索的リサーチ | 生成的リサーチ | ・・・ | 評価的リサーチ |

0 → 10 → ∞

テーマを決める
・観察
・インタビュー
・ワークショップ
・デスクリサーチ

テーマについて調べる
・参加型デザイン
・リサーチツールキット
・コ・クリエーションワークショップ

アイデアを評価し改善する
・アンケート
・A/Bテスト
・モニター
・グループインタビュー

図2-9

探索的リサーチ

探索的リサーチ (Explorative Research) とは、テーマを決めるためのリサーチであり、特定の領域に対し浅く広く実施する調査である。概要としては、特定の領域にどのようなビジネスプレイヤーが存在するのか、あるいは人々がその領域でどのように行動しどのように生活しているのか、あるいは社会としてどのような課題があり、何が解決されるべきなのかについて幅広く実施されるリサーチである。

　具体的な調査方法としては、インデプスインタビューや観察、あるいはデスクリサーチなどが行われる場合もあるだろう。日記調査やワークショップなどを実施する場合もあるかもしれない。状況によってはエキスパートに対するインタビューも有効だ。

生成的リサーチ

生成的リサーチ (Generative Research) とは、探索的リサーチで決めたテーマを掘り下げて、その領域をより深く理解するためのリサーチである。

　定量的、また定性的な様々なリサーチ手法を利用し、参加型デザインや、コ・クリエーションワークショップ、デスクリサーチといった探索的リサーチと同様の手法で実施される場合もある。しかしながら、ひとつのテーマに対してより深く掘り下げることが特徴である。

評価的リサーチ

評価的リサーチ (Evaluative Research) とは、アイデアを評価し、改善するための調査手法である。A/Bテストやモニタリング、ユーザビリティ評価、フォーカスグループなどが含まれる。

便宜上、リサーチの種類について分けたが、これらは必ずしも明確に区別できるものではなく、境界が曖昧である場合も多い。

デザインリサーチはプロダクトをデザインするためのリサーチであるが、プロダクトは多くの場合、階層構造になっている。デザインリサーチャーがデザインリサーチに取り組む時は、デザインしようとする対象の範囲を意識する必要がある。

　例えば、プリンターをデザインする場合を考える。多くのプリンターメーカーは、ユーザーのニーズや使用目的などに応じて複数種類の機種を同時に販売している。ちょっとした印刷さえできればよい人向けのプリンター、大学のレポートや仕事で必要な書類を大量に印刷したい人向けのプリンター、写真を綺麗に印刷したい人向けのプリンターといった具合である。これら様々な機種をまとめてプロダクトとして扱い、課題や機会を探索することもできる。一方で、特定の機種を対象に探索することもできるし、特定の機能に絞って探索することもできる。現在販売されているプリンターは非常に高機能である。印刷やスキャンだけでなく、プリンター単体でコピーが取れたり、CDやDVDのラベルを印刷する機能を持っていたりする。このような機能をそれぞれのプロダクト (プリンターをプロダクトの集合体) として捉えてリサーチを実施し、改善の機会を見いだすケースもある。

　組織を対象としたデザインプロジェクトでも同様である。企業そのものをデザインする対象、つまりプロダクトと捉えて、広くリサーチを実施し、課題や機会を見いだすプロジェクトもあれば、カスタマーコンタクトセンターや人事部門、開発部門や生産部門、調達部門や物流部門といった企業内の特定の部署や組織をプロダクトとして捉えることもできる。さらにそれぞれの部門は、様々な役割を持つ。人事部門ひとつとっても、新卒採用や中途採用、人材配置や異動、評価、人材育成、人事制度策定、労務管理、福利厚生運用など、多くの機能が存在する。こうした機能を対象として、中途採用あるいは人材育成に範囲を絞り、デザインリサーチを実施することもできるだろう。もちろん中途採用ひとつとっても様々な業務の集合体であるから、リサーチの対象をさらに絞ることも可能だ。

図2-10は少々乱暴ではあるが、横軸にデザインリサーチの目的を、縦軸にデザインリサーチのスコープを置いたものであり、横軸は創出と改善に、縦軸はプロダクト全体と特定機能に分けたものである。デザインリサーチプロジェクトとしてどのようなものが想定されうるか、この図を参照しながら説明する。なお、前述したように組織創出や組織改善に適用する例も多くある。その場合は、対象によって表を読み替えてほしい。

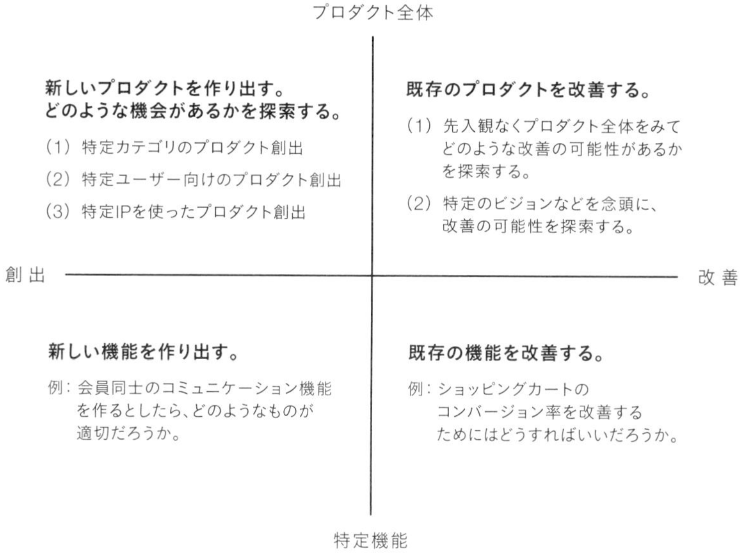

プロダクト全体

新しいプロダクトを作り出す。
どのような機会があるかを探索する。

（1）特定カテゴリのプロダクト創出

（2）特定ユーザー向けのプロダクト創出

（3）特定IPを使ったプロダクト創出

既存のプロダクトを改善する。

（1）先入観なくプロダクト全体をみて
　　どのような改善の可能性があるか
　　を探索する。

（2）特定のビジョンなどを念頭に、
　　改善の可能性を探索する。

創 出 ─────────────────────────────── 改 善

新しい機能を作り出す。

例：会員同士のコミュニケーション機能
　　を作るとしたら、どのようなものが
　　適切だろうか。

既存の機能を改善する。

例：ショッピングカートの
　　コンバージョン率を改善する
　　ためにはどうすればいいだろうか。

特定機能

図2-10

2.4.3　新規プロダクトの開発

　最も想像しやすい、デザインリサーチが用いられる代表的な例は、新しいプロダクトを考えるためである。プロダクトの定義については先に述べた通りであるが、具体的には新しいカメラ、スマートフォンアプリ、あるいはレストランやスポーツ施設を生み出すようなプロジェクトが該当するだろう。

なお、新しいプロダクトを生み出すプロジェクトといっても、その
スタート地点は何種類かのパターンが考えられる。ひとつは特定の製
品カテゴリの中で新しいプロダクトを生み出すプロジェクトである。

　通常、企業においてプロダクトを生み出す時は、いかにして自社の
強みを活かすか、つまり自社の既存事業と相乗効果があるかを考える
だろう。例えば、その領域のビジネスを実施する際に、(1) 既存のリ
ソース、つまり開発や生産の人材や設備、あるいは仕入れや販売ルー
トを活用できる、(2) 既存顧客に対して新しい商品をアピールできる、
(3) 自社の知的財産を活用できる、などである。

　以降では便宜上、架空のカメラメーカーを例に出しながら、(1) (2)
(3) をそれぞれ「新しいカメラプロダクト」「カメラマン向けの新しい
プロダクト」「カメラの特定技術を活用したプロダクト」として説明
する。

既存のリソースを活用した新しいプロダクト

通常、カメラメーカーは複数の製品カテゴリを持っている。一眼レフ
カメラやミラーレスカメラのようなレンズ交換式カメラと呼ばれる製
品群や、コンパクトデジカメと呼ばれるポケットに入るサイズの製品
群、そして GoPro などに代表されるアクションカメラと呼ばれる製品
群などである。メーカーによってはここに動画を撮影するためのビデ
オカメラや、映画を撮影するためのシネマカメラ、ネットワークに接
続されて防犯などのために使用されるネットワークカメラなどの製品
群があるかもしれない。このような中で、新しいカメラを生み出すた
めのプロジェクトが実施されることになった。

　カメラメーカーは、当然であるがカメラを開発し量産するノウハウ
がある。また家電量販店に代表されるようなカメラを販売するための
ルートや、カメラを生産するための材料を調達するルートもすでに保
持している。「新しいカメラを作る」というプロジェクトは比較的実
現可能性が高いのである。

　これが、例えば新しく電気自動車を作るとなると、カメラを作る場

合と比較して様々な解決しなければならない問題が登場する。そもそもカメラメーカーは自動車を作るノウハウを持っていないため、自動車開発に関する知見のある人材を採用しなければならないだろう。カメラを生産するための工場は保有しているがその工場をそのまま自動車生産に転用できるだろうか。タイヤやバッテリーなどの各種部品は自社で開発・生産するのだろうか。外部から調達するとしたらどこから調達すればよいのか。調達するとして何社もある部品メーカーのうちから何を基準に調達先を選定すればよいのか。仮に、電気自動車の量産体制が整ったとして、それを販売するための販路をどのようにして確保するのか。工場から販売店への物流はどうするのか。修理などのアフターサービスの体制はどう作っていくのか……などなど考えなければいけないことが無数に登場する。つまり仮に良いコンセプトを作ることができたとしても、ビジネスとして成立させるためのハードルがとても高くなってしまう。

　さて、新しいカメラを考えるためにはどうするか。デザインリサーチを活用して新しいカメラを企画する場合、既存のカメラを使用している人々を対象に調査を実施することがまず考えられる。調査手法については次章でもう少し詳細に説明するが、代表的な方法としてはインタビューと観察である。

　カメラを利用している人々だけでなく、カメラに関わっている人々にインタビューすることも考えられる。例えばカメラ販売店で働く人、子ども向け写真館で働く人、結婚式場で働く人、旅行会社やテーマパークで働く人、孫の写真が送られてくるおじいちゃんおばあちゃん、ソーシャル・ネットワーキング・サービスで流れてくる猫の画像を眺めるのが趣味の人、積極的に自分では撮影しないがカメラで撮影された画像を見る人に話を聞くことも意味があるだろう。

　観察も重要な調査手法のひとつである。実際に人々がカメラを使用している場所に赴いて、人々がどのようにカメラを使用しているかを理解する。あるいは、家電量販店などで、人々がどのようにしてカメラを選ぶのかを観察することによっても意味のある知見が得られるかもしれない。あるいはいわゆるカメラ製品そのものではないが、カメ

ラ関連サービスのある場所で、人々が写真を通してどのようにコミュニケーションを取っているか、人々がどのような行動をするのかを観察するのもよい。新しいカメラを作るためのヒントはあらゆる場所に眠っているのである。

既存の顧客をターゲットにした新しいプロダクト

自社のリソースを活用して新しいカメラプロダクトを生み出す他に、自社の既存顧客に対して新しいプロダクト、あるいはより価値の高いプロダクトを提案することがある。一部のビジネス領域ではアップセル、あるいはクロスセルと呼ばれることもある。アップセルとは、これまで入門者向けの一眼レフカメラを利用していた人々に向けて中上級者向けの一眼レフカメラを提案するなど、より高機能でより高価格帯のプロダクトを提案することである。一方でクロスセルとは、レンズ交換式カメラを利用している人々に対して新しいレンズを提案する、あるいは撮りためた画像を安全かつ便利に保存するためのストレージ機器を提案することなどである。

　カメラマン向けに新しいプロダクトを提案しようとする場合、主なリサーチ対象はカメラマンになるだろう。一般的な使い方をしている人々に協力をお願いして、彼らがどのようにカメラを使用しているかを教えてもらうのも一つの重要な調査になるであろうし、前述したようなエクストリームユーザー、つまり極端な使い方をしている人々に調査を実施するというのも有効だ。

　エクストリームユーザーに協力してもらう場合、具体的に誰に対する調査が考えられるだろうか。例えば一眼レフカメラを利用して映画を撮影するような人々が該当するだろう。なぜなら一眼レフは主に静止画つまり写真を撮影するために開発され販売されている。動画を撮影するための機能はあるがあくまでもおまけのような扱いであり、動画機能を目的に購入する人々は必ずしも多くない。しかし、一眼レフカメラはレンズが交換可能であり、交換用レンズは非常に多くの種類があり、しかも比較的手頃な価格で手に入る。レンズを交換すること

で可能になる表現の多彩さや被写界深度の浅さ（つまりボケ具合）、そして何より映画撮影用のカメラに比べて非常に安価な点に目をつけたアマチュアカメラマンが、一眼レフカメラを使って映画を撮影している。こうした使い方をしている人々にリサーチへの協力をお願いし、彼らがどのように一眼レフカメラを使用しているかを理解することによって、未来の一眼レフに求められる機能や性能についてのインスピレーションが得られるかもしれない。

　あるいは子どもの写真を極端に多く撮影している家族にリサーチへの協力をお願いすると、様々な発見があるだろう。「成長中の子どもの姿を写真に収める」、この点だけを聞くと一般的な家庭と大きな違いはなさそうだが、毎月の撮影枚数が平均1万枚を超えるとしたらどうだろう。これはエクストリームユーザーに該当するはずだ。このような家族（可能であれば親だけではなく子どもにも）にインタビューを実施する。あるいは普段の生活をしばらく観察させてもらうことによって、これまで気が付かなかったニーズや課題に気が付く可能性もある。こうしたリサーチを経て得られた様々な知見が、プロダクトの開発に対して非常に有効なのだ。

特定の技術を活用した新しいプロダクト

特定の技術を活用して何らかの新しいプロダクトを生み出すニーズは高い。ある程度以上の規模のメーカーは研究開発部門を持っていることが多い。研究開発部門では、事業部の製品ラインとは直接関係ない、あるいは5年後10年後を見据えた技術開発に取り組んでいることが一般的だ。そのような研究開発部門で開発された技術を、いずれかのタイミングでプロダクトに組み込むか、あるいは新しいプロダクトとして社会に出さなければならない。これが研究開発部門の存在価値であるし、営利企業である以上は研究開発に対する投資対効果を考え、研究開発への投資を何らかの形で回収する必要がある。1970–90年頃のゼロックスのパロアルト研究所のように、事業とは距離を置いた素晴らしい研究を継続し、成果を世に発表し続けた企業研究所もある。

しかしながら現在の研究所の役割はその時代とは大きく変わっており、既存事業あるいは新規事業に対してどの程度貢献できるかで評価されることがほとんどだろう。

　カメラメーカーにおける研究所を例にとると、レンズのコーティングに関する研究や画像の高画質化に関する研究、あるいは画像から人物の顔や瞳を認識する研究など、既存事業や既存プロダクトに対する活用が想定される研究開発がなされている。一方で、直接プロダクトに活用できるかどうかはわからないが、中長期的には製品を開発する上で必要となるであろう研究開発への投資が行われる場合もある。このような研究開発プロジェクトにおいては、プロジェクト開始時点ではどのようなプロダクトへの組み込みを想定して研究開発を進めるか具体的に定まっていないことも多い。このようなケースにおいてもデザインリサーチの手法は有効である。人々に対してリサーチを行い、どのようなプロダクトにどのような形で研究開発成果を組み込むかについて検討するのである。

　なお、これは一定規模のメーカーに限った話ではない。優れた技術を持つスタートアップや研究開発型スタートアップにおいては、開発した技術をどのように展開していくかという課題が多くあるはずである。また、技術以外にも何らかのコアとなる財産がある企業は社会に多くある。例えば何らかの強固なIP（Intellectual Property、知的財産）を持っている企業や、特産品を持っている自治体、伝統工業産業、独自のキャラクターを持っているコンテンツプロバイダーにも同様の手法が適用できるであろう。

ここまで自社のリソースを活用したプロダクト探索、自社の顧客をターゲットにしたプロダクト探索、特定の技術を活用したプロダクト探索に分けて説明した。これらはスタート地点が異なるものの、リサーチを実施した結果同じようなプロダクトに行き着くケースもありうる。重要なのは、プロジェクトの目的にアウトプットが沿っているかである。

2.4.4 既存プロダクトの改善

デザイン思考といえば新しいプロダクトやサービスを作り出すイメージが強いが、全くのゼロから新規プロダクトを検討するプロジェクトと同等かそれ以上に、既存のプロダクトをどうやって改善するかにフォーカスを当てることが多い。

　既存プロダクトの改善といっても、プロジェクトのスタート地点は様々だ。「プロダクトを改善するにはどうすればよいか？」や「改善の機会はどこにあるのか？」といった問いを探るためにプロダクト全体を捉えてリサーチに取り組む場合もあれば、特定のゴール設定、例えば「自社サービスの月間新規会員獲得数を増加させるためにはどうすればよいか？」といった問いを探るためにリサーチに取り組む場合もある。

　また、プロダクトの性質によって、デザインリサーチの貢献の仕方も大きく異なる点に留意が必要だ。

　カメラメーカーのようなハードウェア製品を主に扱う企業の場合、プロダクトのアップデート周期が様々な制約から決められている。ある種の定番として扱われる製品が存在する機種に関しては、毎年あるいは数年ごとに、機能を追加したり性能を向上させたモデルが登場するのが常であり、開発・生産・販売・マーケティングを行う社内の様々なチームがそのスケジュールを前提に動いている。入門者向けの一眼レフはほぼ毎年新機種が登場し、オリンピックなどで使用されるようなプロ向けの一眼レフは4年に一度新機種が登場するなど、企業や商品の性質によってスケジュール感が異なる。しかし、いずれかのタイミングで次の機種のスペックや機能を決めることになり、どのような新しい機能を搭載するか、あるいは既存の機能をどう改善するか、そもそも適切なスペックはどの程度かについてリサーチを通して決定していく。

　一方で、ソフトウェアを軸としたビジネス、例えばスマートフォンアプリやWebサービスなどの場合は、短い周期で継続的なアップデートを実施することが可能である。なお厳密にはハードウェアとソフト

ウェアが統合されネットワークに常時接続されたプロダクトについて
も継続的なアップデートが可能だ。例えば、電気自動車のテスラや、
iPhone などのスマートフォン、あるいは街角に設置されたキオスク
端末などは、我々が気が付かないうちに自動的にプロダクトとしての
改善がなされている場合がある。

　ソフトウェアプロダクトのように継続的にプロダクトの改善が可能
な場合は特に、デザインリサーチとして貢献できる部分が大きい。プ
ロダクトを利用している人々について知り、彼らがどのようなニーズ
を持っているのかを理解して、仮説を立てて改善していく。あるいは、
プロダクトとして実現したい方向性を見据え、プロダクトのビジョン
と人々のニーズのバランスを見極めながら最適解を探していく。

プロダクトはモノだけではない

現代においてプロダクトという言葉が指す範囲は非常に広い。自動車
メーカーのビジネスを考えた時、モノとしての製品は自動車本体であ
るが、サービスとして捉えると、自動車販売店における顧客体験、営
業パーソンとの対話を経た購入フロー、納車、車検、事故や故障時の
対応などのアフターサービス、そしてその自動車を廃棄したり下取り
に出したりする時の体験、またその手放したあとまで含めてプロダク
トであり、つまりは対象となる自動車を人々が認知した瞬間、あるい
はそれ以前から、購入した人々がこの世を去るまでのすべての瞬間を
含めてプロダクトと捉えることができる (なお、このような発想によって
プロダクトをデザインすることが「サービスデザイン」と称されることもある)。

2.4.5　組織改善・業務改善

スコープの設定によっては、組織やチームをある種のプロダクトとし
て捉えることができ、組織やチームに属する人々をユーザーと捉えて
調査を実施するケースも多い。

組織や業務を改善するためのデザインリサーチ

組織や業務のどこに課題があるか、あるいは、組織としてKPI（Key Performance Indicator、組織の目標を達成するために重要な指標）を達成するためにはどうすればいいか、といった課題に取り組む場合がある。組織としての特定のKPIとは、具体的には「営業のアポイント数をどのようにして獲得するか」「採用人事においてどうすればエントリー数を増やすことができるか」「新入社員のトレーニングに必要な期間をどうすれば短くできるか」「離職率を改善するためにはどうすればよいか」などがあるだろう。あるいは具体的なKPI改善を目的とせずに特定の業務を改善するにはどのようにすればいいだろうかといった比較的大きなお題目のもとにプロジェクトを進めることもあるかもしれない。

　ユーザーが何を考え、何を大切にし、どのように行動しているかを理解すべく調査に取り組む点では、プロダクトを改善するためのデザインリサーチと大きく変わらない。従業員のトレーニングプロセスを改善するためのプロジェクトであれば、それぞれの従業員が入社し、どのようなトレーニングを受け、社内の誰とどういった交流をし、どのようなプロセスを経て現場に出るかを、インタビューやワークショップ、あるいは観察などを通して理解するのである。

　プロジェクトの性質によっては、企業の採用プロセスがどのようであったか、あるいは採用候補者がどのようにして企業のことを知るのかといったところからリサーチを行うかもしれない。また現場に出たあとのフォローアップやその後のキャリアパスまで含めてリサーチする可能性もあるだろう。これは企業の従業員とのコミュニケーション、あるいは人材をどのように捉えるかで変わってくる。大卒の新入社員が毎年4月に大量に入社し、その彼らの多くが定年まで勤め上げる年功序列が前提のような企業あるいは部署と、大手メーカーの工場のように期間工と呼ばれる労働者が中心の職場、コンビニなどのようにパートやアルバイトが主な戦力の現場、Uber Eatsに代表されるようなギグエコノミーを前提とした組織形態では、デザインリサーチを実

施するにしても、そのスコープや着目すべき点が大きく異なる。

プロダクトを起点にした組織や業務の改善

一方で、業務に使用するプロダクトにフォーカスを当てて業務や組織をデザインする機会も増えており、これもデザインリサーチが威力を発揮する領域であろう。近年、様々なビジネスの現場でスマートフォンなどのデジタルツールの導入が大変な勢いで進んでいる。あなたが店舗で買い物をする時に店舗スタッフが、あるいはレストランで飲食する時にウェイターが、あるいは宅配便を受け取った時に配達員が、スマートフォンを活用して業務を進めていることに気が付くだろう。

アパレル店舗のスタッフであれば、顧客の情報や自他店舗含めた在庫情報、あるいは裾直しの混雑具合や、新しく入荷した商品の情報などをスマートフォンの中に集約し業務の効率化を図っている。会計をレジではなくスマートフォンの中のアプリケーションで済ませるといったシーンも将来的には珍しくなくなるだろう。実際、筆者がよく行く店舗では、店員が所持しているスマートフォン端末でクレジットカード決済ができるようになっている。

あるいはレストランでの注文のシーンを思い浮かべてもらいたい。従来は顧客の注文を取る時、紙とペンでメモを取ったり専用のハンディ端末で入力していたものが、スマートフォンの専用アプリケーションを活用して行われるようになってきた。専用の端末よりもネットワークとの連携が容易であり、店舗売上、材料原価あるいは顧客単価の最適化を図るために発生するメニューの入れ替えや、季節メニューの投入などにも対応できる。受けた注文をスムーズに厨房に伝え、料理を迅速に提供することができれば、業務の効率化だけでなく、オーダーミスの抑制や研修期間の短縮化といった様々なメトリクスで改善の可能性が見える。

スマートフォンのみならずタブレットやPC向けのアプリケーションも当然存在し、カスタマーサポートを提供する部門では、電話やメール以外にもチャットボットのような様々なチャンネルを通じて顧

客とのコミュニケーションを行っている。こうしたそれぞれに改善の
機会がある。

本章ではデザインリサーチの概要と、デザインリサーチが
必要とされる背景、またデザインリサーチの特徴と適用範
囲についていくつかの事例を紹介しながら説明した。
　曖昧で不確実で複雑で変化の速い社会の中で、正しいプ
ロダクトを作り続けるためには、人々の気持ちになってプ
ロダクトを作るのではなく、人々をプロダクト開発プロセ
スに巻き込み、人々の生活を理解し、人々と共にプロダク
トを作る必要がある。そのための方法がデザインリサーチ
であり、あらゆるプロジェクトに適用できる。
　次章では、デザインリサーチの具体的な方法について詳
細に解説していく。

3

デザインリサーチの手順

3.1 デザインプロセス

本章ではデザインリサーチの具体的なプロセスについて紹介する。

　本章で紹介するデザインリサーチは、筆者が留学していたデンマークのCopenhagen Institute of Interaction Design (CIID) のInteraction Design Programme (いわゆるデザインスクールであり、大学院に相当するコース) で学んだデザインプロセスをベースにしている。

　前述した通りCIIDの特徴のひとつは、CIIDという独立した組織の中に、教育部門、コンサルティング部門、研究部門、インキュベーション部門が同居しており、すべての部門で同一のデザインプロセスを利活用していることである。つまり、研究部門は将来に向けたより良いデザイン方法論についての研究を行う。そこで培われた研究成果は、コンサルティング部門のクライアントプロジェクトや教育部門におけるカリキュラム、あるいはインキュベーション部門が支援するスタートアップへの支援などの形で還元される。

　インキュベーション施設に入居するスタートアップが何らかの課題を抱えていた時、その課題が教育部門に持ち込まれ授業のお題として使用されることもあれば、クライアントプロジェクトに対して、教育部門とコンサルティング部門が共同で取り組むこともある。そして、それら様々なプロジェクトを通して得た成果は、研究部門にとっても大切な知見となり、自分たちのデザインプロセスをブラッシュアップし続けるのである。

　このようなことが可能になる理由のひとつに、CIIDの組織としてのサイズが挙げられるだろう。大変ありがたいことにCIIDは日本に

おいてそこそこの知名度があるものと思っている。Business Insider誌による世界のデザインスクールランキングでも上位にランクインしており『デザイン組織のつくり方』（ピーター・メルホルツ、クリスティン・スキナー著、ビー・エヌ・エヌ）でもトップスクールのひとつとして名前が挙がっている。このような状況からCIIDはそれなりの大きさの組織であると認識されていることが多いのだが、実際にはとても小さな組織である。他のデザインスクールが毎年100名以上、大きな大学（パーソンズ美術大学やプラット・インスティテュートなど）では数千名以上の学生を受け入れているのに対し、CIIDは一学年25名の定員を設けており、年度によってはそれよりも少ない。CIIDを見学しに世界各国から様々な人が訪れる際、建物を案内すると「キャンパスはこれだけですか？　他にもあるんですか？」といったことを度々聞かれるのだが、残念ながら平均的な（あるいはそれよりも小さな）コンビニエンスストアを縦に5個積み重ねた程度のビル1つがCIIDのすべてである。

　組織が小さいということはメリットが多い。このような小さな組織であるから、部門を超えてすべての人と親しくなることができる。CIIDにおける部門を超えたコミュニケーションを支える仕組みのひとつとして、建物の1階にある小さなキッチンが挙げられる。このキッチンは、ビルに1つしかないものであり、CIIDで学び、働くすべての人が、ここでコーヒーや紅茶を入れたり食事を作ったりする。また、毎週月曜日の朝にはCIIDによって朝食が提供されることになっている。そこでは「今どんなことやってるの？」といった自然な会話を通じて、各々が取り組んでいるプロジェクトについて話をしたり、あるいはプロジェクトからの学びを共有したりし、時にはデザインに関する議論をすることもある。キッチンには大きなホワイトボードがあり、他の誰かがディスカッションしていたテーマが書き残されていることもあった。そしてそれを見つけた誰かが他の誰かに議論を持ちかけるのである。

　小さな組織の中で学び、働くことによって、自ずとほぼすべての人と顔見知りになり親しくなることができる。ここで形成された人と人

との結びつきは非常に強力で、卒業生が世界中のデザインコミュニティへと羽ばたくことによって、CIIDはそのコミュニティとのネットワークを手にすることができる。そして、それは卒業生にとっても同様である。CIIDをハブとして、世界中の優秀なデザイナーが情報のやり取りを行い、CIIDファミリーの、そしてCIIDそのものの活動をサポートするのである（このような背景から、CIID卒業生ネットワークのことを指してCIIDマフィアと呼ぶ向きもあるらしいが、これは完全に余談であろう）。

　このように、CIIDにおける各部門が有機的にコラボレーションすることによってCIIDのデザインプロセスは常に進化し続けるのである。デザインスクールの教授が個人的にデザインスタジオを持ち、企業からデザインの仕事を受けつつ、学生にデザインを教えるケースは日本でも世界でも珍しくないが、組織としてこのようなスタイルを取っているデザインスクールは、私の知る限り世界にほとんど存在しない。

　CIIDの特徴のもうひとつは、講師陣に世界のデザインの最前線で活躍している面々が名を連ねているということだろう。IDEOやfrogといった誰でも知っているようなデザインファームのパートナーやフェローが教鞭を執っていたり、Phsycal Computing (Internet of Thingsと言ったほうがわかりやすいかもしれない) のクラスではArduino[1]の創業者が教鞭を執っている。

　少々前置きが長くなってしまったが、CIIDで教えられているデザインプロセスは、デザインの潮流から見れば最先端というわけではないのかもしれないが、実際のプロジェクトを支え、実践を通して磨き上げられたものである。それに加え、デザインの最前線で活躍するデザイナーが授業を持ち、学生に指導することによって、非常に実用的で応用範囲の広いプロセスとなっている。

---

1 小型のコンピュータであり、モーターやセンサーなどを追加して簡単なプロトタイプを作成することができるシステム。テクノロジーに関する専門知識がない者でもデジタル技術を活用した様々なプロトタイプを簡単に開発することができる。

本書では特定のデザイン会社のみで実施されているデザインプロセスを押し売りする意図はなく、なるべく一般的な方法として記述するように心がけた。デザイン会社によってデザインプロジェクトの進め方は細部について異なる可能性がある。しかし、基本的なリサーチの流れはおおよそ変わらず、筆者が代表を務めるアンカーデザイン株式会社でも、基本的には本章で紹介するプロセスに従ってリサーチを実施している。また、様々な企業などで研修やワークショップを行う際も、基本的にはこの流れに沿って実施している。

　そのため、デザインプロジェクトに参加する、あるいは自分たちでデザインリサーチプロジェクトに取り組む場合は、本書で紹介するデザインリサーチプロセスについて理解していれば、プロジェクトが今現在どのようなフェーズで、皆が何をやっているのかわからない、という状況には陥らないと思われる。ただし、このプロセスのみが唯一の正解ではないことを断っておく。

3.1.1　デザインプロセスとデザインリサーチ

デザインリサーチの話をする前に、デザインプロセスの話をしなければならないだろう。デザインリサーチは、プロダクトデザインをドライブさせるためのリサーチであることは先に述べた通りある。そして、そのためにはドライブさせる対象であるプロダクトデザインのデザインプロセスの理解が不可欠である。プロダクトデザイン、ひいてはプロダクト開発全体の流れを理解した上で、デザインリサーチの流れについて学ぶ必要がある。これは、デザインリサーチだけではなく、多くの仕事について同様のことがいえるであろう。例えば職場において上司から「競合企業について調べてくれ」と指示された時、その資料がどのように利用されるのか（上司がただ把握しておきたいだけなのか、株主や社長への報告に使用されるのか、営業部門が営業戦略を検討するために使用するのか、研究開発部門が現在取り組んでいる研究プロジェクトの優先順位検討に使用するのか、など）を知ることで、より適切なアウトプットが出せる。

より大きなスコープで、デザインがどのようになされているのか、あるいはプロダクト開発がどのように進むのかを理解することによって、デザインリサーチをより適切に実施することが可能になる。

　本項ではまず、プロダクトのデザインプロセスについて解説したのち、プロダクト開発の流れについて解説する。

　プロダクトのデザインプロセスについて、必ずこうしなければならないという法律や国際的な取り決めがあるわけではないが、プロジェクトがどのように進められることが多いかについての調査はなされている。図3-1は、ブリティッシュ・デザイン・カウンシルが2004年に発表したものであり、デザイン業界ではダブルダイアモンドとして広く知られている。

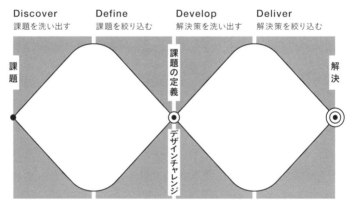

図3-1　　British Design Council「Eleven lessons: managing design in eleven global brands | The design process」(https://www.designcouncil.org.uk/sites/default/files/asset/document/ElevenLessons_Design_Council%20(2).pdf) を参考に翻訳・改変・作成

彼らは、数多くのデザインプロジェクトを調査した結果、多くのプロジェクトに共通する特徴として、発散と収束が繰り返されていることを見いだした。この発散収束は4つのステップに分けられ、それぞれDiscover、Define、Develop、Deliverと呼ばれている。Discoverとは、インタビューや観察など様々なリサーチ手法を利用して情報を集めるフェーズである。Defineとは、集めた情報を整理して機会を見つけ出すフェーズを指す。Developとは、アイディエーションを通して機会

に対する様々なアプローチを見つけ出すフェーズであり、Deliverとは、様々なアイデアを整理して特定のソリューションを作り上げるフェーズである。

ここで説明される発散、収束が何を指すかについては若干抽象的であるが、起こりうる未来の幅や、選択肢の幅、あるいは抽象度や曖昧さと捉えることができる。つまり、Discoverで情報を集める段階では、どの情報を使用するか、まだ具体的には決まっていない。どの情報に注目するかによって異なる結果が得られる可能性もあるため、未来を予想することが難しい。一方で、Defineは集めた情報を整理するフェーズであるが、情報を整理して今後取り組むべき課題を設定するため、ある意味では選択肢を切り捨てていると考えることもできる。もしくは、Discoverは具体的な情報を集めるフェーズであるが、Defineはそれら情報から抽象的な問いを見つけ出すフェーズでもあるため、抽象度を高めている（つまり、具体性を削減している）と考えることもできる。

Developはアイディエーションなどを通して選択肢の幅を広げることであるため、発散フェーズとして捉えることができ、DeliverはDevelopで得られた多くのアイデアの中から有望なものを絞り込む（つまり見込みがなさそうなものを切り捨てる）フェーズであるため、未来の幅を狭めるともいえる。

なお、これらは便宜上4つのステップに分かれているものの、必ずしも線形のプロセスではない。デザイナーたちはこのことに経験的に気が付いていたが、2019年にデザインカウンシル自らダブルダイアモンドの図のアップデートを行い、いくつかの変更が加えられた。

新しいダブルダイアモンドの図3-2では、このように矢印が追加されている。

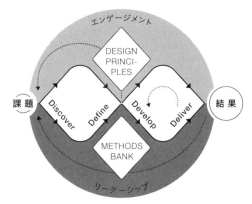

図3-2　British Design Council「What is the framework for innovation? Design Council's evolved Double Diamond」（https://www.designcouncil.org.uk/news-opinion/what-framework-innovation-design-councils-evolved-double-diamond）を元に翻訳・作成

Discoverフェーズで様々な調査を行ったのちに、Defineフェーズで情報を整理し分析してみたところ、さらなる調査や異なる角度からのアプローチが必要になる場合もあるだろう。Developフェーズでアイデア出しをしてみたところ、自分たちが解くべき正しい問いが見えてくる場合も大いにある。また、現在のように刻々と変化するデジタルの世界でフィードバックを得て繰り返し改善されるプロダクトは、「完成」という概念が従来のものとは大きく異なっており、Developと Discoverはシームレスに接続されている。ただし、DiscoverのフェーズからいきなりDeliverのフェーズにジャンプすることはない。仮にそのようなプロセスになっていた場合、もっと良いソリューションを見逃している可能性が高いだろう。あくまでもこのようなフェーズを経て、チームとしてあるいは組織として学びながら、より良いソリューションを作り上げていくのである。

　なお、ダブルダイアモンドの左側は「正しいものをデザインする（Design Right Thing）」と表現され、ダブルダイアモンドの右側は「ものを正しくデザインする（Design Things Right）」と表現されることがある。このふたつの違いは、問いに対するスタンスであるともいえる。つまり左側のダイアモンドは、調査や分析を通して私たちが解くべき問題をいかに適切に定義するかにフォーカスし、右側のダイアモンドは、

左側のダイアモンドの結果導き出された問いを解くことにフォーカスするフェーズなのである。

　このように、問いを立てることと問いを解くことを分離して、それぞれに対し適切に取り組むことが良い成果に辿り着くためには重要である、という考え方は、ダブルダイアモンドに限らず他の分野でも見つけることができる。代表的な例として、図3-3で示すダブルループ学習が挙げられるだろう。

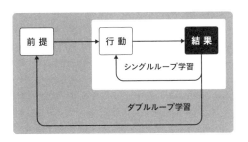

図3-3

ダブルループ学習とは、あらかじめ定められた枠組みの中での行動とそれに伴う結果に基づいてフィードバックを行い、行動を改善するループ（シングルループ）と、そもそもその行動の枠組みのアップデートを試みるループ（ダブルループ）とを組み合わせたものである。この概念自体は、アメリカの組織心理学者クリス・アージリスとドナルド・ショーンが1978年に『組織学習』において提唱したものであるが、近年改めて注目されている。定められた問題の中でのみ試行錯誤を繰り返すのではアウトプットとしてのソリューションに限界があり、いかにして問題の枠を定義し直しイノベーションへ導くかを示唆している。

　また、ダブルダイアモンド以外にもデザインプロセスを理解する助けとなる図を紹介しよう。図3-4は、スタンフォード大学d.schoolが提案したといわれる「5 step」と呼ばれるデザインプロセスである。

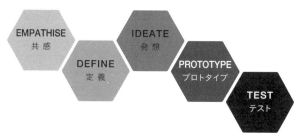

図3-4　Hasso-Plattner Institute of Design at Stanford「An Introduction to Design Thinking PROCESS GUIDE」を元に翻訳・作成

Empathiseは人々を理解し、共感するフェーズである。これは共感と名付けられているものの、実際にはインタビューなどを通して情報を収集する段階であるため、発散と呼んでよいだろう。Defineは、情報を整理してそこから解くべき問いを見つけるフェーズであるから収束。そしてIdeateは問に対する解決策を可能な限り広く考えるフェーズであるから発散、PrototypeとTestは、得られたアイデアを評価して絞り込むフェーズであるから収束と捉えることができる。ただし、プロジェクトスコープの捉え方によっては、テストは今後のプロジェクトの方向性を決定するための情報収集の一手段であり、発散と捉えることもできるだろう。いずれにせよ結果的に、先述したダブルダイアモンドと同様の発散収束の流れに沿う形になっているのは興味深いところである。

　なお、参考までにCIIDのデザインプロセスについても紹介する。

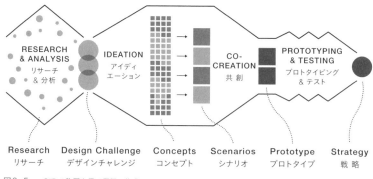

図3-5　CIIDの許可を得て翻訳・作成

図3-5を見ると、ダブルダイアモンドに沿って、発散収束を繰り返すという点では大きな違いが見られない。リサーチを通して情報を収集し、分析のフェーズでその情報を整理・分析してデザインチャレンジ(つまり問い)を作り出す。そのデザインチャレンジに対してアイディエーションを行い様々なコンセプトを作り出し、絞り込んでシナリオに、そしてプロトタイプに落とし込むのである。プロトタイプとテストは、発散収束を繰り返すことになる。これは仮説を立てては検証をひたすら繰り返すためである。

<u>3.1.2</u>　どこまでをデザインリサーチとするか

ダブルダイアモンド、5 Steps、そしてCIIDのデザインプロセスを例に出しながらデザインの流れについて紹介したが、このデザインのプロセスの中でどこまでをデザインリサーチとするかには、いくつかの考え方がある。

　Discover と Define、つまり様々な調査を通して情報を集めるフェーズと、集めた情報の中から機会を見いだすフェーズまでがデザインリサーチの主となる領域であることは、多くのデザインリサーチャーの同意を得られるところだと思うが、Develop と Deliver、つまりアイディエーションを通してコンセプトを作成するフェーズや、プロトタイプを作成してテストするフェーズまでをデザインリサーチと呼ぶか、デザインリサーチャーが関わるべきかについては議論の余地があるだろう。

　しかしながら、デザインリサーチャーのミッションを「プロダクトをドライブさせるための情報をプロダクト開発チームに提供する」とまで拡大して考えた場合、課題に対するソリューションや、プロトタイプの評価結果を提供することもデザインリサーチャーの重要な役割と捉えることができるはずだ。前章で述べた通り、デザインリサーチャーが関わるべきプロダクト開発プロセスは、「ここからここまで」と明確に決まっているというよりは、「グラデーションのように

フェーズによってウェイトの違いがある」と述べたほうが適切であろう。

　デザインリサーチの目的がプロダクトのデザインをドライブさせることであるとは前述した通りである。しかし、プロダクトを作り上げていくプロセスの中で、どのような見た目が望ましいか？　作成したビジュアルがユーザーに受け入れられるか？などを検討するフェーズが存在する。プロダクトの見た目を整えることはデザインリサーチに含まれないと一般的には考えられるが、その検証のためには、何らかの形で関与する必要があるだろう。

　プロジェクトの規模やフェーズによってデザイナーがプロダクトをデザインする、あるいはプロダクトマネージャーがプロダクトの取るべき道を判断するにあたり、十分な情報として何があればよいのかについて擦り合わせておく必要がある。

　次節以降、デザインリサーチの手順についてフェーズごとに説明していくが、自分たちが果たすべき役割はどこで、どのようなアウトプットが求められているかを認識した上で、どこからどこまで主体的に取り組めばよいかを判断してほしい。

3.2 プロジェクト設計

どのようにしてプロジェクトが始まるかには様々なケースが考えられるが、デザインリサーチは基本的にプロジェクトである。プロジェクトとは何らかの目的を達成するためのタスクの集合体であり、その目的を達成するためには計画づくりが重要となる。その計画とはプロジェクトの実施スケジュール、予算、チーム構成、求められる成果など様々な要素から構成され、これらの項目についてステークホルダーと擦り合わせを行っておくことがプロジェクト成功の鍵といっても過言ではない。

3.2.1 何のためのプロジェクトか

プロジェクトの輪郭を考えるにあたって、明確にすべきは、プロジェクトの存在意義であり、我々は何のためにプロジェクトに取り組むのか?である。プロジェクトの結果達成したいこと(アウトカム)は何か?と、成果物(アウトプット)として何があるべきか?と捉えてもよいだろう。どのようなアウトプットを受け取る側が期待しているのか、あるいはどのようなアウトプットがあればプロダクト開発を加速させることができるだろうか。

なお、リサーチプロジェクトに取り組む際には、アウトプットとアウトカムを区別するように意識してほしい。アウトプットとは、リサーチの結果得られたインサイトや機会、あるいはペルソナやジャー

ニーマップのようなもの、または報告書かもしれない。一方で、アウトカムとは、情報そのものではなく、それらアウトプットを利用してどのようなインパクトを与えられるかである。アウトプットの中には、リサーチを通して得られた情報には違いないが、その後うまく活用できないようなものも存在する。ペルソナや、ジャーニーマップをアウトプットとして作成するのはよいが、そのアウトプットをどのように利用して成果を出すかを考えなければならない。

　そしてアウトカムに繋がるための適切なクオリティについて検討する必要がある。カスタマージャーニーマップを作るとして、イラストやレイアウトなどに凝って美しいマップを作ることもできるだろう。ステークホルダーへのプレゼンテーションなどを考えれば、それが意味を成す場合もある。だが、そのマップをどのように使用してどのように成果を出すか？について考えた場合、レイアウトを1ピクセル単位で追い込む必要はどの程度あるだろうか？　場合によってはイラストレーターなどで綺麗に作ったジャーニーマップである必要はなく、手書きのジャーニーマップで十分な場合もあるだろう。アウトカムを意識せずにアウトプットを作成すると、労多くして功少なしとなってしまうので注意が必要である。

　システム開発のためのリサーチプロジェクトであれば、要件定義に相当するようなアウトプットを期待されることもある。要件定義とは、システム開発に着手できるようなアウトプットであるが、システム開発にも様々なスタイルがある。

　現在のシステム開発プロセスとして代表的なものを挙げるとするならばウォーターフォール型とアジャイル型であろう。ウォーターフォールとは、システム開発を基本設計、詳細設計、開発、テストのようなフェーズに分け、まずは基本設計に取り組み、基本設計が終わったら詳細設計に着手する、詳細設計が終わったら開発に着手するといったようなシステム開発プロセスである。スタートアップのプロダクト開発の現場では、ウォーターフォール型の開発プロセスは嘲笑の対象となることもあるが、プロジェクトとしての管理がしやすいため、一定規模以上のシステム開発の現場では今後も主流であり続ける

と思われる。

アジャイルとは、厳密には特定のシステム開発プロセスを指す言葉というよりは、迅速かつ柔軟にソフトウェアを開発するための様々な開発手法の総称であり、国内のスタートアップにおけるプロダクト開発で主流となっているスクラム開発手法はアジャイル開発手法のひとつである。スクラム開発手法では、ウォーターフォール型とは異なり、細部まで設計を詰めてから実装に取り組むのではなく、チーム一丸となってスプリントと呼ばれる1週間から最大でも1ヶ月の単位を定めた開発期間の中で設計、実装、テストを実施する。このような開発手法はビジネスや顧客の状況の変化に素早く対応できるメリットがある一方で、スケジュールや予算を見積もりにくいというデメリットもある。

システム開発を外注する前提で考えると、ウォーターフォールは請負契約で1000万円で、半年以内にこのようなシステムを作ってほしいという発注形式になることが多いが、アジャイル（スクラム）の場合は準委任契約として1000万円で、半年かけてできるところまで作って（余裕があれば改善をしてほしい）という発注形式になる。ウォーターフォールの場合は、半年後にシステムが出来上がることが少なくとも契約上は確約されている反面、その半年のあいだにビジネス的な状況変化やユーザーのニーズに変化があった場合、発注側がプロダクトに関するより良いアイデアを思いついた場合、出来上がってきたものをみて仕様を変更したくなった場合などに、臨機応変に対応することが難しく、対応するためには再見積もりの形になって予算が膨れ上がることが多いだろう。一方でアジャイルで準委任契約の場合は、半年後に納品されるシステムの全容は発注時には確約されていないが、市場の状況やユーザーの状況に応じて柔軟にシステムの内容を変更することができる。もちろん開発リソースの総量は変わらないという前提に立てば、柔軟に試行錯誤した結果、半年後に当初想定していたシステムの半分の機能しか実装されていないという可能性もあり、そもそも元の想定とは大きく異なるシステムが完成する可能性もあるだろう。

なお、アジャイルは少人数のチームで取り組むものであるといった

イメージが蔓延しているが、SAFe[2] (Scaled Agile Framework) など、大規模開発向けにアジャイル開発プロセスを適用する手法もいくつか提案されている。SAFeはもともと2011年に発表されたものだが、2020年にはSAFe5.0が公開され、ますます注目されるフレームワークとなるだろう。特にSAFe 5.0はデザイン思考や、顧客中心主義といった考え方を取り入れており、今後大規模システム開発の現場においてもデザインリサーチの重要性が高まるものと考えられる。

　どのような開発スタイルでも、その組織の中においてメリット・デメリットを勘案されて選択されたものであろうから、どちらが良い、どちらが悪いと一般論として論じることはしないが、少なくともデザインリサーチャーは、リサーチ結果がプロジェクト終了後、どのように利用され、どのような開発プロセスを経て、顧客に届けられるかを意識する必要がある。

3.2.2　プロジェクトメンバー

プロジェクトを効率よく進めるために、そしてプロジェクトの成果を最大限に活用するために、どのような人々にプロジェクトに参加してもらうのがよいだろうか。デザインリサーチャーの役割は、デザインリサーチプロジェクトを推進することであるが、メンバー構成は下記のようなパターンが想定される。

1. デザインリサーチャー主体
2. デザインリサーチャー + 関係者
3. 関係者主体

2　Scaled Agile Inc によって提供される大規模な開発フレームワーク。スクラム開発では通常1チーム最大でも9人までとされているが、大規模なシステム開発においては単一のスクラムチームではリソースが不足する。そのため、複数の開発チームでプロダクト開発に当たる必要があるが、その際に生じる様々な課題に対処するためのフレームワークである。

まず、1のようにデザインリサーチャーが主体となってデザインリサーチに取り組むケースである。自社で開発・運用しているプロダクトの評価（ユーザビリティ評価など）を行う場合は、プロダクト開発に関わったエンジニアや、デザイナー、あるいはプロダクトオーナーやプロダクトマネージャーなどが関与する可能性があるだろう。場合によっては、デザイナーやプロダクトマネージャーがリサーチャーを兼ねる場合もあるかもしれないが、基本的には彼らはリサーチに積極的に参加するというよりは、あくまでもリサーチを依頼し、その結果を受け取る立場での関与となることが多い。

　プロジェクトが対象とする領域についてデザインリサーチャーがあまり詳しくない場合は、2のようにデザインリサーチャーと関係者でひとつのチームとして、一緒にデザインリサーチに取り組むケースが多い。その領域の関係者を巻き込んでリサーチプロジェクトを推進するほうが効率が良いからである。例えば、医療に関するプロダクトを作るのであれば、医療に関する専門知識を持つ関係者と、対象とする領域の専門知識には乏しいがリサーチのスペシャリストであるデザインリサーチャーがひとつのチームとしてプロジェクトに取り組むことで、本質的な課題を捉え、より具体的で実現性の高いソリューションを見いだすことができるだろう。

　一方で、3のようにデザインリサーチャーがファシリテーターやコーチとしての立ち回りに終始し、関係者が主体となってリサーチに取り組むケースもある。例えば、新規事業創出プロジェクトなどで、デザインリサーチやデザインシンキング、プロダクトマネジメントのノウハウを取り入れたいといったケースで、このような形態を取ることがある。また多くの企業がそうであるように、組織内にデザインリサーチの専門家がいないが、開発チームでデザインリサーチに挑戦してみよう、といったケースも当然想定される。デザインリサーチに関するスキルや知識のあるメンバーがプロジェクト内にいるに越したことはないが、まずは本書を参考にするなどして形からでもデザインリサーチに取り組み、その威力を実感してみてほしい。

3.2.3　プロジェクトスケジュールと予算

次にスケジュールについて説明しよう。アプリケーションやWebサイトなどであれば、どのタイミングでリニューアルを実施したいといった計画があるだろう。そのためには、デザイン、開発、テストなどいくつかのステップが想定され、それらは他の作業の進捗に依存していることが大半である。

　例えば、開発が必要なプロダクトの場合、ビジュアルデザインが出来上がっていないと開発に着手できない部分が存在することは想像に難くなく、ビジュアルデザインのためにはある程度のリサーチが必要であろう。リリース日から逆算して、いつまでにリサーチを完了させる必要があるかを算出することもできるが、それらマイルストーンがすでに決まっており動かすことが困難な場合は、そこに間に合うようにプロジェクトを計画する必要が出てくる。

　次に、予算についてである。デザインリサーチを進める上で予算が必要になるケースは往々にして発生する。私の経験上、発生する可能性がある予算は下記のようなものであり、金額が大きくなる可能性がある順に並べた。

- 旅費
- リサーチ協力者への謝礼 (リクルーティング費用)
- 備品
- リサーチツール
- 場所代

旅費については、リサーチを行う上で遠方への出張が必要になるかどうかで大きく異なる。プロジェクトで海外でのリサーチが必要かどうかはあらかじめ予測しやすいが、失念しがちなのが国内でのリサーチにおける遠方への出張の必要性の有無である。

　同じ日本に住んでいるのであれば、どこに住んでいても同じような生活をしていて同じような考え方を持っていると思ってしまいがちだ

が、東京あるいは東京近郊と、それ以外の地域では生活スタイルが大きく異なる。定義にもよるが、東京近郊で生活している人々はおおよそ3700万人といわれている。日本の人口は約1億2000万人であるため、7割程度の人々は東京とは異なる生活を送っていると考えるほうが適切であり、東京に住む人々のみを対象にリサーチを実施しプロダクトを作り込むと、残りの8000万人にとって適切でないプロダクトになってしまう可能性がある。そのため、リサーチを計画する段階で必要性を判断し予算を確保しておくべきである。

　次に、リサーチ協力者への謝礼や、リクルーティング費用である。これはインタビューやワークショップなどを実施する場合に発生する可能性がある。また、リクルーティング会社を利用して協力者を集める場合は、リクルーティング会社へ支払う費用も発生する。

　備品は利用できるものがあればよいが、カメラや録音機材、評価に使用するパソコンやスマートフォンなど、プロジェクトの内容によっては別途用意する可能性がある。また、リサーチツールとしてポスターなどを印刷する場合はその費用を計上する必要があるだろう。例えばワークショップの中で、大きく印刷されたカスタマージャーニーマップを囲んでワークショップ参加者と一緒にポストイットを貼り付けながらカスタマージャーニーマップを作成したいシーンがあると思うが、縦横数メートル以上のサイズのカスタマージャーニーマップを印刷するには数万円以上の費用がかかる。さらに、インタビューやワークショップを実施する際に場所を借りる場合は、場所代が必要となる。

　とはいえ、プロジェクトの計画段階で、必要なすべての予算を事細かに見積もるのは現実的ではないため、大きな予算については少なくとも最初の段階で承認を取って確保しておき、消耗品や場所代については必要に応じて承認を取ることになるだろう。

以上、本節ではプロジェクトのアウトカム、メンバー、スケジュール・予算について順に説明したが、この順序通りに検討しなければならな

いというわけではない。必要なアウトカムがまずあり、それを実現するために必要なメンバーやスケジュールを検討するケースもあれば、まずチームありきで何ができるか検討してみよう、といったケースも当然あるだろう。あるいはスケジュールが決まっていて、それに対してできる範囲でリサーチを計画するケースもあるはずだ。

3.3 チームビルディング

プロジェクトの枠組みが決まったら、まず必要なことはチームビルディングである。デザインリサーチの手順について紹介する章であるにもかかわらず、チームビルディングについて紹介するのには理由がある。

　私が留学していたCIIDではLearning by Doingの哲学のもと、座学よりもプロジェクトを通して学ぶことに重きを置いていた。

　大学の授業といえば座学中心のものをイメージする方が多いと思うが、CIIDにおける典型的な授業の構成を紹介すると、授業のはじめにその授業で必要となる知識についての座学を受け、その後プロジェクトのブリーフ（お題）が与えられる。以降はクラスメイトとチームを組み、与えられたテーマに取り組んでいく。座学の時間は授業にもよるが全体の半分もなかったように思われる。

　なお、ここで述べるチームとは授業ごとに異なるメンバーとなることが通例である。CIIDの一学年は最大25名であると紹介したが、おそらく在学中すべての人と最低一度はチームを組むことになる。このような授業スタイルは、実際のプロジェクトを模擬したものであるとも考えられる。デザインスクール卒業後の進路にもよるが、デザインファームで働くことを考えた場合、毎回異なるチームでプロジェクトに取り組むことが多いためである。

　このようなスタイルの授業形式から学んだことのひとつに、チームダイナミクスの重要性がある。チームダイナミクスとは、プロジェクトの成功に向けてチームとしていかにパフォーマンスを発揮できるか

の指標である。

　そもそも私たちが持つスキルには、ハードスキルとソフトスキルが存在する。ハードスキルとは、例えばプログラミングができる、かっこいいビジュアルを作れる、会計やマーケティングの知識・経験がある、あるいは英語や中国語が話せるといった、ある程度体系だった知識のもとに成立するものであり、教科書や講義を受けることで学ぶことのできるようなスキルを指す。一方でソフトスキルとは、チームビルディングやアイディエーション、ストーリーテリング、プレゼンテーションなど教科書から学ぶことが難しい分野であり、個人差が出やすい分野である。

　複数名でチームを組む場合、チームメンバーのハードスキルはもちろん重要である。しかしながら、チームとして成果を出そうとする場合、ハードスキルだけではうまくいかない。各人が自分のハードスキルを発揮した何らかの成果を、チームとしてのアウトプットに昇華させる必要があるためである。

　そのためチームダイナミクスが低い状態であると、チームとしてのパフォーマンスは低くなり、逆にチームダイナミクスを良好な状態に維持できれば、個々人のスキル以上のパフォーマンスを発揮できる。

3.3.1　そもそもチームとは何か

　私たちは日常生活の中で、あるいは業務の中で「チーム」という言葉を使う。しかし改めて考えてみると、チームとは何だろうか？　チームとは目的を達成するために結集された人々のグループであるが、ただ人が集まっただけではチームとして機能することは難しい。なぜなら、それぞれのメンバーが考えていることが共有されていなければ共通の目的もないためである。

　サッカーに例えると、チームのメンバーはフォワードやディフェンスなど、ポジションにかかわらず、相手のゴールにボールを蹴り入れるという共通の目的があり、ドリブルやパスを繋ぐことによってボー

ルを相手のゴールに近づけると有利であるという共通の考え方を持っている。

　それぞれが異なる目的を持ち、サッカーのルールや戦術に対して異なる認識を持っていたら、それはチームとは呼べないだろうし、成果を出すことは難しいだろう。サッカーでは、相手チームと2点以上の差がつくと逆転することが難しいといわれている。これは2点以上の差がつくと、チームとしてさらに点を取られまいと守備重視の動きを取り、攻め込むことが難しくなってしまうためであるが、攻め込む側、つまり負けているチームはより攻撃的な動きをする必要がある。しかし、同じチームの中でこのような認識が共有されていなかったらどうなるだろうか。あるプレイヤーは守備重視の動きをするが、あるプレイヤーは攻撃重視の動きをする。これではチームとして統一感のない動きになっていまい、相手チームに対して攻め込むチャンスをみすみす提供しているようなものである。このような状態は、サッカーのルール上はチームであるが、チームとしてパフォーマンスを出せる状態とは認めにくい。チームとして目的や戦略、あるいは戦術を共有しているからチームとして機能するのである。

　業務におけるプロジェクトでは、毎回同じメンバーでリサーチプロジェクトを実施するという場合もあるが、少なくとも一部のメンバーについては初めて一緒に働くという場合が多いと思われる。また、デザインリサーチプロジェクトにおいては可能な限りステークホルダーを巻き込むことが求められる。その場合、いかにステークホルダーを巻き込むかが重要なポイントになる。ステークホルダーとは初めて会う場合もあるだろう。場合によっては顔程度は知っているかもしれない。いずれにしても、今後一緒にプロジェクトを進めていくチームメンバーとして巻き込み、ミーティングや日常的なコミュニケーションのハードルを下げ、プロジェクトへのエンゲージメントを高めてもらうことを意識したい。ステークホルダーのプロジェクトに対するエンゲージメントを高めることで、プロジェクトを進める上での障害が少なくなり、リサーチの成果をプロダクトに繋げる際によりスムーズな導入が可能になる。

3.3.2　チームの成長

チームビルディングについては様々な方法があり、プロジェクトの状況に応じて最適なものを選択するべきであるが、チームビルディングの手法として紹介されている様々な手法は「Tuckman's stages of group development」（以下、Tuckmanモデル）と呼ばれる考え方をベースとしていることが多い。これはBruce Tuckmanが提唱したモデル[3]で、チームの成長を「Form」「Storm」「Norm」「Perform」の4つのステップに分け、チームがどのように成長していくかを示したものである。

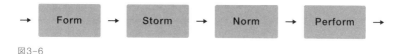

図3-6

Tuckmanモデルによれば、多くのチームは、図3-6の順に成長していくと説明している。

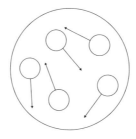

図3-7

Forming（形成期）とは、チームが形成される最初期のことであり、図にすると図3-7のようになる。各参加者は同じ場にはいるものの、見

3　Framework from Bruce Tuckman's article "Developmental sequence in small groups."
(Psychological Bulletin 63)

ている方向はバラバラであり、チームと呼べるような状態ではない。

　初対面の人と一緒に何かをする時のことを想像してもらえるとよい
が、お互いのことをよく知らず遠慮や緊張感があるだろう。天気の話
や最近見たニュースの話など、他愛のない世間話で間を繋ぐことには
困らないが、これはあくまでも表面的なコミュニケーションである。
プロジェクトの内容について腹を割って深い議論ができるかどうかは
別の話だ。プロジェクトの方向性や進め方、あるいは調査を通して得
た情報の解釈の仕方など、自分はこうだろうと思ってもそれをどう伝
えたらよいかと考えてしまうことがある。

　特に、プロジェクトに複数の部署からメンバーが参加するケースで
は、お互いがお互いの様子を見ながら、あるいは牽制しながら議論が
進む場合がある。なぜなら同じ会社とはいえ部門ごとの利害が必ずし
も一致するとは限らないからである。営業部門には営業部門の都合が
あり、カスタマーサポート部門にはカスタマーサポート部門の都合が
あり、開発部門には開発部門の都合がある。例えば、何らかの新しい
機能を追加するためには開発部門のリソースを使う必要があるが、そ
の予算はどこが負担するのか。営業部門やカスタマーサポート部門に
集約される顧客の声を整理して製品開発に活かせば、将来の製品開発
に向けて価値のある知見が得られるかもしれないが、その顧客の声を
整理する仕事はどちらがやるのか。このような状態であってはチーム
としてプロジェクトに取り組める状況ではない。チームとしてプロ
ジェクトに取り組むためには、共通の価値観を持ちひとつのゴールに
向かって走り出せる状態を作り出していく必要がある。

　Storming（混乱期）とは、チームが形成されたあとに乗り越えなけれ
ばならない最初の段階のことであり、チームのゴールやプロジェクト
の進め方に対する認識の違いや、あるいは人間関係などで対立が生じ
る状態である。図にすると図3-8のようになる。

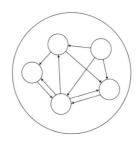

図3-8

メンバーの関心は他のメンバーに向かっており、プロジェクト内での行動、打ち合わせでの発言、あるいはプロジェクトに貢献しようとする姿勢など、様々なことが気になるだろう。現時点で様々な経緯によって同じプロジェクトに参加しているが、これまでそれぞれ異なる経験を積んできたわけであり、プロジェクトへのモチベーションについても差があるのは仕方がない。ある部署は、このプロジェクトが自分たちの部署に大きく影響することを察知してエース級の人材を送り込んできている一方で、ある部署は、顔だけ出せばよいだろうからそのタイミングで仕事量に余裕のあるメンバーをアサインしよう、責任を取るわけにはいかないので主導権を握らず無難に立ち回ろう、といったようにスタンスに大きな違いがあるかもしれない。このような差異はプロジェクトが進むにつれて顕在化するのが常である。あの人はなぜあのような姿勢でプロジェクトに臨んでいるのか、あの人はなぜミーティングの場であのような発言をしたのだろうか、あの人はなぜ仕事を引き受けようとしないのだろうか（あるいは消極的な姿勢で参加しているのだろうか）など、一つひとつは些細なことであっても積み重なることで大きな軋轢となる可能性がある。日本人は特に、チームメンバーの和を重んじ、配慮が得意であるように感じる。これは大変良いことである一方で、このステップをストレスに感じることもあるはずだ。

　対立を避けるように流すこともあるが、これではチームとしてパフォーマンスを出すことは難しく、このフェーズを避けて次に進んでしまうと、パフォーマンスは低下しプロジェクトが空中分解すること

もある。多くの人は、これまでの経験の中から思い当たるフシがある
のではないだろうか。

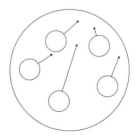

図3-9

Norming（統一期）とは、チームとして共通の規範や役割分担が出来上
がった状態である。図3-9のようにお互いを理解し、場合によって
は譲歩しながらチームとしてプロジェクトに取り組む方法について合
意に達している状態である。それぞれがどのように動けばいいかを理
解して、その役割をこなしていく。

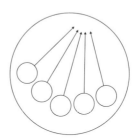

図3-10

Performing（機能期）とは、図3-10のようにチームメンバーが同じ方
向を向き、成果を出すフェーズである。このフェーズになると、リー
ダーが事細かに指示を出すようなことはせずとも、各々が自分の役割
を認識し、チームとして成果を出すことができるようになっている。
　Tuckmanは、チームが形成され、成果を出すまでのステップをこ
のような4つのフェーズに分けて説明しており、プロジェクトを成功

させるためのひとつの鍵は、前述した混乱期をいかに乗り越えるかである。

　しかし、なんでもいいからとりあえず対立を起こせばよいという話ではない。あまりにも深刻な対立を生じさせてしまうと乗り越えるにも困難がつきまとうし、プロジェクトが崩壊してしまう場合もある。そこで、コントロール可能な範囲で意図的に対立を生じさせて、混乱期をスムーズに乗り越えることを試みる。これがチームビルディングの基本的な考え方である。これは、病気に対する予防接種としてのワクチンの考え方と似ている。ワクチンは、コントロールされた安全な状態において、本物のウイルスや細菌に感染した際の状態をシミュレーションし免疫を作り出すことを目的として私たちの体に投与される。もちろんここで作られる免疫の力は、実際に感染し治癒した場合に比べれば小さなものかもしれないが、いきなり強いウイルスや細菌に感染することを考えれば、どれほど安心で安全なことかは想像に難くないだろう。

異なるバージョンのTuckmanモデル

図3-6で示したTuckmanモデルの別のバリエーションとして、Pamela Knightが提示したDAUモデル[4]が存在する。このモデルでのポイントは3点ある。

1. Form、Storm、Norm、Performというステップがあることは同様である
2. Formが一番最初にあるが、この最初のステップに戻ることは二度とできない
3. Storm、Norm、Performは必ずしも線形の単独のプロセスではなく、NormとStorm、PerformとStormは同時に発生する

1について、彼女はTuckmanの研究をベースに検証に取り組んだため、チームの形成過程を4つのステップに分けて説明を試みていることは自然である。重要なのは2と3である。Formingは最初に通過するステップであるが、このステップが非常に重要であり、チーム形成の鍵であるともいえる。このステップで失敗するとあとから修正することが非常に難しい。

また、Stormフェーズの捉え方についてもTuckmanのオリジナルのモデルとは少々異なる。それは、TuckmanはStormを単独のステップとして位置づけていたが、実際には図3-11のようにNorm、Performフェーズの中でStormが発生するという考え方である。

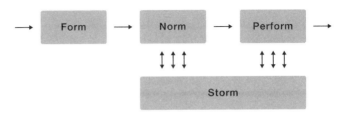

図3-11

ここで気になるのは、どの程度のStormが適切なのか、だろう。これについては様々な研究結果が存在するが、Stormの量とチームのパフォーマンスに明らかな相関は見られない。

Stormingの量が少ないほうが、良い状態で、チームのパフォーマンスも期待できそうだが、チームのパフォーマンスが低下するとStormingの割合は減少するといわれている。これはチームが対話や議論を避けている場合、表面上は和やかに見えるがパフォーマンスは下がるためである。かといって、Stormが多ければ多いほどチームのパフォーマンスが高くなるわけではない。重要なのは、Stormの質であり、健全な議論が積極的になされている状態が望ましい。

心理的安全性という考え方がある。これはハーバード大学のEdmondson教授が1999年に「Psychological Safety and Learning Behavior in Work Teams」と題した論文で発表したものであるが、近年この概念に注目

が集まっている。これはGoogle社が自社の数百にも及ぶチームを分析対象として、どのようなチームがより高いパフォーマンスを発揮できるかを調査した結果、心理的安全性がチームのパフォーマンスと高い相関があるという知見が得られたためである。チームがパフォーマンスを発揮するためには、メンバーの能力ももちろん重要であるが、チームの中で各メンバーが遠慮することなく安心して発言できるという心理的な要素が大きな影響を与えているのである。

　意図的に対立を生じさせるための様々な方法が存在するが、各人の価値観や事情などを意識的にぶつけ合うことがひとつ挙げられよう。本書では、チームメンバーの自己紹介を通してチームを形成するための簡単なワークを次項にて紹介する。

3.3.3　チームビルディングワーク

本ワークでは、プロジェクトの参加メンバーが、下記のような項目についてシートに書き、他のメンバーと共有する。これらには普段あまりさらけ出さないことも含むが、どのようにチームが機能するかを知る上で重要である。

- どのように仕事を進めたいか？
- どのような価値観を持っているか？
- どのようなスキルを持っているか？
- どのような業務スタイルが好きか、得意か？
- どのようなことに興味を持っているか？

シートはどのような体裁でもよいが、例えば図3-12のようなものになるだろう。

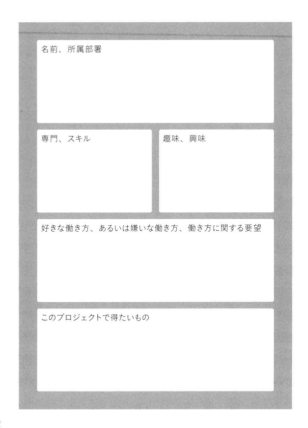

名前、所属部署

専門、スキル   趣味、興味

好きな働き方、あるいは嫌いな働き方、働き方に関する要望

このプロジェクトで得たいもの

図3-12

このシートには下記のような項目が含まれる。

- 名前、所属部署 (社内の場合)、所属企業 (複数企業でのチームの場合)
- 自分の専門、担当業務、自分のスキル
- 趣味、興味
- 自分の働き方 (好きなこと、懸念事項など)
- このプロジェクトで何を得たいか

名前については説明不要だろう。所属部署については少々検討が必要かもしれない。というのも、日本の大企業の場合、部署名が複雑で部署名をそのまま書いても何をやっている部署なのか想像がつかない場

合がある。プロジェクトが始まる際に別途名刺交換をするケースも多いと思われるので、このワーク中に限ってはわかりやすさ重視で、何をやっている部署であるかを説明したほうがよいだろう。

　自分の専門には、担当業務や自分のスキルなどが挙げられる。ここでリサーチに貢献できるスキルがあるのであればぜひ開示すべきだが、必ずしもリサーチに関するスキルである必要はない。むしろリサーチに関するスキルを持っている人のみでチームを組むことのほうが稀である。ある人は研究開発に従事しているかもしれないし、別のある人は人事部門で社内研修を担当しているかもしれない。メンバーの構成によっては前述した所属部署と、担当業務がほとんど同一のものになってしまう可能性もあるため、その場合は本ワークシートに挙げる項目を柔軟に再構成するのがよいだろう。

　趣味や興味については、可能であればチームメンバーも知らないことであると望ましい。これまで同じ部門で働いていたとしても、よほど親しい仲でない限り、趣味や興味分野についてお互いに知り尽くしていることは稀だ。この機会に、他の人にまだ言ってない趣味や興味について紹介できるとよい。「実は最近クラフトビールにはまっていて…」とか「旅行先で"Ｉ love（地名）"と書かれたＴシャツを見かけたら買うようにしている」などでもいい。意外な一面を知ることは、お互いのより適切な理解に繋がるといわれている。

　そして、自分の働き方である。「10時から16時の時短勤務であるため、早朝や夜のミーティングには参加できない」「毎週月曜日と火曜日は、他の拠点で勤務しているため打ち合わせに参加するのが難しい」「現場勤務でメールを常時確認することが難しいため、急ぎの連絡があれば電話してほしい」「朝起きるのが苦手なのでミーティングは昼以降にしてほしい」など。仕事を進める上で、配慮してほしいことがあれば、ここで開示して共有しておくのがよいだろう。

　最後に、このプロジェクトで得たいことである。個人として得たいこともあるだろうし、部門として得たいこともあるだろう。個人としては、例えば「デザインリサーチプロジェクトの進め方を学びたい」「ユーザーインタビューができるようになりたい」といったスキルと

しての面が主になるかもしれない。一方でKPIに関することなど、部署としてこのプロジェクトに期待していることを開示するのもよいだろう。

　これらの情報はチームメンバーの前で発表しておこう。日本企業におけるプロジェクトの場合、プロジェクトを通してお互いのことを知っていく流れが多いように見受けられるが、これは適切とはいえない。事前にお互いを開示し合うことによって良いスタートダッシュが可能になるのである。

　次に、各々の発表内容をもとにチームとしての規律を作ってみよう。例えばこんな内容が挙げられる。

- いつ働くか？　どれぐらいの長さか？　頻度は？　期間は？
- どのような働き方がしたいか？　共同作業が好きか？　一人で作業したいか？　その中間か？
- コミュニケーションの方法について
- どのようなゴールを持っているか？　何を学びたいか？　どのような懸念があるか？
- どのように学び、改善していきたいか？
- ドキュメンテーションの方法について

おそらく、これらについてディスカッションする中で、ちょっとした対立が生まれるだろう。例えば、チームメンバーの中に夜型の人もいれば朝方の人もいるだろう。フルコミットの人もいれば他のプロジェクトと掛け持ちしていて限られた時間しか取れない人もいるはずだ。朝は自分の作業に集中して打ち合わせはなるべく午後以降にしてほしいという人もいるかもしれない。あるいは、お子さんの都合で時短勤務の人がいるだろうし、介護などで働き方に制約がある人がいるかもしれない。コミュニケーションの方法について、チャットでのやり取りを好む人もいれば、メールのほうが良いという人もいるだろう。何かあれば気軽に電話をかけてくれという人もいれば、ビデオ会議を頻繁に行うことを好む人もいるかもしれない。

チームとしてのゴールや、プロジェクトとして何を得たいかについても確認しておこう。組織としてOKR[5](Objectives and Key Results)などに基づき目標を設定している場合、その目標からブレイクダウンしていくことも重要だが、それぞれの部門の都合からボトムアップで着地可能なポイントを探るのも一つの方法である。また、このプロジェクトがどのような成果を出せるとよいかだけではなく、プロジェクトを進める上での懸念事項が何かについて話をし、認識を揃えておくことも必要だ。この際に、各々の視点で「このようなリスクがあるのではないか」について書き出しておき、その対策を考えておく。

ドキュメンテーションの方法について話をしておくのもよいだろう。デザインリサーチはプロジェクトが進むにつれて様々な資料が作成されるのが常である。デスクリサーチとして調べた内容、関係しそうな情報、インタビューの準備、インタビューで得られたものなど挙げればきりがないが、これら情報をプロジェクトの進捗に合わせて何らかの方法で記録しておくことを強くおすすめする。これにはいくつかの方法がある。

プロジェクト専用の部屋を確保できるのであれば、その部屋の壁に関連する情報をすべて貼り出していく。左から右へと時系列に沿って資料を貼り出していくとプロジェクトの進捗がわかって良い。プロジェクト専用の部屋が用意できない場合は、大きなフォームコア（薄い発泡スチロールの板。スチレンボードと呼ばれることもある）を複数枚用意して必要に応じて持ち運び、展開し、即席の壁を作る方法を用いる場合もある。専用の部屋を用意したり、即席の壁を作ることが難しい場合、あるいはプロジェクトメンバーが地理的に離れた状態で働く場合はオンラインのツールに頼ることになるだろう。

オンラインのツールを使用する場合、大きく分けて2つの方法がある。オンラインホワイトボードと呼ばれるツールを利用する方法と、ドキュメンテーション用のツールを使用する方法である。前者は、

─────

5 IntelやGoogle、Facebookなど多くの成長企業で取り入れられている目標管理方法である。

MiroやMuralを利用することが想定される。オンライン上のキャンバスを壁に見立て資料を貼り付けていくことになるだろう。後者の場合は、GoogleスライドやGoogleドキュメント、Office 365や、あるいはブログシステム、ScrapboxやNotionなどのツールを利用することになるかと思われる。GoogleドキュメントやMicrosoft Wordのようなエディタを用いて管理する場合は、日付ごとに区切るなどして進捗を記録していくとよいだろう。Microsoft PowerPointやGoogleスライドのようなツールを使用する場合は、進捗があるごとにスライドを追加していくことになる。ブログシステムやScrapbox、Notionなどのツールを使う場合は、進捗ごとに記事、あるいはカードのようなコンテンツとして投稿することが考えられる。メンバーで作成・管理しやすい方法に絞ろう。

　また、プロジェクトの進捗をどのように把握して、改善していきたいかなどもここで話し合っておくとよい。例えば弊社では、チームビルディングの段階で、下記のようなミーティングについて決めておく。これはスクラムと呼ばれるソフトウェア開発で近年よく利用される手法を参考にしたものである。そのため、括弧内にスクラム開発手法におけるセレモニー（ミーティングのこと）の名称を併記する。

Daily Stand-up（Daily Scrumと呼ぶ場合もある）

プロジェクトに関わる人と一緒に毎日行う打ち合わせの場である。主なトピックとしては下記のようなものが挙げられる。

- 昨日（過去24時間で）何をやったのか
- 今日（次の24時間で）やることは何か
- 気になっていることや、困っていることがないか

なお、ここでディスカッションが始まってしまうとあっという間に時間が経ってしまう。ここでは確認に留め、時間を取って議論しなければならないトピックがある場合は、別途必要な人を招いて打ち合わせを設定するようにする。

Show and tell（Showcase、Sprint Reviewと呼ぶ場合もある）

呼び方は様々であるが、ステークホルダーと一緒に成果物やプロジェクトの進捗を確認する場である。ここで重要なのは、ステークホルダーの存在である。ステークホルダー抜きでプロジェクトの内容について振り返っても、あまり意味がない。ステークホルダーに、プロジェクトが正しい方向に進んでいるか確認してもらい、必要であればフィードバックや協力を引き出すようにする。1週間あるいは2週間に一度程度で定期的に開催するのがよいだろう。長くても1ヶ月以上の間隔を空けないようにする。

Plannning（Sprint Planningと呼ぶ場合もある）

Show and tellを踏まえて次に何をするかを決定するためのミーティングである。アウトプットとして何を出すべきか、そのために何をする必要があるかを検討しつつ、各人のタスクを洗い出す。

Retrospective（Sprint Retrospectiveと呼ぶ場合もある）

働き方についての振り返りを行う。プロジェクトそのものの方向性や進捗についてではなく、チームメンバーがパフォーマンスを出せているか否かについて話し合う。KPT（Keep、Problem、Try）フレームワークを用いて議論する方法がよく用いられる。KPTでは、Keepとして今後も続けること、Problemとしてプロジェクト進行上の課題、TryとしてProblemを改善するために今後取り組むことを挙げる。時間の制約がある場合は、ProblemとTryにフォーカスする場合もある。なお、課題として挙げる時には、なるべく具体的な事例をもとにする。例えば「〇〇さんの言うことが、ころころ変わる」ではなく「〇〇さんが月曜日にはこのように言っていたのに、水曜日にはこのように言っていた」といったように客観的な情報をもとに議論できるようにするとよい。また、Tryに関しては、たくさんのアイデアが出る場合もあるが、一度に多くのことに取り組もうとしてもうまくいかない。そのため、最も効果があると思われる施策にコミットして取り組むのがよいだろう。なお「頑張る」「気を付ける」といった心構えにフォーカスすると、

その施策に取り組んだのか、取り組んだ結果改善されたのか、取り組めなかったとしたら何が問題だったのかなど後から検証することが難しい。できる限り仕組み化して、客観的にプロセスを検証できるように意識しよう。

最後に、図3-13のように話し合った内容を一枚の紙にまとめよう。

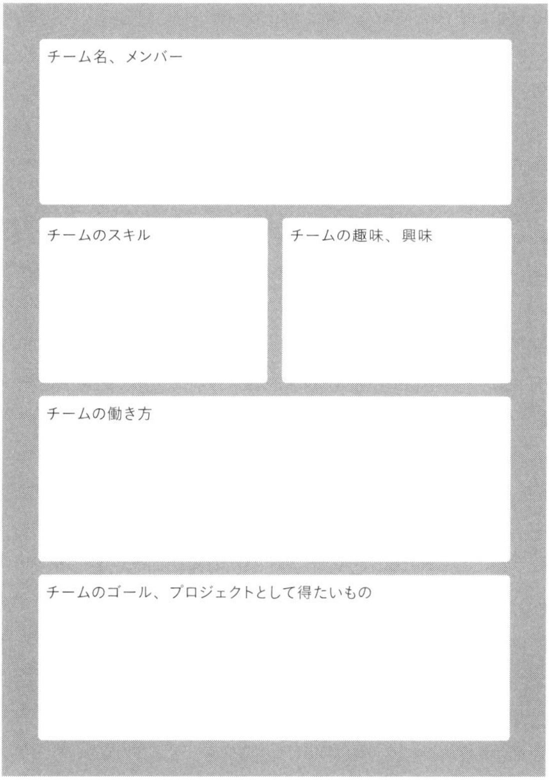

チーム名、メンバー

チームのスキル

チームの趣味、興味

チームの働き方

チームのゴール、プロジェクトとして得たいもの

図3-13

3.3.4 プロジェクトに対する認識を揃える

デザインリサーチプロジェクトは、可能な限り複数人で進めることが
望ましい。これは複数人で取り組むことによって、可能な限り多様な
視点をプロジェクトに持ち込むことを意図している。これによって、
ひとつの物事を様々な視点から検討することが可能になる一方で、よ
く確認してみると物事に対する認識が揃っていなかったというケース
も当然ながら発生する。下記のような事柄についてあらかじめアウト
プットしておくことでギャップを最小限に抑えることができるだろう。

- 我々がすでに知っていることはなんだろうか？
- 我々が興味があることはなんだろうか？
- 我々が理解したいことはなんだろうか？

例えば、海外旅行に関する新しいプロダクトを作り出すプロジェクト
だったとして、海外旅行に対する認識は人それぞれ異なる。

あるチームメンバーは、海外旅行といえば添乗員が同行してすべて
案内してくれるようなパッケージツアーをイメージしているかもしれ
ないが、他のメンバーは個人で航空券やホテルなどを手配する旅行の
スタイルをイメージしているかもしれない。またあるメンバーは、海
外旅行といえばグルメやショッピングを存分に楽しむことを期待して
いるかもしれないが、現地の人との交流や、現地ならではのレアな体
験を期待して海外旅行に臨むメンバーもいるだろう。

このような違いが出るのは当然であり、これは私たちがそれぞれバ
イアスを持っていることに起因する。バイアスとは、私たちが選択を
する時に影響を与える何らかの要素のことである。バイアスと聞くと
私たちはついネガティブなイメージを持ってしまいがちであるが、バ
イアスには良いこともある。

いくつかの研究によれば、私たちは毎日35,000回もの決断をこな
しているといわれているが、これだけの決断を日常的にこなせている
のも私たちの中にバイアスが存在しているためである。もし仮に私た

ちがバイアスを持っておらず、すべての項目についてニュートラルに判断しなければならないとしたら、とてもではないが今のように生活を送ることは困難だろう。重要なことは、私たちの意識や思考はバイアスと切り離すことができないということであり、バイアスとうまく付き合っていく必要がある。

　リサーチを実施する前に、考えてほしいのは、私たちがどのようなバイアスを持っているかである。そこで、海外旅行という言葉からイメージするものをポストイットなどに書き出すワークショップを行うのである。例えば、海外旅行を手配してくれるAIチャットボットサービスについてのリサーチであれば、「海外旅行」「AI」「チャットボット」などプロジェクトを表現する複数のキーワードについて実施する。

　一方で、このプロジェクトが対象としないものについても書き出しておくとよい。例えば「新しい観光施設や移動手段、レストランやアクティビティを作るわけではない」「バックパッカー向けのプロダクトではない」「定年退職後の老夫婦をターゲットにしたプロダクトではない」「海外での営業に多大なリソースが必要なプロダクトは今回のスコープではない」などが出てくるかもしれない。このようにしてプロジェクトに対するチーム内の認識を合わせておくことによって、プロジェクトの進行をスムーズにすることができる。

3.3.5　チームでパフォーマンスを発揮するためのテクニック

チームは作ることも重要であるが、継続的にパフォーマンスを発揮することも同じく重要である。本項ではチームでより高いパフォーマンスを出すためのテクニックを紹介する。

Four-Player Framework
これはプロジェクトの停滞を防ぎ、前に進めるためのテクニックである。プロジェクトに取り組む中でチームメンバー同士の対話は非常に重要であるが、この対話が適切に行われていないケースが散見される。

あるいは特定のメンバーが積極的に議論に参加せず、コミットメントが低いと感じるようなケースもあるかもしれない。生産的な対話には下記の 4 つの役割が必要であるといわれている。そのため、ディスカッションに参加しているメンバーに対して、明示的に役割を付与するのである。

- Mover
- Follower
- Opposer
- Bystander

Mover とは、ディスカッションを前に進める役のことであり、アイデアや意見を積極的に出す役割である。Follower は、Mover が出した意見やアイデアの実現のためにサポートする役割である。Follower がいることによって初めてプロジェクトが動き出すといっても過言ではない。Opposer は Mover のアイデアや意見に対して反対する役である。もちろんただ頭ごなしに反対すればよいわけではなく、そのアイデアがなぜ適切ではないか、他の人が納得できる理由を述べる必要がある。そして Bystander は議論を俯瞰する役である。積極的に意見を述べることはないがある程度の距離を取りながら議論全体を見て、議論が正しい方向に向かっているのか、向かっていなければ軌道修正を促すのである。

　言い換えれば、Mover だけでは、プロジェクトを前に進めることはできても、チームとしてコラボレーションできている状態とは言い難い。Mover を Follower が支えることによって、プロジェクトをより速く前に進めることができる。そして Opposer がいることによって、対話が生まれプロジェクトにとってより正しい方向を探し出すことができる。そこに Bystander が加わることで、議論をより健全なものにするのである。

　プロジェクトの方向性についてディスカッションするシーンをイメージしていただきたい。

Mover「リサーチの流れを決めようと思う。まずは、想定ユーザー
に話を聞きに行こう。実際のお客さんに話を聞くことが、
現状を理解するための一番良い方法だと思う。」

Follower「そうだね。うちの会社の製品を使っているユーザーの連
絡先を営業部門にお願いして出してもらおう。」

Opposer「ちょっと待って。いきなりリストを出してもらっても誰
に聞けばいいか判断できないよ。こういう人に話を聞きた
い！っていうのを僕たちである程度固めて、その条件をも
とに営業部門でピックアップしてもらうのがいいんじゃな
いか？」

Mover「確かにそうだ。じゃぁまずはペルソナを作ろうか。」

Follower「うちの製品を使っている顧客像については商品企画部で
ある程度把握しているはずだから、企画部の山田さんに聞
いてみるのがよいかもしれないね。」

Opposer「商品企画部で想定している顧客像と、実際の顧客像は本
当に一致しているとは限らないのでは？　カスタマーサ
ポート部門は、実際のお客さんとのコミュニケーションを
通してリアルな知見を持っているはずだから、彼らに聞い
たほうがよいんじゃないか？」

Bystander「ペルソナを作るのも良いと思うけど、個々のプロセスの
話をする前に、まずはゴールをしっかり共有してみようか。
今回のリサーチプロジェクトは、新しい化粧品のリサーチ
だね。我々がプロジェクトを通して実現したい成果はなん
だっけ？」

なお、「水平思考」の提唱者であるエドワード・デ・ボノ博士は1983年に「6つの帽子」と呼ばれる概念を提唱している。

6つの帽子とは、青、白、赤、黄色、黒、緑の帽子のことであり、それぞれの帽子の色に応じて役割が定められている。発言する時に帽子を被って自分がどの立場から発言しているかを明確にしたり、あるいは参加者にあらかじめ役割を割り振っておき、その立場からの発言に徹するようにお願いする場合もあるが、これは特に決まっていないようである。

色ごとの役割は、例えば次のように定められている。青い帽子は場を俯瞰し、議論が適切に行われているかを判断する。司会やファシリテーター的な役割である。白い帽子は事実や数字、データを重視し、客観的な情報から得られる知見をもとに発言する。赤い帽子は感情的、あるいは直感や本能から見いだされる視点から発言する。黄色い帽子は、見込まれる結果について、楽観的に、ポジティブな立場から発言する。例えばアイデアが成功する理由や、利益を生む理由などであろう。黒い帽子は黄色い帽子とは逆に、そのアイデアに対してどのようなリスクがあるか、あるいはアイデアに欠点があるかといった点について指摘する。緑の帽子は新しいアイデアをどんどん生み出す役割を果たす。

青い帽子はBystander、緑の帽子はMover、黄色い帽子はFollower、黒い帽子はOpposer、白と赤の帽子は状況によってFollowerである場合もあり、Opposerである場合もあるだろう。どちらも期待される効果としては似ているが、Four-player Frameworkのほうがよりシンプルで取り入れやすいのではないかと思う。

Timeboxing

次に紹介するのは、Timeboxingというテクニックである。タイムボクシングとは図3–14の通り、計画 (Plan)、行動 (Act)、評価 (Evaluate) を短い時間 (例えば10分) で繰り返すというものである。

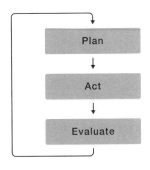

図3-14

　計画とはつまり、次の10分間で何をするかを決めることである。例えば「チームで文字と簡単な絵をポストイットに書いて10個以上のアイデアを出す」などが計画の例として挙げられる。

　行動はそのままだ。アイデア出しの方法は様々だが、3人のチームだとすれば、一人最低4個以上のアイデアを出せばよい。そして最後に評価する。ただし、ここでする評価は「3人のチームで1人最低4個以上のアイデアを出せたから10個以上という目標は達成だ、よかったね！」みたいなものではない。

　ここで重要なのは、行動から何かを学び、次の行動を決定することである。この例だと、アイデア出しの方向に制限を設けるなどがあり得る。例えば「もっとアイデアが必要だ！　特に若者向けのアイデアを出そう」であったり、もしくは「このアイデアの方向性が良さそうだから、ブラッシュアップしていこう」などが考えられる。

　この計画、行動、評価を繰り返していくことでアイデアは洗練されていき、プロジェクトゴールに近づいていく、というのがタイムボクシングの基本的な考え方である。これはフローと呼ばれる状態を利用している。フローとは、時間を忘れて没頭している状態のことであり、図3-15のように集中力の高い状態である。プロジェクト中、いかにこの状態を維持するかが、プロジェクトに真剣に取り組み、成果を出すためのコツとなる。

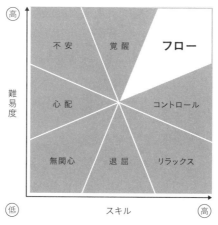

図3-15　　Wikipedia「フロー（心理学）」ミハイ・チクセントミハイのフローモデルによるメンタルステート図
（https://ja.wikipedia.org/wiki/フロー＿（心理学））を元に作成

　このフローを利用してプロジェクトを進める具体的な例を図3-16に
示す。チームに対して課題が与えられた状態（計画）から、ブレインス
トーミングによってアイデアを出す（行動）。そして出されたアイデア
を評価する。私たちは何らかの行動を起こす場合、特に、自分のスキ
ルに対して難しいことに取り組んでいる場合は不安になることがある
だろう。そのままでは不安感が増してしまうばかりであるため、適切
なタイミングで評価を行い、フロー状態に引き戻すのである。これを
繰り返す事によって、フロー状態を維持し、チームのパフォーマンス
を最大化させる。

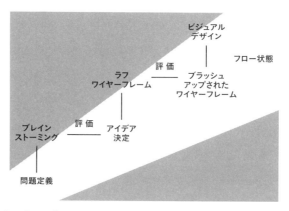

図3-16　　David Sherwin「Better Ideas Faster: How to Brainstorm More Effectively」（https://www.slideshare.
net/changeorder/better-ideas-faster-how-to-brainstorm-more-effectively）を元に翻訳・改変・作成

タイムボクシングはこのフロー状態を作るためのテクニックとも考えることができる。

このテクニックの使用シーンは、リサーチの計画づくりでもよいし、ソリューションのアイデアでもよい。あるいは何らかのロゴを作る時に、10分間でロゴのラフスケッチを10個以上描いて評価することもできる。デザインしようとしている新しいアプリケーションのワイヤーフレームでもよいだろうし、誰かに伝えるためのプレゼンテーションのアウトラインでもよく、大変応用範囲の広いテクニックである。

プロジェクト終了後、次のプロジェクトに向けて

プロダクトに関するリサーチプロジェクトは一回やったら終わりというものではない。中規模以上のプロダクトでは、様々なリサーチプロジェクトが並行して実施されることも珍しくないし、私たちのようなデザインリサーチを生業とする企業にとっても、当然のことながら様々なデザインリサーチプロジェクトに取り組む機会がある。一つひとつのプロジェクトが独立して実施されていたとしても、それぞれのプロジェクトから得た様々な学びを蓄積することによって、将来のリサーチプロジェクトに活用するのである。

Tuckman は1977年に、前述した4つのフェーズに Adjourn を加えている。Adjourn とはプロジェクトのゴール達成や、中止などといった意味である。つまりプロジェクト終了後、チームがどのように振る舞うべきかについて示したものである。

ここでは前述した Retrospective や KPT（Keep、Problem、Try）を取り入れる場合がある。うまくいったこと、継続すべきことの例としては次のようなものが挙げられるだろう。「インタビューのリハーサルをしておいたおかげで、本番をスムーズに進行することができた」「リクルーティングやインタビュー内容の書き起こしを外注したおかげで、効率よく作業を進めることができた」。

一方で、うまくいかなかったこと、抱えている問題の例としては、

次のようなものが挙げられる。「最初の段階でもっと具体的にステークホルダーとプロジェクトにおけるゴールとスコープに関する認識の擦り合わせをしておくべきであった」「インタビュー対象者のリクルーティングに思ったより手こずってしまいリサーチに関するスケジュールが遅延してしまった」「インタビューの文字起こしに使える予算をあらかじめ確保しておけば、もっと効率的にリサーチを進めることができた」「佐藤さんと議論になった時に、曖昧なままで済まさずにきちんと結論を出しておくべきだった」「評価を行う際の評価基準を事前に確認しておけばよかった」などである。

そして、改善するためにできること、今後に活かせることの例としては、次のようなものが挙げられる。「プロジェクトの最初に、プロジェクトでやらないことを決めておこう」「ワークショップ開催日を1ヶ月前には決めておき、会議室や参加者のスケジュールを押さえておくべきだろう」などである。

適切なフィードバックを心がける

本節の最後に、適切なフィードバックについて指摘したいと思う。プロジェクトに取り組む中で、あるいはプロジェクトが終わったあとに、同僚に対してフィードバックをする機会が多々あることかと思う。何らかの成果物や仕事の結果に対してコメントする場合もあるだろうし、プロジェクトの中での働き方や振る舞いについてコメントする場合もあるだろう。これはデザインリサーチプロジェクトに限ったことではなく、様々な場面に応用できることだが、チームでプロジェクトを円滑に進めるために特に意識してもらいたい。

適切なフィードバックとは、過去ではなく、未来に焦点を当てるのである。つまり、過去の行為や仕事を批判するのではなく、今後、どうしてほしいか、どうするとより良くなるのか？についてコメントすべきである。これは欧米の文化といえるかもしれないが、私が留学中も、とにかく教授陣から褒められた記憶しかなく、ネガティブなことを言われた記憶はほとんどない。プロジェクトの中で他人の行為や仕

事が気になることは多々あるかもしれないが、ぜひポジティブに、未来に向けて、未来を良くするために方向性を与えるようなコメントを心がけてほしい。

3.4 リサーチ設計

チームビルディングが終わったら、具体的にリサーチの設計に取りかかろう。リサーチを設計する上でまず取り組むべきことは、プロジェクト背景を念頭に、リサーチを通して明らかにしたいことを定め、次に、定めた目的を達成するためにどのようなプロセスでリサーチを実施すればよいかを検討することだ。

3.4.1 リサーチの目的を定める

リサーチの設計ではまず、プロジェクトの目的を定めよう。目的とは、例えば下記のようなものである。これはリサーチの種類によって異なるため、いくつかの例を示しながら解説する。

新規プロダクトの機会探索を目的としたケース

事例1 フードテック企業の新規事業

飲食店に関連するインターネットサービスを提供するスタートアップAでは、ユーザー参加型メディアを運営し、その分野においては確固たる地位を獲得しつつある。今後のビジネスを拡大するため、次の一手として新たな事業の立ち上げを模索している。どのような領域に事業機会が存在するかの探索を目的としたリサーチプロジェクトが立ち上がった。

スタートアップAでは、まず既存事業との相乗効果が期待できる隣接領域として、飲食店に関連しつつもこれまでサービスを提供していなかった部分にフォーカスをあててリサーチを実施すべきだろうと考えた。そこで、リサーチを通して人々が飲食店に関連したどのようなニーズを持っているかを把握することを試みる。

　飲食店と一言でいっても様々な利用シーンが存在する。牛丼やハンバーガーのようなチェーンのファストフード店のように、気軽に利用できることが主要な目的として想定される飲食店もあれば、個性的なラーメン店のように、その店の一品を食べることを目的として遠方から人々が訪れる店もある。大切な人との食事を落ち着いて楽しむのに適した雰囲気の飲食店もあれば、同僚と仕事帰りに立ち寄れる居酒屋のような形態の店舗もある。スタート時点で特定のターゲットがあるというわけではない。そこでまず、飲食店の利用形態としてどのようなバリエーションがあるのか、また、それぞれについて利用前、利用中、利用後に、どのようなニーズがあるのかを洗い出し、おおよその狙うべき領域を探し出す。

リサーチの目的の例 ……………………………………………………………………………
人々の生活の中で飲食店がどのように捉えられており、どのようなシーンでどのような飲食店を選択しているか、また飲食店での食事がその後人々の生活にどのような影響を与えているかについて理解する。そしてそれら一連の行動の中に、どのようなニーズや新しい機会が存在するかを見つけ出す。

事例2 図書館のサービスデザイン
現代の図書館に求められている役割は蔵書の管理や貸し出しのみではない。その地域に住むすべての人に、知への扉を提供するという重要な役割がある。図書館Bでは、この目的を達成するために新しいサービスの提供を検討しており、どのようなものがあり得るかを探索する。

　この図書館では、住民に対して新しいサービスを提供しようと計画しているが、プロジェクト開始時点で具体的なアイデアがあるわけで

はない。どのようなサービスを提供すれば住民に受け入れられるのか、あるいは住民にとって価値があるのか、住民がどのようなニーズを持っているのか、また図書館自身が定めたミッションである「知への扉を提供する」に寄与できるかを検討する段階であった。

　プロジェクトの対象となるのは、地域に根ざし、地域住民を主な想定ユーザーとした図書館であるから、地域に住む人々がどのように暮らし、どのように働き、どのように余暇を楽しんでいるかを理解するところから始めるのがよいだろう。

　ここでひとつ議論となるであろうポイントは、図書館の既存利用者向けに新しいサービスを提供するのか、あるいはこれまで図書館の利用者ではなかった人々向けの新しいサービスを提供するのかだ。リサーチをスタートする前の段階で、サービスの対象を絞ることもありえるが、まずは広く可能性を探るために利用者 / 非利用者といった制限を設けずに、ターゲットを「地域の住民」として機会を探索することとした。

　また、生活のすべてを理解するのはとても大変なことであるため、生活の特定の部分にフォーカスを当てることとする。「知への扉を提供する」ことがミッションであるから、住民と知との関わりについて理解を深めるのがよいだろう。そしてその上で、どのようなニーズや困りごとがあるかを探るのである。

リサーチの目的の例 ···
地域の住民の生活と、現状の知との関わりを理解する。そして彼らが知をどのように捉え、どのようなニーズを持っているかを明らかにする。

新規プロダクトの具体化を目的としたケース

事例3 **化粧品会社の新規プロダクト**
化粧品会社Cでは、これまで女性向けの化粧品の製造販売に取り組んできたが、男性向け化粧品市場の広がりを受けて、新しく男性向け化

粧品市場への参入を検討している。しかしターゲット層である人々を対象に簡易的なリサーチを実施したところ、百貨店の化粧品売り場などで美容部員との会話を通して化粧品を購入することに心理的な障壁を感じる男性が一定数いることが判明した。

　将来的には、男性向け化粧品市場の広がりとともに化粧品売り場を訪れる男性の数も増えることが予想されるため、心理的障壁は徐々に下がると期待されてはいるものの、そのためには化粧品市場を広げる必要があり、卵が先か鶏が先かの議論になってしまう。

　そこで化粧品会社Cでは、主に男性をターゲットにした新しい化粧品販売チャンネルを立ち上げることにした。この新しい化粧品販売チャンネルはスマートフォンやタブレット向けのアプリケーションで化粧品を購入できる仕組みを想定している。そこでリサーチを通して潜在的な顧客が持っているニーズを明らかにし、どのような製品をどのように販売すれば彼らが購入してくれるかを検討し、開発するアプリケーションにどのような機能があればよいか、どのようなユーザーインターフェースが適切かを判断したい。

　現段階で、化粧品に興味を持っている男性は少なくはないが多いともいえない状況であるから、既存ユーザーのみを対象としてリサーチをするよりは、もう少し範囲を広げて調査を行いたい。ただし、外見をさほど気をかけていない人も多いため、男性全体を対象にすると調査範囲が広くなりすぎてしまう。そこで、スコープをおしゃれや美容に気を使っている男性に定めた。彼らは、多額とはいえないまでも、容姿を整えることに一定の金額を拠出しており、今後男性向け化粧品の中心的な購買層になる可能性があると考えられる。リサーチで注意すべきポイントは、彼らが、化粧品以外のおしゃれや美容関連製品をどのように選択して購入し、利用するかであろう。なぜなら、化粧品も同様の意思決定プロセスで購入される可能性があるためである。

リサーチの目的の例 ··
おしゃれや美容に気を使っている男性の生活を理解することによって、彼らが美容関連プロダクトにどのようなニーズを持っているか、また

プロダクトやサービスをどのように選択し、購入しているかを理解する。

新規プロダクトの評価を目的としたケース

事例4 **旅行系スタートアップの新規プロダクト**

旅行関連のスマートフォンアプリの提供を目指すスタートアップDでは、目下プロトタイプの開発を行っている。このアプリケーションは、自分の好みに合う旅行先を画像から簡単な操作で見つけることができるものである。旅行の行き先を決定する際、Instagramを使って目的地を探す人々が存在することに着目し、画像から目的地を探すアプリケーションがあれば受け入れられるのではないかと考え開発に着手した。

　アプリケーションは8割程度完成しているが、このプロダクトを本格的にリリースする前に、想定するユーザーに使ってもらいフィードバックを得たいと考えている。ユーザーにニーズがあることは、アプリケーションの開発前に実施したインタビューである程度明らかになっており、アプリケーションのユーザーインターフェースを見て使い方が理解できるかどうかについても、事前にペーパープロトタイピングで簡単な評価を実施した。しかし、ペーパープロトタイプはあくまでもペーパープロトタイプであるため検証できることには限りがあり、実際の挙動やユーザーインターフェースとしての細部まで検証するためには、開発中のアプリケーションを実際に想定ユーザーに使ってもらいフィードバックを得ることが不可欠である。

リサーチの目的の例……………………………………………………………………
ターゲット層である人々にアプリケーションを試用してもらい、ユーザビリティ上の問題点を洗い出す。また、アプリケーションを使って、旅行の目的地を探すという目的を達成することができるか、できないとしたらどのような課題があるかを見つけ出す。

既存プロダクトの改善機会の探索を目的としたケース

事例5 **ファッションブランドの店舗運営**

ビジネスマン向けにスーツ製品を中心に扱うファッションブランドE
は、店舗運営の改善に取り組もうとしている。ファッションブランド
Eの店頭には既製品のスーツも多く展示してあるが、オーダーメイド
スーツの品質と価格に自信を持っている。既製品より価格帯が高くな
り接客時に時間も必要な上、従業員の接客スキルも要となるが、オー
ダーメイドスーツを購入してもらうことが顧客満足度を高め、中長期
的に収益に寄与するものと考えている。そこでオーダーメイドのスー
ツをいかに購入してもらうかについて改善を図りたい。

　ただし、スーツ商品単体や現場での接客のトークを工夫すればよい
という問題ではなく、従業員育成の仕組みや、在庫管理や受発注の仕
組み、注文後の顧客とのコミュニケーション、アフターフォローなど
を含めてブランドのサービスと捉え、本質的な課題を見つけ出し解決
することによって、ブランド本部、店舗管理者、従業員、顧客、その
他のステークホルダー全体にとって最適な接客フローを実現したいと
考えている。

リサーチの目的の例 ……………………………………………………………………
従業員による接客とその裏側のオペレーションの流れを把握し、顧客
のニーズにどのように答えているかを理解する。また、サービスを提
供する上で課題となっている箇所を洗い出し、理想のサービスの状態
を見いだす。

既存プロダクトの改善方法の探索を目的としたケース

[事例6] **会計系スタートアップの既存プロダクト**

経費精算業務を効率化する SaaS (Software as a Service) [6] プロダクトを提供するスタートアップFでは、インターネット広告などで獲得した見込み顧客に対して営業担当者が一件ずつアポイントを取って商談を行い、プロダクトの導入先を広げていた。

　この方法は、顧客のニーズをしっかりと把握した上でプロダクトの魅力を伝え、プロダクトの導入を手厚くサポートできるため信頼関係を構築しやすいメリットがある一方で、営業人員のリソースが毎月の新規導入顧客数の限界を決定してしまうため、プロダクトの新規導入件数の増加傾向が一定となってしまうという課題がある。

　そこで、営業担当者が顧客に直接会って商談をまとめる従来の方法ではなく、プロダクトに興味のある人がインターネット上で簡単に新規登録を行い、営業担当者を介さなくてもプロダクトの導入が可能な仕組みを構築した。

　F社のプロダクトは、社内で使うユーザー1人あたりに価格が設定されており、社内で導入してもらったあとは、いかに多くの従業員にプロダクトを使ってもらうかが月々の売上を決定づける。営業担当者が導入支援を行う場合は、社内のニーズや状況をヒアリングした上で必要と思われるアカウント数を発行していたために、導入さえ決まればある程度まとまった売上が期待できていた。

　一方で、インターネットで気軽に新規登録できるようになると新規登録数自体は増加したものの、その後それぞれの導入先企業でのアカウント数が伸びないという課題に直面している。そこで、各企業の中で多くの人々にプロダクトを使ってもらい、多くの価値を提供できるようにプロダクトを改善したいと考えているが、どのような点を改善すればいいのか、あるいはどのような機能を追加すればよいか、リ

6　必要な機能を必要な分だけサービスとして利用できるようにしたソフトウェア

サーチを通して検討したい。

リサーチの目的の例 ....
企業の中における経費精算業務の流れを、従業員側、経理側からそれ
ぞれ理解し、彼らがどのような課題を抱えているかを把握し、業務の
流れとして理想の状態を描き出す。

既存プロダクトの評価を目的としたケース

事例7 モビリティ系スタートアップの既存プロダクト

時間単位でレンタル可能な電動スクーターを日本で提供しようとして
いるスタートアップGでは、すでに海外のいくつかの都市において同
様の電動スクーターレンタルサービスを提供しており、今後も様々な
地域や国に進出しようとしている。彼らの新しい進出ターゲットのひ
とつに西日本の中核都市であるH市が含まれている。

　日本では本来様々な規制があるため、海外で提供されている電動ス
クーターレンタルサービスをそのまま提供することはできないのだが、
H市では市長をはじめ市全体として様々な面からイノベーションを
バックアップしており、実証実験の枠組みではあるものの、電動ス
クーターレンタルサービスを開始する目処が立った。

　電動スクーターレンタルサービスは、スマートフォン用のアプリ
ケーションとハードウェアとしての電動スクーターで構成されるが、
海外で提供しているアプリケーションおよび電動スクーターをそのま
ま日本に持ってきて、日本に住む人々に受け入れられるかが課題であ
る。もし日本でのサービス開始にあたり改修が必要なのであれば、本
格的にサービスを開始する前に課題点を明らかにし、今後の方針につ
いて検討したいと考えている。

リサーチの目的の例 ....
H市における人々の生活と、人々がその中でどのような移動手段を利
用しており、移動手段に対してどのようなニーズを持っているかを把

握する。また、電動スクーターレンタルサービスがH市に住む人々に対してどのようなタッチポイントを提供し、それぞれのタッチポイントでどのような課題や改善の可能性があるかを明らかにする。

以上、いくつかの例を挙げながら、リサーチの目的の定め方を見てきた。なお、ここで注意すべきポイントは、プロジェクトの目的、つまりアウトカムは何なのか？である。我々はプロジェクトに取り組む際に、アウトプットに目が行きがちであるが、前述した通りリサーチにおいて重要なのはアウトカムだ。綺麗な資料はクライアントを満足させるかもしれないが、クライアントのビジネスにとってどの程度のインパクトを与えられるかは別である。つまり、リサーチの結果からジャーニーマップを作るといったアウトプットはリサーチの目的としては不適切で、ジャーニーマップを作った上で達成したいことは何か？について認識を揃える必要がある。

3.4.2　リサーチのプロセスを定める

目的を定めたらリサーチのプロセスについて検討する。リサーチのプロセスとは、リサーチの目的を達成するために、どのような手順でどのようなことをするとよいかについて考えることだ。私はこのリサーチのプロセスを検討するフェーズを、パズルに近いものであると考えている。到達したいゴールに向かい、最短距離で最大限の成果を出すために、限られたスケジュール、チームメンバー、予算といった様々な制約の中で、リサーチのためのメソッドをどのように組み合わせればよいのかについて考える。これは非常にわくわくする瞬間のひとつである。

　先に説明した通りであるが、デザインリサーチはダブルダイアモンドや、類似のプロセスに沿って発散と収束を繰り返しながら前に進んでいくことが多い。プロジェクトの中で、自分たちが今、発散フェー

ズにいるのか、収束フェーズにいるのかを意識することによってプロジェクトの全体像を見通すことが可能になり、今どのような状態で、どこに向かっているのか、次に何をするかなどを理解しやすくなる。

デザインリサーチの大まかな流れとしては、下記の通りである。

- 調査
- 分析
- 機会発見
- 検証
- ストーリーテリング

調査とは、インタビューや観察、デスクリサーチ、ワークショップなど様々な手法を活用して対象となるトピックに関する情報を集めることである。

分析とは、調査で集めた情報をチームで共有し、それら情報を横断的に眺めながら意味のある知見を見つけ出す作業である。

そして、機会発見とは、分析のステップで見出した知見をもとに、どのような機会があるかを検討するフェーズである。なお、機会とはあまり耳慣れない言葉かもしれないので少し補足する。英語ではOpportunityという単語を当てはめることが多いのだが、例えばプロダクトのどこを改善すればよりプロダクトが良くなるか、自分たちが新規事業を作るにあたり、どのような領域に可能性がありそうか、あるいは特定の領域において、どのようなプロダクトに見込みがありそうか、このようなことを機会として扱う。

検証とは、得られた機会に対して、どの程度妥当性が認められるかを確認する工程である。

最後にストーリーテリングとは、リサーチを通して得た結果をどのようにしてステークホルダーに伝え、実際の成果に繋げていくかである。

それぞれの手順については次節以降で詳細に説明する。なお、繰り返しになってしまうが、デザインのプロセスは必ずしも直線的な一方

通行のプロセスではない。プロジェクトに取り組む中で常に新しい発見があり、状況が逐一変化する。リサーチ計画を立てた時点で前提としていた状況が覆されることも珍しくない。その時は勇気を持って計画を変更することも必要だ。成果を出すために重要なことは、計画通りに進めることではなく、いかに適切な機会を見つけるかである。計画通りにプロジェクトが終わっても、そこで得られた機会が適切でなければ何の意味もない。

3.5 調　査

リサーチの目的とプロセスを定めたあとは、実際に調査を実施する
フェーズである。本節では、調査フェーズにおける代表的な調査手法
について紹介する。デザインリサーチにおいてよく利用される調査手
法としては、インタビュー、観察、ワークショップ、定量調査などが
ある。いずれの場合であっても、調査には様々な人々の協力が不可欠
である。人々の生活を尊重した上で、人々がどのように暮らし、働き、
遊んでいるか、また社会とあるいは他者と、どのような繋がりを持っ
ているかを理解できるように努めてほしい。

3.5.1　インタビュー（デプスインタビュー）

様々な手法がある調査手法の中で、もっとも基本となる調査手法がイ
ンタビューである。インタビューは、一人の人に対して深く話を聞く
デプスインタビュー（In-Depth Interview）と、複数の人に対して話を聞
くフォーカスグループインタビュー（単にフォーカスグループやグループ
インタビューとも呼ばれる）があるが、一般的にデザインリサーチを実施
する際には、デプスインタビュー（In-Depth Interview）を中心にリサー
チを組み立てる場合が多い。
　インタビューの種類には、構造化インタビュー（Structured Interview）、
半構造化インタビュー（Semi-structured Interview）、非構造化インタ
ビュー（Unstructured Interview）、フォーカスグループインタビュー（Focus

Group Interview) がある。これらは必ずしも厳密に分けられるわけではないが、インタビュー手法を理解する手がかりになると思われるので簡単に紹介する。

　構造化インタビューでは、事前に定められた質問表を用いて、定められた通りにインタビュー協力者に質問を投げかけ、質問への回答を記録する。この手法を用いる場合、インタビュアーはあらかじめ定められた通りにインタビューを実施するため、同じ時間帯に異なる場所で複数名のインタビュアーが同じ内容のインタビューを実施できる。インタビュー対象者の協力を取り付けることができれば、多くの人に対して調査を実施することができるインタビューだ。一方で、定められた質問表にない質問をすることは基本的には許されていないため、インタビューの中に興味深い回答内容があったとしても深く掘り下げることができない。アンケート用紙やWebフォームによるサーベイとは人が話を聞くという点が異なるものの、人ならではの主観が入り込む余地があまりないために、アンケート用紙やWebフォームによるサーベイと比較して質や量に大きな違いが出るわけではない。そのため、定性的な調査手法というよりは、あくまでも定量調査の一種として分類されることが多い。

　半構造化インタビューは、あらかじめ大まかな質問トピックを用意しておくものの、インタビュー協力者の回答に応じて内容を深く掘り下げるインタビューである。デザインリサーチにおいて、デプスインタビューといった場合、半構造化インタビューを指すことが多い。大まかなトピックを定めておくとはいえ、インタビュー協力者との対話を重ねる中で、特定のトピックについて深く掘り下げたり、あるいは予定していなかったトピックを追加することで、より本質的でプロジェクトに対して意味のある情報を得ることができる手法である。一方で、インタビュアーの能力によって、引き出せる情報の質、量が大きく変わるインタビュー手法でもある。

　非構造化インタビューは、大きなテーマだけは決めておくが、構成などに縛られず、会話の流れや文脈に応じて自由に対話を実施する方法である。テーマやインタビュー対象者に関する情報がほとんどない

場合は、このような形でのインタビューになることが多い。非常に柔軟な対話を実施することによって、事前に予測していなかったような興味深いトピックに関する知見を得られることも多いが、インタビュアーのスキルや、インタビュー協力者およびテーマの選定次第では、あまり新しい知見を得られないという場合もあるだろう。

　フォーカスグループインタビューは、複数人のインタビュー協力者に対して一度にインタビューを実施する方法である。インタビュアー対インタビュー協力者という関係ではなく、インタビュー協力者同士の対話によって、他のインタビュー手法とは異なるインサイトを得られる可能性がある。この方法については、後ほど改めて紹介する。

　実際のプロジェクトにおいては様々な事情があるのが常であり、スケジュールや予算の制約の中で1人でも多くの人の話を聞きたい場合などもあるので、フォーカスグループインタビューの実施を否定するわけではないが、なぜフォーカスグループインタビューなのか？を明らかにした上で実施すべきであろう。

　なお、本節では以降、主にデプスインタビューについて解説していく。

3.5.1.1　インタビュー計画

インタビューを実施する前にインタビューの計画を行う。インタビュー計画を作成する際には、主に以降の項目について検討する。

Why：なぜインタビューを実施するのか？

リサーチの目的については前節で定めたが、その目的を達成するための手法として、インタビューが最適であるかを検討する必要がある。デザインリサーチにおいてインタビューは最も基本的な手法であるが、その実施に必要なコスト（時間、費用など）は決して小さなものではない。

　インタビューに協力してくれる人を探し、アポイントを取り、場所

を確保し、インタビューを実施して、必要であれば文字起こしをし、インタビュー内容をまとめる。慣れていなければ1人にインタビューするだけで1日（あるいはそれ以上の）仕事になってしまうだろうし、効率化しても1日数人が限界であろう。しかもインタビューにチームメンバーが複数人同席するとなれば彼らの時間も計算に含めなければならない。実際には1人のみにインタビューして調査終了ということはない。少なくとも数人、場合によっては数十人規模でインタビューを実施する場合があり、多くの時間が必要となる。

　そのため、後述する他の調査手法と比較して、インタビューが最適であるといえる理由はどのようなものだろうか、その目的はデスクリサーチやオンラインサーベイなど他の種類の調査手法で、より低コストにスピーディーに達せられるものではないだろうか？について、検討・説明する必要があるだろう。

　例えば、プロダクトが対象としている人々が、普段どのように働き、遊び、生活しているかについて理解したい、あるいは、特定のトピックについてどのように考え、どのように接しているかについて知りたいという場合は、インタビューの実施は適切な選択肢といえる。

　一方で、特定のマーケットにおけるプロダクトについて企業別のシェアを知りたい場合や、とある大学でどのようなカリキュラムで教育が行われているかを知りたい場合、インタビューよりももっと適切なリサーチ方法があるだろう。前者は調査会社が公表しているレポート（場合によっては有料かもしれないが）に目を通すという方法があるだろうし、後者は学生や教職員へのインタビューを通してカリキュラムを理解するよりも、大学に問い合わせてシラバスを提供してもらうなど、他の方法で目的を達成できないか検討するべきであろう。

Who：誰に対してどの規模のインタビューを実施するのか？

インタビューの実施目的を定めたら、その目的を達成するためには誰に話を聞くべきかを検討する。インタビュー対象者を定める際は、特定の属性を持つ人々の中から適切な人数を選びインタビューへの協力

を依頼する。なお、調査フェーズにおいて適切な人から話を聞くことができるか否かがデザインリサーチの成果を左右するといっても過言ではなく、インタビュー対象者の選定に多くの時間をかけることも珍しくない。適切ではない人を対象にどれほどインタビューを繰り返しても、有益な情報を得られないどころか、誤った方向にプロジェクトが向かってしまう恐れがある。

　この際「こんな人に話を聞きたい」を客観的に定義できるとよい。例えば「スマートフォンの操作に慣れていない人」は主観的に判断するしかないが、「スマートフォンを購入してから新たにアプリケーションをインストールせずに使用している人」であれば客観的に判断することができる。どんな条件を満たせば、理想的なインタビュー対象者といえるかを書き出しておくことで、チーム内でのブレも少なくなるだろう。なお、何人に話を聞けばよいかについては、非常に難しい問題である。リサーチの量と深さ、予算、スケジュールなど様々な要素をバランス良く考える必要がある。少数の人々に対して深くリサーチすることもできるし、あるいは浅いリサーチを多数の人々に対して実施することもできる。アンケートやWebフォームなどを利用したオンラインサーベイなど、定量調査の場合は母集団のサイズ、誤差の範囲などの要素をもとに、どの程度の人々に話を聞けばよいかをある程度客観的に議論することができるが、デプスインタビューのような調査手法においては適切な人数を決定することは困難である。

　この問題は従来から社会科学などの分野で議論がなされているが、理想的なインタビューの数について専門家のあいだでも合意には至っていない。一部の研究者は、インタビュー対象者は1人でも十分であると主張しているし、最低でも20から30人にインタビューしなければならないと主張している研究者も存在する。

　これは、プロジェクトの範囲や目的、リサーチに利用可能なリソース、インタビュー対象者がどのような人か、インタビュー実施者がどのような人か、あるいはリサーチ結果を受け取る人がどのような人かといった、様々な要因によって成果が左右されるからである。上記のような項目を念頭に置いてインタビューの規模を決定する必要がある。

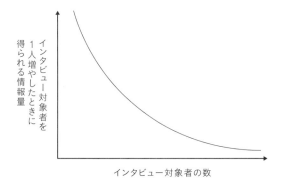

縦軸: インタビュー対象者を1人増やしたときに得られる情報量

横軸: インタビュー対象者の数

図3-17

図3-17の通り、特定のトピックに対してインタビューを実施してい
くと、1人目や2人目にインタビューする時は、ほぼすべての情報に
新規性があり、私たちが知らなかった情報を得られることが多い。し
かし回数をこなしていくごとに、新しい情報の割合は少なくなってい
くのが一般的である。新しい情報をあまり得られなくなったと感じた
らインタビューを終了してもよいだろうし、仮に5人程度に話を聞い
ても新しい情報がどんどん出てくるように感じるのであれば、さらに
人数を増やしてインタビューすべきであろう。いずれにしてもどこか
のタイミングでインタビューを終えなければいけない。

　誰かが「もう十分な情報が集まった。これで終わりにしよう」と言
わなければならない。誰が「もう十分だ」と宣言するかを、あらかじ
め決めておくことを私はおすすめしている。この宣言を誰がするかを
決めておかないと、なんとなくで際限なくリサーチを続けてしまう恐
れがあるからだ。

　とはいえ、実際のプロジェクトを想定してみると、プロジェクトが
始まる前に何人にインタビューするかの計画を立てる必要はあるだろ
う。10人にインタビューすれば十分だと思って計画を立ててみたも
のの、実際に10人にインタビューしてみると次から次へと新しい情
報が出てくる場合もあるかもしれない。追加で何人かにインタビュー
しようとしても、そのリクルーティングには数日から数週間かかるこ
とが多い。リサーチャーの工数も追加で必要になるし、インタビュー

協力者への謝礼も必要になる。あらかじめ予算やスケジュールが定められたプロジェクトにおいてインタビュー対象者を追加することは、通常それなりに困難である。

　では、あらかじめ多めにインタビュー対象者を確保しておけばよいのかというと話はそう単純ではない。30人のインタビュー対象者を集め、インタビューのスケジュールをセッティングしたものの、実際にインタビューを実施してみると10人で十分だったというケースはよくある。しかし「10人で十分だった」ということは、インタビューによって得られた情報を分析するまではわからないことが多いのである。1人のリサーチャーがインタビュー対象者全員にインタビューをした場合は、なんとなく直感的に「そろそろかな？」と感じることはあるかもしれないが、複数のチームに分かれてインタビューをしていたらどうだろうか。それぞれが集めたデータを持ち寄り共有するまでは、チームとして集めた情報が十分であるかどうか判断することはできないだろう。

　クライアントワークの場合は、クライアントの予算でリサーチに従事しているし、自社の業務としてリサーチに取り組む場合であっても、その工数は通常、企業が負担しているはずだ。「30人インタビューしたけど10人でよかったね」と笑い話にできるのであればよいが、多くの場合は30人にインタビューすると決定したことの正当性を説明する必要がある。

　では、どのようにして必要なインタビューの規模を決定すればよいのだろうか。

調査のスコープ

調査のスコープは、調査の性質、目的など様々な要素によって決定される。例えば、既存のプロダクトの改善点を探すようなプロジェクトに比べて、新しいプロダクトの創出の機会を探すようなプロジェクトは必然的に調査のスコープが大きくなる。ここでいうスコープとは、調査の対象となる範囲と深さのことである。

　既存プロダクトの改善点を探すリサーチでは、既存プロダクトに対

するヒューリスティック評価（専門家が自らの経験に基づき、改善点を指摘する評価手法）や、ユーザーとして想定する人々にプロダクトを使用してもらうユーザーテストや、それら人々がプロダクトに関連して取る行動（例えば料理に関連するプロダクトであれば、料理に関連する行動）について理解を深めるための、深く狭い調査が中心になるだろう。

　一方で、新しいプロダクトの創出機会を発見するためのリサーチ、特にリサーチ範囲を決定するための制約がまだほとんど存在しない場合は、様々な可能性の中から可能性を見いだすためのリサーチとなる。調査に使用できるリソースが同じである場合、既存プロダクトの改善のための調査に比べ、新規プロダクト創出のための調査は、調査対象を浅く広く捉えることが多い。

　さらに人々の生活の中で、どのようにプロダクトが活用されるかの時間軸も影響する。例えば、ホテルにおける宿泊体験を改善する調査の場合、ホテルの存在を知り、予約を行い、ホテルに訪問し、チェックインを行い、滞在からチェックアウトまでといったこの一連の流れは、通常数日から数ヶ月ではないだろうか。宿泊から数年後にふとしたきっかけでホテルでの体験を思い出すことはあるだろうが、それが人々の人生に大きな影響を与えることは稀である。一方で、新しい住宅を創出するための調査を想定してみるとどうだろうか。住宅は中古物件として売買の対象となることもあるが、数十年以上にわたって人々の生活と大きく関わり、結婚や子育て、子の独立、将来的には介護といった人生における様々なイベントを共にするものでもある。それら様々なシーンにおいて、どのようなニーズがあり、どのような住宅が理想であるかを探求しようと考えると、調査が対象とする時間軸は自ずと長いものとなる。

　また、社会的な側面を理解するのにもやはり多くの調査が必要になる。例えば、医療に関するプロジェクトや都市に関するプロジェクトは、多くの人が関わり複雑性が高い。顧客がどのようにしてロイヤル

カスタマー[7]になるかを理解するようなプロジェクトも時間軸が長くなる傾向にあるだろう。

リサーチトピックへの知識の深さ

インタビュー実施者があらかじめ持っている、リサーチトピックに関する知識の深さもインタビューに必要な人数に影響を与える。例えば、自社の既存プロダクトに関するリサーチに取り組む場合、そのプロダクトについてや、そのユーザーの属性、ユーザーがどのように自社プロダクトを利用しているかについてあらかじめ把握していることが多いのではないだろうか。トピックに対する知識が十分にあれば、より少ない人数で必要な情報を得られるであろう。インタビュー中に出てきたトピックについて、どこをどの程度深く掘るべきか適切に判断できるからだ。

リサーチに使える時間、予算

無限の時間と予算をリサーチに使いたい。リサーチャーであれば誰もが一度は願うことであるが、実際のプロジェクトではそのようなことはあり得ない。また熟練したリサーチャーがプロジェクトに参加したからといって、単位時間あたりのインタビュー可能な人数が増えるわけではない。

　そのため、予算や時間、全体のスケジュール、インタビュー協力者のリクルーティングなど、様々な制約のもとにどの程度の人数に対してインタビュー実施可能かを検討することになる。

リサーチャーの数

リサーチャーの人数が増えればインタビューの内容を異なる視点から多角的に捉えることができる。1人で実施するより2人で実施したほ

7　自社のプロダクトに対して高い忠誠心を持つ顧客のこと。繰り返しプロダクトを利用し、競合他社に流れず、友人などの第三者にプロダクトを薦めてくれるといわれている。

うが得られる情報の量は増える。そのため、少ないインタビューで必要な情報を収集できる可能性が高まるだろう。複数名でインタビューを実施する場合は、インタビュー後にデブリーフィングセッションを実施することが多い。デブリーフィングセッションとは、実施したインタビューの内容について振り返ることである。インタビューの中で印象に残ったこと、重要そうなポイントについてチームで話し合う時間を確保するのだ。

　この際、インタビューに参加するリサーチャーの多様性が、得られる情報を増やすためのひとつのポイントとなる。インタビューに2名のリサーチャーが参加するとしても、ビジネスバックグラウンドの2人が参加するよりは、ビジネスバックグラウンドのリサーチャーが1人、エンジニアリング出身のリサーチャーが1人参加したほうが、それぞれの視点からインタビュー内容を捉えることができるため、結果として得られる情報は増える。ただし、インタビュー内容を把握し、それについてディスカッションをする人数が1人から2人に増えた時に得られる情報量の変化に比べると、2人から3人に増えた時に得られる情報量の変化は少なくなるといわれている。

リサーチ結果を誰がどのように利用するのか

リサーチ結果を誰がどのように利用するのかも、インタビューに必要な人数を検討する上での重要なファクターである。

　どの程度の信頼性が必要だろうか。また、クライアントからの希望もあるだろう。不可逆な判断に利用するのか、プロダクトの改善に利用するのか。また、クライアントが質的な調査に親しくなく、定量的な調査に慣れ親しんでいる場合、情報の飽和に関係なく、より多くのインタビュー実施を希望する場合もある。もちろん、詳しくない人の意見を鵜呑みにする必要はないが、ある程度の考慮は必要であろう。

インタビュー対象者の多様性

インタビュー対象者がどの程度のグループに分類されるかによっても、必要なインタビューの数は変わってくる。調査対象のトピックに関わ

る人々にどの程度のばらつきがあるだろうか。一般向けの製品、例えばキッチンで利用されるプロダクトに関するリサーチの場合、キッチンを利用する人は10代未満の子どもから、定年退職したお年寄りまでと幅広く、料理に関する経験や考え方もかなり多岐にわたることが想定される。一方で、例えばゴミ焼却場の制御室に関するリサーチの場合はどうだろう。もちろん、ゴミ焼却所の制御室を利用する人、ゴミ焼却に関わる人に一人として同じ人は存在しないことは前提であるが、キッチンを利用する人々と比べた場合、多様性という観点から考えると遥かに少ないグループだ。少なくとも、子どもやお年寄りはリサーチのスコープから外しても大きな問題にはならないはずだ。

このようにインタビュー対象者のグループにばらつきが少なければ少ないほど、インタビューの数を増やしても得られる情報が重複する可能性が高く、情報がより早い段階で飽和する。つまり、少ない人数へのインタビューで十分ということになる。逆に、ばらつきが多ければ多いほど、インタビューを通して得られる情報は多様性に富むため、情報がなかなか飽和せず、より多くの人数へのインタビューが必要になるだろう。

なお、インタビュー対象者の多様性を考慮する場合は、対象者をグループに分けてそれぞれのグループごとにリクルーティングを実施する。このグループの分類については後述する。一般的にはひとつのグループにつき5人程度の話を聞けば十分であることが多いが、これは必ずしも絶対的な指標ではないことに注意する必要がある。

インタビュー対象者のグルーピングとスクリーニング

インタビュー対象者をいくつかのセグメントに分けて、それぞれのグループから話を聞くことがある。例えば、キッチン用品に関するインタビューを実施する場合、料理のスキルと頻度に応じて対象者をマッピングし、頻度が高くてスキルが高いグループ、頻度が高くてスキルが低いグループ、頻度が低くてスキルが低いグループ、頻度が低くてスキルが高いグループに分ける。そして、それぞれのグループから数人を選択してインタビューを実施することで、異なるグループ間の異

なる情報が抽出できる。

　また、定量的に意味があるものではないが、グループ間の比較によるインサイトを得ることもできるだろう。このように何らかの要素でインタビュー候補者を分類してからインタビューを実施することによって、インタビュー対象者の傾向を掴むことができると同時に、抜け漏れダブリなどを極力排除することもできる。

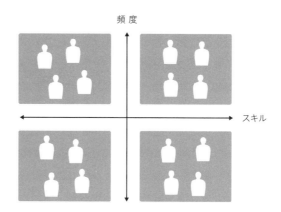

図3-18

　この時、図3-18のように2×2のマトリックスではなく、図3-19のように時系列に応じて分類をする場合もある。例えばとあるプロダクト利用に関して、プロダクト購入直後の人、プロダクトを利用し出して2、3年たった人、プロダクトを利用して5年以上経過する人、といった具合である。

図3-19

他の分類方法としては、エクストリームユーザー（Extreme User）に対するインタビューを実施する場合がある。エクストリームユーザーとは、大多数のユーザーとは異なる極端なユーザーのことを指す。キッチン用品に関する調査におけるエクストリームユーザーとは、例えば生まれてから一度も台所に立ったことがない人や、あるいは料理をする時にはオーガニック食品しか使用せず、ソースなどもすべて素材から手作りするような人が該当するだろう。

　インタビューの成否は、適切なインタビュー対象者をリクルーティングできるかにかかっているといっても過言ではない。こういう人に話を聞きたいという軸を作り、実際にリクルーティングする方法としては下記のような選択肢がある。

- 機縁法
- リクルーティング会社によるスクリーニング

機縁法とは、知人、友人、同僚などにお願いして、条件にマッチする人を見つける方法である。場合によってはTwitterやFacebookなどのソーシャル・ネットワーキング・サービスを利用して対象者を探すこともあるが、その際には募集段階で情報をどこまで開示するかを検討する必要がある。また、営業担当者やカスタマーサクセス担当者にお願いして既存顧客を紹介してもらう方法もある。

　一方で、リクルーティング会社を利用してスクリーニング（対象者を絞り込むこと）を実施する方法もある。リクルーティング会社を利用する場合、彼らがアクセス可能な人々（パネルと呼ぶ）に対してまずアンケートを実施して、その回答者の中から条件に合いそうな人に対してインタビューの参加を依頼する。リクルーティング会社を利用する場合、インタビュー参加者への謝礼の他に、リクルーティング費用が必要となる。リクルーティング費用は企業や対象となる人々の特殊度によって異なるが、1人あたり2万円程度からが相場であるように思う。

　なお、特殊度について、これは私の感覚的なところであるが、日本に住む人々のうち100人に1人ぐらいの割合でいる属性の人々を対象

にするのであれば、リクルーティング会社で問題なくリクルーティングすることができる。ただし、それよりも少ない人々を対象にリクルーティングを実施しようとする場合、通常より時間や予算などが必要になることが多いように思われる。

　スクリーニングのための質問表はリサーチャー自身で作成する場合もあるが、リクルーティング会社に依頼する場合もある。リクルーティング会社に依頼する場合、別途費用が必要になることが多い（数万円程度であることが多いように思うが、これは企業によって異なる）。

ノンユーザーから話を聞く

ユーザー以外からあえて話を聞くことも有意義である。なお、ノンユーザーに話を聞く際には、2つの目的があることに注意する。

　ひとつは、ノンユーザーが特定のトピックにおいて、どのように感じ、考え、関心を持っているかを理解することにより、新しい機能に関するインスピレーションを得るためである。例えば、家計簿ソフトを改善するためのリサーチプロジェクトだったとして、ノンユーザーが、どのようにして日常の支出や、資産を管理しているかについて話を聞くことは重要である。インタビューの中から、これまで思いもしなかったようなお金の管理方法を知ることができるかもしれないし、それを家計簿ソフトに組み込むことでプロダクトの価値を向上させられる可能性もあるだろう。このケースにおいては、インタビュー対象者（つまりプロダクトのノンユーザー）にプロダクトを使ってもらうにはどうすればよいだろうか？という観点は第一義ではない。

　もうひとつが、どのようにしたらノンユーザーがプロダクトを使ってくれるだろうか？という観点からのインタビューである。こちらの場合は、インタビュー対象者がプロダクトに対して抱いているイメージについて理解したり、他のプロダクトを使い始めた時のことを聞く。例えば、証券会社の口座開設に関するリサーチプロジェクトであれば、インタビュー対象者が投資に対して持っているイメージについて理解したり、あるいは最近、申し込みが必要な何か（保険商品やクレジットカードなど）を申し込んだ時のきっかけについて理解する。

ノンユーザーであっても、前述したように、口座開設前、口座開設直後、口座開設からしばらくしてからなど、ステージに分けてのインタビューは非常に有効である。私の経験では、同じ内容についてインタビューしてみても、関わった直後と、関わって数年が経過した人々では、同じトピックに対して異なる意見やスタンスを持っていることが珍しくない。これは、就職や転職したての時は会社に貢献する気満々だったのに、勤務して数年が経つと転職や退職を検討するようなものと類似しているだろうか。人々は時間の経過によって考え方を柔軟に変化させるのである。

類推ユーザー（Analogous User）から話を聞く

調査対象ズバリではないかもしれないが、似たような属性を持つ人々に対してインタビューを実施することも、有意義な知見を得られる可能性がある。例えば旅行会社のカウンターでのサービスを改善することを目的としたリサーチの場合、どのような人々にインタビューするのが適切だろうか。

　旅行代理店のカウンターは、お客様に対して旅行商品を販売するのが主な業務である。お客様がどのような旅行をしたいか、時期、予算、好みなどについて伺った上で「それでしたらハワイでバカンスはいかがですか？」「フランスの古城巡りはいかがですか？」「北欧（ノルウェー、スウェーデン、デンマーク）を周遊しながら北欧デザインに触れてみませんか？」などと、その方にとって適切と思われる旅行をすすめるのである。このような業務に類似した仕事にはどのようなものがあるだろうか、あるいは他業種において似たような業務はないだろうか。

　店舗に来店したお客様と対話をしながら、その方に適切と思われる商品をおすすめして販売しているアパレルショップの店員はどうだろう。同様のことが、家電量販店やカーディーラーの販売員にもいえるかもしれない。業種は違えどアパレルショップや家電量販店、カーディーラーなどで働く人々に話を聞くことで、旅行代理店のサービス改善に繋がるヒントを得られるかもしれないのだ。

　一方で、リサーチの対象業務をいくつかの特性に分解して、それぞ

れの特性に対して共通する人々に話を聞く方法もある。例えば、旅行代理店での接客業務を分解すると下記のような観点から業務を捉えることができる。

- − お客様の要望を聞き出し、
- − 様々な条件をもとに適切な選択肢を選び出し、
- − 商品の魅力を伝える

このように分解した上で、それぞれの要素についてその分野のエキスパートがどのように仕事をしているかについて理解するのである。例えば、お客様の要望を聞き出すという点では、美容師や医師、あるいはファイナンシャルプランナーはどうだろうか。様々な条件をもとに適切な選択肢を選ぶという点では、美術館のキュレーターや茶道家に話を聞くのも興味深いインサイトが得られる可能性があるだろう。商品の魅力を伝えるという観点ではどうだろうか。例えば、雑誌などのライターや、ガジェットやコンビニの新商品のレビューなどをしているYouTuberに話を聞いても有意義な知見が得られる可能性があるだろう。YouTuberと旅行会社のカウンター業務は一見何の関係もないように思われるが、誰かに商品をすすめるという共通点があり、リサーチのために役立つ可能性を秘めているはずだ。

Where：どこでインタビューを実施するのか？

インタビューの実施場所も重要な検討事項である。インタビュー対象者に自社のオフィスに来てもらい会議室などでインタビューを実施する場合もあるし、インタビュー対象者の自宅を訪問して話を聞く場合もある。一方で、カフェやホテルのラウンジなどで待ち合わせてインタビューを実施する場合もある。時間貸しの会議室や、スペースマーケットなどでインタビューに適した場所を借りるのもひとつの良い方法であろう。近年では、ZoomやGoogle Meetを活用したオンラインでのインタビューも選択肢に入るかと思われる。

オフィスでのインタビュー

インタビュー対象者にオフィスに来てもらってインタビューを実施する場合は、インタビュー実施側の移動時間を節約できるという大きなメリットがある一方で、一般的なオフィスの会議室ではある程度堅苦しい雰囲気になってしまうことは否めず、打ち解けるまでに多少の時間が必要になってくる。インタビュー対象者にもよるが、専業主婦や学生の方などは、「オフィス」や「会社」という場所を訪問することが初めてだったり、数年以上ぶりというケースも珍しくなく、我々が想像する以上に緊張していることがある。そのため、少しでも彼らの緊張を和らげる工夫を心がけるべきだろう。例えば、インタビュアーの服装についても配慮すべきである。スタートアップやIT企業を除く多くの企業ではスーツでの勤務が一般的かもしれないが、ビジネスシーンとの接点が希薄な方が、会議室でスーツを着た人物にインタビューされるシーンを想像すると、インタビュー協力者の緊張がどのようなものであるか理解できるだろう。

自宅でのインタビュー

インタビュー対象者の自宅を訪問して行うインタビューは、非常に多くの情報を得られるので、ぜひ一度試してみてほしい手法である。インタビュー対象者が普段どのような生活をしているのか、何が好きなのかなど、彼らの空間に立ち入ることによって得られる情報はとても多い。このようなことを言っていたけど、これはきっとこのような文脈があっての発言なのだろう、などと言葉上だけでは得られなかった様々な情報を得ることができ、インタビューの中で出てきた情報を補足するために、物理的な物を見せてもらうこともできる。

　例えば、私が以前インタビューした際の経験だが、新しいこと（趣味など）に興味を持った時に、どのようにしてその趣味に関連する友人を作るか？という話になり、「自治体が配布している広報紙があって、それを見てコミュニティを探した」という情報を得ることができた。オフィスやその他の場所でのインタビューであれば、もちろんその広報紙について「それはどのようなものですか？」「どういった情報が

載っているのですか？」などと、もう少し深堀りすることはできるだろう。しかし、自宅でのインタビューであれば「それを見せていただくことはできませんか？」とお願いすることができる。実際に広報紙を見せてもらうと、コミュニティの名前、活動内容、主な活動場所、活動費、メンバーの人数などが掲載されており、彼女がどのようにしてそれを使ってコミュニティを探したのか、かつそれらの情報を見た時に彼女がどう感じたのかなど、非常に解像度の高い状態で理解することができた。

　「自治体が配布する広報紙」というキーワードと、それを補足するいくつかの情報から広報紙の姿をイメージするよりも、実際のものを見せてもらい、可能であればそれを使ってどのように情報を探すのかを再現してもらったほうが、適切な情報を得られるはずだ。日本のことわざに「百聞は一見にしかず」があるが、まさにその通りである。

　ただしこれは私の実感であるが、日本の人々は海外の人々に比べて、自宅に人を招き入れることにあまり慣れておらず、自宅でのインタビューをお願いしても拒まれることも多い。つまり、自宅でのインタビューに応じてくれる人というのは、ある意味でマイノリティな人々であると捉えることもできる。インタビューで得られた情報を解釈する際にはその点を考慮に入れるべきである。

公共の場所でのインタビュー

オフィスでも自宅でもないインタビュー実施場所として、カフェやファミリーレストラン、ホテルラウンジなどの使用も、インタビュー対象者が適度にリラックスできるため有力な選択肢になり得るかと思う。ただしカフェやファミリーレストランでインタビューを実施する場合は、他のお客様の迷惑にならないように気を配る必要がある。大声で話をしないというのは当然であるし、撮影や録音をする場合でも他のお客様のプライバシーなどに配慮する必要がある。また、公共空間では自社の機密情報の取り扱いにも細心の注意を払わなければならない。さらに、インタビュー対象者も周りの目や耳があるためセンシティブな情報については触れにくいと考えるのが当然であろう。初め

て行くカフェの場合は隣の席との間隔は十分にあるかなど下調べを実施するほか、そもそも約束の時間に席が空いているかわからないため十分な余裕を持って現地に到着して席を確保しておく必要がある。これらについて不安がある場合、ホテルラウンジなどを利用する方法もある。ホテルラウンジは街中のカフェと比較すると飲み物代としては若干高価であるが、満席で入れないケースは少ないし、席と席の間隔も十分に空いていることが多い。

レンタルスペースでのインタビュー

スペースマーケットなどで1時間単位でレンタルできるスペースをインタビュー実施のために使用する場合もあるだろう。場の雰囲気についてはスペースにもよるが、ある程度リラックスできる環境を用意することもできるし、場所を専有できるため機密やプライバシーに関する懸念も少ない。郊外では候補となるスペースの数が制限されてしまうものの、インタビュー対象者の近辺で場所を確保することもできる。自社でインタビューをしたいが会議室の確保が難しい場合などに会社近隣のスペースを借りるという選択肢もあるだろうし、非常に便利な方法のひとつである。

企業内でのインタビュー

プロジェクトの種別（例えば、業務改善）によっては従業員に対してインタビューを実施するケースもあると思うが、その場合についても、彼らが普段働いている場所で話を聞くのか、会議室などを確保して話を聞くのか、あるいは社内のカフェテリアや、近所のカフェなどで話を聞くのかといった様々なパターンが考えられる。これらは、インタビューの内容や、インタビュー対象者によって使い分けるべきである。例えば、オフィスワーカーを対象にしたインタビューであれば、彼らは普段から会議室を使い慣れているケースが多く、会議室でインタビューを実施しても、そこそこリラックスして会話ができるものと思われる。一方で、会議室を日常的に使用していない職種も存在する。例えば、コールセンターのオペレーター業務や、倉庫での商品ピッキ

ング業務、あるいは工場の生産ラインの改善プロジェクトを考えてみると、職場には会議室が存在するが、現場スタッフが会議室を利用したことがない、あるいは会社の偉い人との面談時にのみ利用する、というケースもあるだろう。その場合、普段使用している休憩室でインタビューをしたり、職場のカフェテリアの一角でインタビューをするなど、彼らがリラックスして話をしやすい場所はどこかを考えるべきである。

オンラインでのインタビュー

近年ではZoomやGoogle Meet、Cisco Webexなどのオンラインビデオ会議システムも気軽に利用できるようになっているため、オンラインでのインタビュー実施も手法として十分視野に入るだろう。オンラインで実施する場合は時間や場所の制約が少ないため、遠隔地に暮らす人々に低コストでインタビューすることが可能となる。ただし、対面で実施する場合に比べて、セキュリティのリスクが存在する点、オンラインならではの準備が必要な点、環境を事前に予測し切れない点、得られる情報が少なくなってしまう点に配慮する必要がある。

　まずはセキュリティについて。オンラインでインタビューを実施する場合、相手の環境を完全に把握することができない。例えば、画面には映ってはいないが横に同僚や家族がいたらどうだろう。場合によってはそれが競合プロダクトに携わっている人物である可能性も否定できない。また、何らかの手段で画面を録画、あるいは録音することも比較的容易であり、便利な反面、インタビュー実施側としては録画録音を防ぐ手段があまりない。あくまでもインタビュー協力者の善意に期待するしかないところが実情である。

　協力者側の準備が必要な点についても配慮したい。インタビュー協力者が日常的にパソコンやスマートフォンを利用しているとは限らないため、Zoomでインタビューを実施しますとお願いしたとしても、Zoomにスムーズに接続できるとは限らない。オンラインミーティングサービスを利用するためには、少なくとも相手方に下記のものを用意してもらう必要がある。

- それなりに高速なパソコン
- それなりに高速なインターネット回線
- パソコンの場合はWebカメラとヘッドセット

スマートフォンを利用する場合は、専用のアプリケーションをインストールしてもらうだけで利用可能ではあるが、インタビュー対象者によっては「ギガ」(当月に使用可能な通信容量)がほとんど残っておらず安定した通信が不可能な場合や、インタビューが1時間以上にわたる際にバッテリー残量が問題になる場合もあるだろう。

　そのため事前に相手の環境を確認し、場合によってはサポートを提供する必要がある。相手がWebカメラやヘッドセットを持っていなければ事前に貸し出せる機材を送付する必要があるかもしれないし、自宅の回線が不安だという方にはポケットWiFiを貸与する選択肢も検討したほうがよいかもしれない。このように、インタビュー実施者が準備した会場で行う場合にはある程度環境をコントロールできるが、オンラインでインタビューを実施する場合には意外と入念な準備が必要である。

When：いつインタビューを実施するのか？

どこで、と同じく、いつ実施するかも重要な検討項目である。プロジェクトの進行に関する様々な都合から、特定の日時、特定の時間帯にインタビューを実施しなければならないというケースもあるが、リサーチ協力者にも都合があるため、実施側と協力者の事情を擦り合わせる必要がある。

　プロジェクト実施側の都合とは、例えばいつまでにすべてのインタビューを完了させる必要がある、といったスケジュール的な都合もあるだろうし、会社の会議室の空きが特定の日時しかない、重要なステークホルダーをインタビューに同席させたいがステークホルダーの都合がこの日のこの時間帯しか合わない、労働管理や家庭の事情など

から残業や休日出勤ができない、などが考えられる。こういったケースでは、まずインタビュー協力者を探す際に日時を提示して、その条件に合う人の中から協力をお願いすることになる。一方で、いつまでにインタビューを完了させる必要があると決まっていても、その中である程度自由にスケジュール調整が可能な場合は、インタビュー協力者の都合を確認しつつ、日程を決めていく。

　あくまでも私の経験上であるが、専業主婦や学生の方、あるいはBtoB向けのプロダクトにおける顧客やステークホルダー、業務改善プロジェクトにおけるクライアント企業の社員など業務としてインタビューに協力してくれる方の場合であれば、平日昼間にインタビューを実施することが多い。一方、BtoC向けのプロダクトに関するリサーチなどで社会人の方にインタビューを実施するのであれば、平日夕方以降や土日を利用することが多くなる。

What：インタビューで何を聞くのか？

インタビューを計画する上で、一番重要なのが、何を聞くのか？である。様々な手法があるが、私はKey Question（主要な質問）を3つほど作成して、そこから掘り下げていく方法をおすすめする。これらKey Questionについては、1つの大きなテーマについて異なる角度から質問していく方法もあれば、広く浅い質問から、深く狭い質問へと、徐々に深堀りしていくような方法もある。

　なお、質問事項を検討する上で注意すべきことは、前述したリサーチの目的を念頭に置き、そのインタビューで何を明らかにしたいかを明確にしておくことである。その人の考える世界観を知りたい場合もあれば、その人の経験について聞きたい場合もあるだろう。インタビュー対象者が体験した、その人ならではのストーリーを引き出すのか、あるいは特定の業界や特定のトピックに関する現状や一般論を知りたいのか。もちろんどちらの意見も有意義であることに変わりはないが、このふたつではインタビューの構成が大きく変わってくる。なお、後者についてはエキスパートインタビューとして後述する予定で

あるが、その業界や、特定のトピックに対して専門知識や深い知見を持つ人へのインタビューが望ましい。

　このふたつのインタビュー方法で異なるのは、例えばインタビューに対する回答の方向性であろう。例えば、新しいカメラにどのような機能があるとよいかを検討するようなリサーチで「カメラを購入する決め手はどのようなものでしょうか？」とざっくりとした質問の仕方で聞いたとする。前者の場合、つまりその人が体験した事象についてのインタビューでは次のような回答を引き出すことができるであろう。

　「週末に新聞と一緒に配達されるチラシを見ていたら近所の家電量販店で欲しかったデジタルカメラが安売りされていたんだ。たまたまその日、その家電量販店の隣にあるホームセンターにガーデニング用の肥料を買いに行く予定もあったから、これはちょうどいい機会かなと思って、家電量販店も覗いてみたんだよね。そしたら確かに目当てのカメラは展示されていたんだけど、その隣にこのカメラが展示されていてさ。値段としては少し上がっちゃうんだけど、このレンズの……」

このリサーチの目的が、あくまでもその人が、過去にどのような体験を経てカメラを購入したかを探るものであって、世間一般の人がどのようにしてカメラを購入しているかを知りたいわけではないのなら、上記のような実体験に基づいたストーリーはこちらの意図した回答といえる。その人が社会や世の中をどう捉えているかを理解するために、「他の人がどのように行動すると思いますか？　あるいはどのように行動していると思いますか？」と問いかけてみることもあるだろう。しかしデザインリサーチにおいては、特に、一人ひとりの人々が、どのように働き、生活して、その中でどのように感じ、どのように考えているかを理解することが重要なため、その人ならではのストーリーを引き出すことに注力して構わない。

　一方で、エキスパートインタビューで同じような質問として「カメラを購入する決め手はどのようなものでしょうか？」と投げかけたと

する。この場合は、その人個人の経験を聞いているわけではなく、世の中の多くの人がどのように行動して、カメラを購入しているかを聞いているのであり、例えば下記のようなコメントが得られるかもしれない。

　「多くの、特に家庭を持っているような人が、カメラを買うきっかけとしているのは、学校行事などのイベントがある時で、卒業式や入学式、運動会、文化祭などが当てはまります。これらの時期が近づいてくるとカメラを買うことを検討し始め、家電量販店のカメラコーナーに足を運ぶ人も増えてきます。カメラを使う目的が比較的はっきりしているので機能的な訴求が重要です。例えば、運動会であれば比較的遠くから我が子を撮影することになるので、ズーム機能が重要視されるでしょう。入学式の場合は、校門や桜の下である程度近距離から撮影することを想定するため、ズーム機能よりも一眼レフのように静止画で綺麗に撮影できるカメラが売れる傾向にあります……」

どちらも有意義な情報ではあるが、そのインタビューでどのような情報が欲しいのか、その情報をどう活用するかを考えた上でインタビューをしないと、十分に意味のあるインタビューにはならないのである。

How：どのようにしてインタビューを実施するのか？

インタビューの実施方法には様々な手法がある。通常、一般的にイメージされるのは、机を挟んで行う対話形式のインタビューだろう。インタビュアーがインタビュー協力者に質問を投げかけては、インタビュー協力者からの発言を引き出す形式である。

　「あなたが最後にハイキングに行った時のことを教えてください。」

「最後にハイキングに行ったのは、ちょうど2週間ぐらい前の土曜日です。栃木にある茶臼岳というところに行きました。」

「茶臼岳に行かれたんですね。そこに行こうと決められたのは、どのような理由からですか？」

「この時期は例年暑くなってきますから、標高のある程度高い山に行こうということで、だけど思っていたよりも涼しくて、ちょっとびっくりしました。一緒に行った人は薄着しか持って来てなくて少し寒そうでしたね。」

「そうなんですね。普段はご友人と一緒にハイキングに行かれるんですか？」

「地元の社会人同士の登山サークルがあるのですが、私はそこに参加していて、サークルのメンバーと一緒に月に1回程度山に登っています。」

これはあくまでも一例であるが、問いかけ＋回答による対話で構成されるオーソドックスなインタビューであろう。

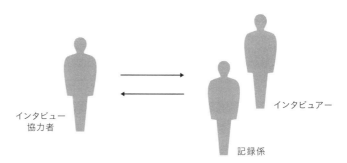

図3-20

この場合図3-20のように、インタビュー協力者1人に対してリサー

チ実施側はインタビュアーと記録係の2人で臨むケースが一般的である。インタビュー協力者とのやり取りは基本的にインタビュアーが行い、記録係はノートを取りながら、場合によっては写真撮影や録音機材の操作などを行うこともある。インタビュー協力者との対話に集中できる環境を作り出すのが、記録係の役割である。

記録係のノート取りのコツは様々だが、その場ですべての発言を書き起こす必要はない。必要であれば録音しておいて文字起こしすればよいので、下記のような点にフォーカスを当ててメモを取る。

- 主要なトピック
- 2人の対話を通して気が付いた点
- 強く印象に残った発言
- 後ほど聞いてみたい点

なお、メモを取る時に、時間を併せて書いておくことを強くおすすめする。あとで録音を聞き返す際に、なぜそのようなメモを取ったのか振り返りたくなる場合があると思うが、時間が書いてあることで該当箇所に容易にアクセスできるはずだ。

上記で紹介したような対話によるオーソドックスなインタビューに加えて、いくつかの補助的なツールを使用する場合があるので紹介したい。こういったリサーチツールを活用することで、リサーチ協力者の考えを言葉だけではなくビジュアルとして表現することができたり、リサーチ協力者との協力関係を築くことの助けになったりと、様々な効果がある。代表的なリサーチツールには下記のようなものがある。

- カスタマージャーニーマップ (Customer Journey Map)、エクスペリエンスマップ (Experience Map)
  人々の行動を時系列に合わせてマッピングしたものである。カスタマージャーニーマップは、顧客 (カスタマー) の「選択」や「決断」(例：自動車を買う) に至る道筋 (ジャーニー) を可視化したものであり、エクスペリエンスマップは特定のプロダクトを利用

する際や、特定の行動（例：旅行）をする際の顧客の経験（エクスペリエンス）を可視化したものであることが多い。しかしながらこれらを呼び分けるための明確な基準があるわけではなく、横軸として示される時系列に沿って人々の行動をマッピングする点において類似したものといえる。

- デイインザライフ（A day in the life）
リサーチの協力者に、ある1日の行動について書き出してもらう。カスタマージャーニーマップや、エクスペリエンスマップはプロダクトの接点にフォーカスして人々の行動を可視化したものであるが、デイインザライフは、プロダクトのタッチポイントに限らず、人々の生活にフォーカスすることで、プロダクトと接する上でどのような課題や機会があるかを容易に理解することができるようになる。

- エモーショナルマップ（Emotional Seismograph）
人々の感情の変化を図示したものである。何らかの行動を行う際には、楽しい時もあればさして楽しくない時もあり、楽しい時であっても、すごく楽しい時と少し楽しい時があるだろう。我々の感情は時系列によって変化するものであるが、このような気持ちの変化を可視化することによって、人々をより深く理解することを試みる。

- 関係マップ（Relationship Mapping）
関係性を図示したものである。ここで述べる関係性とは、人と人との関係もあれば、人とモノとの関係もあり、対象を限定したものではない。例えば人間関係を対象とした場合は自分に親しい者ほど中心に、親しくない者ほど中心から離れたところにマッピングする。仮に金融関連のサービスに関してのリサーチを行う場合、日常的にクレジットカードやSuicaを使用する機会があるなら中心近くに、銀行のオンラインバンキングサービ

スを使用する機会がそれより少ないなら中心から少し離して周囲にマッピングする。こういったテーマに関連する各種サービスと自分との関係を可視化する時にも関係マップを利用することができる。

- イントロダクションカード (Introduction Card)
対象となる製品やサービスを指定し、リサーチ協力者とそれらの製品やサービスとの個人的な関係や馴れ初め、あるいはなぜそれらの製品やサービスがリサーチ協力者にとって価値があるかについてを質問し、スケッチや文字で説明してもらう。ラブレター＆ブレークアップレター法 (The Love Letter & The Breakup Letter) と呼ばれることもある。

- カードソーティング (Card Sorting)
複数枚の写真やイラストなどをインタビューの場に用意し、優先度の高い順であったり、自分と関係のある順、好みの順などに並び替えてもらったり、いくつかのカードを選択してもらったりする。カードのような実際に目に見える物を並べ変えることによって、自分が何に重きを置いているのかを容易に可視化することができる。

- ジオマッピング (Geo Mapping)
地図や、建物の平面図、あるいは住居の間取りなどに自分の行動や思いを書き加えることによって、位置に関係する情報を可視化する手法である。行動にフォーカスして可視化を行う場合は行動マッピング (Behavioural Mapping) と呼ばれることもある。

- ウォークスルー (Walk Through)、ユーザーテスト (User Test)
リサーチ協力者に特定のプロダクトやサービスを利用するようお願いし、その様子を観察する。単機能なプロダクト (例：歯ブラシ) であれば、ただ「使ってみてください」とお願いするだけ

でも構わないが、複雑なプロダクトであれば適切なタスクを設定することが重要になる（例：Webサイトから特定の情報を探してください。会員登録をしてみてください。など）。似た名前の手法として、認知的ウォークスルー（Cognitive Walkthrough）がある。認知的ウォークスルーはプロダクトを評価する手法であり、プロダクト開発者やリサーチャーなどが、プロダクトを利用する人々の気持ちになって利用するシーンをイメージし操作することで、プロダクトが抱える課題を抽出する。

- コ・クリエーション（Co-Creation）
  リサーチ協力者と一緒にアイデアやプロトタイプを作成する。リサーチャーとリサーチ協力者がチームを組んで実施する場合もあれば、ワークショップ形式でグループに分かれてアイデア創出やプロトタイプ作成に取り組む場合もある。なお、ここで作成するプロトタイプは非常に簡単なもので十分であり、ハードウェアプロダクトであればダンボールやレゴブロックなどを使用して作成する。スマートフォンアプリであれば簡易的なペーパープロトタイプをリサーチ協力者と一緒に作成するでもよいだろう。プロトタイプを一緒に作ることによって、人々の好みや、優先順位、抱える課題がどう解決されると嬉しいかなど、様々な洞察を得ることができる。

上記はあくまでも一例であり、リサーチの内容に応じて適切なリサーチツールを考案して使用することが望ましい。
　リサーチツールを使用することで下記のようなメリットがある。

●リサーチ協力者の興味を引きつける（仲間感の醸成）

インタビューで重要なことは、リサーチに協力してもらう方からよそいきではない本音の意見を引き出すことである。リサーチを成功させるためには、リサーチャーとリサーチ協力者のあいだに良い関係、良

い雰囲気を作り出すことによって、リサーチ協力者の緊張を和らげることが重要である。リサーチツールを使うことで、リサーチ協力者の関心を、リサーチャーからリサーチツールに移動させることができ、リサーチャーとリサーチ協力者の関係に変化をもたらす。

　就職活動などで受けた面接を思い出してもらえるとよいが、多くの場合、インタビューをする人とインタビューをされる人の関係は対等ではない。インタビュアーにとっては数多く実施するインタビューのひとつにすぎないかもしれないが、インタビュー協力者にとっては非常に珍しい機会であり、数十年生きてきて初めてリサーチに協力してくれている人もいるかもしれない。その場合、多くの人は大いに緊張しているし自分が言いたいことがなかなか言葉として出てこない場合もある。あるいは、自分を良く見せようと思って、社会通念上「良い」とされる回答を作り出してしまう場合もあるだろう。このようなシチュエーションは仕方のないことであるが、リサーチとして望ましい状態ではないことは述べるまでもない。リサーチツールはこうした場の突破口となり得る。

　下記の図3-21は、リサーチツールの有無による興味関心の変化を図示したものである。

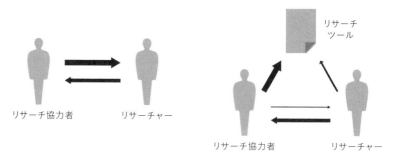

図3-21

ツールを利用しない通常のインタビューでは、リサーチ協力者の関心は主にリサーチャーに向けられる。一方で、リサーチツールを活用した場合は、リサーチ協力者の関心を主にリサーチツールに向けること

ができる。

　またリサーチツールを活用することによって、課題に取り組む対等なチーム感を醸し出すこともできる。敵、味方という分類は少々乱暴であるかもしれないが、共通の課題を目の前にして一緒に取り組むことで、リサーチする側される側という関係性から、一緒にリサーチする仲間という関係性に変化させることができ、より本音に近い意見を引き出すことが可能になる。

● 言葉にされない潜在的なニーズを引き出す

意味のあるリサーチとは、人々のより本質的な情報を得ることである。下記の図3-22は、インタビュー手法によって、どのような種類の情報が得られるかを図示したものである。インタビューで得られる情報は、極論すれば「リサーチ協力者が何を言ったか」だけである。

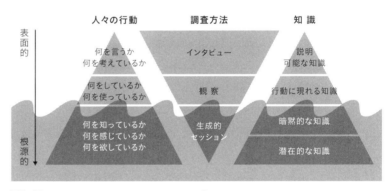

図3-22　Elizabeth Sanders and Pieter Jan Stappers『Convivial Toolbox：Generative Research for the Front End of Design』（BIS Publishers）を元に翻訳・作成

インタビュアーの質問に対しては、当然何かを回答してもらえることと思う。ときには、彼らの生活や仕事、趣味などについての情報であったり、あるいは回答に対して「こう考えた」「こう感じた」「こう思う」などの情報が得られるであろう。このような情報はリサーチを実施する上で大変重要であるのだが、それが本当だという保証はない。つまり、あくまでも表面的な言葉である可能性を考慮に入れるべきなのである。

では、表面的ではない、より本質的な情報を手に入れるためにはどのようにすればよいだろうか。まずひとつは観察が挙げられる。後ほど改めて紹介するが、観察によって得られる情報というのは、人々がどのような生活や仕事をしているか、あるいはどのようにプロダクトを使っているかに関する嘘偽りのない本物の情報である。ただし、些細なことで人々の行動に変化をもたらす場合があるため、リサーチャーが現場を訪れる時は現場に影響を与えないように注意しなければならない。例えば、店舗におけるサービスに関するリサーチで観察を実施するとして、スーツを着た男性が店内の目立つ場所でメモを片手にじっとしていたら、明らかに不自然である。

　観察という手法は非常にパワフルで有用であるが、これはあくまでも人々がどのように行動していたかという情報のみしか得ることができない。小売店では、防犯カメラの映像を活用して顧客の導線を把握し、店舗設計や品揃え改善を試みる取り組みが実施されている。店舗内において顧客がどのように移動したか。つまり、入店したあと、どのように店内を巡回し、棚の前で立ち止まり、商品を手に取り、買い物かごに入れ、会計をするか。あるいは、店内をうろうろしたが商品を手に取らずに退店したりといった人々の行動を解析するのである。これによって、人々が何を買ったかと、それを買うまでにどのように行動したかを把握できる。例えばコンビニでハサミを買った人がいたとする。この人が店内でハサミを見つけるまでに、どのように移動して、どのようなルートでハサミを見つけたかを知ることができる。すぐにハサミを見つけることができたのか、それとも店内を長時間巡回した上でハサミを見つけたのか。これは従来のPOSデータ（レジに記録される売上データ）ではわからなかったことである。このような情報を入手できれば店内の商品配置や陳列方法を工夫したりという改善に繋げることができるであろう。

　しかしながら、この観察手法では、ユーザーが実際に感じたこと、考えたこと、希望していたことまではわからない。例えば、ユーザーが買ったのはハサミであるが、本当はカッターナイフを探していたのかもしれない。カッターナイフを探すために店内を長時間ウロウロし

ていたが、結果として見つからなかったのでハサミを買った可能性も
ある。この場合、ユーザーの期待していたこと（コンビニにカッターナイ
フが売っていてほしい）と、実際の状況にギャップがある（その店舗にカッ
ターナイフが売っていなかった、あるいは見つけづらかった）ことが課題であり、
ハサミの陳列位置には何の問題もない可能性がある。観察では、ユー
ザーがどのように行動したかという情報を得ることができるが、その
裏側にどのような考えがあったのかまでは知ることができないことに
注意する必要がある。

　では、さらに深い、本質的な情報を得るにはどのようにしたらよい
だろうか。そのための手法としてリサーチツールを活用することがで
きる。リサーチツールを介したリサーチ協力者とのインタラクティブ
な対話を通して、生きた情報を引き出すことによって、より本質的な、
意味のある気づきを得ることができるであろう。

● 調査セッションのドキュメント化に役立つ（ストーリーテリング）

リサーチは実施して終わりではない。リサーチで得られた様々な情報
を意味のある形にまとめ、必要な人に情報として届けなければならな
い。それは例えば、同僚であったり、上司であったり、あるいは取引
先、場合によってはプロダクトの既存 / 潜在顧客や社会に対してもリ
サーチ結果を共有する場合があるかもしれない。リサーチ結果を共有
するには様々な方法が考えられるが、リサーチツールを介して得られ
たモノは、文章の何倍もの情報を見る人に与えることができる。

　インタビューの書き起こしや、抜粋をリサーチ結果として共有する
よりも、ユーザーがプロダクトを使用している状況の写真や動画、あ
るいはリサーチツールを介して一緒に生成したモノを提示することで、
あとで結果を知る人もより深く人々を理解することができる。

● インタビュー対象者やその領域に対する理解を助ける

リサーチツールを利用する最も大きな目的といってもよいだろう。私
たちは普段誰かとコミュニケーションをする時、日常的に言葉を利用
しているが、言葉というものは非常にフレキシブルで様々なことを自

由自在に表現することができる一方で、形に残らないために私たちの
あいだを一瞬で駆け抜ける。そこで、リサーチ協力者の生活や仕事を
何らかの形で私たちの目の前に描き出すのである。

　例えば、前述した関係マップという手法がある。これはリサーチ協
力者からの距離を図3-23のようにマッピングしてもらう手法である。

図3-23

様々な使い方が可能で、人間関係について示してもらうこともあるし、
仕事や普段の生活で使うモノについてマッピングを試みることもでき
る。人間関係の場合、自分と親しい人物を円の中心に記述する。生活
に関するリサーチであれば、多くの場合、家族や恋人、親友などは円
の中心に近くなるであろう。近所に住んでいる人や職場の同僚や上司
などは円の中心から少し離れたところになるかもしれないし、人に
よっては行きつけの飲食店や、家の近所のコンビニの店員さんが案外
中心から近いところにマッピングされるかもしれない。

　業務改善系のプロジェクトの場合は、リサーチ協力者である従業員
の方々に、業務で接する機会のある人の名前や、仕事で使用する道具
の名前を記述してもらう。同僚や上司、取引先の人、あるいは人事や
法務など仕事で繋がりのある社内の異なる部署の名前が挙がる場合も
あるだろう。仕事で使用する道具としてMicrosoftのWordやExcelな
どの名前が挙がるかもしれないし、専用のハンディターミナルや業務
用システムの名前が挙がるかもしれない。

　リサーチ協力者に、これらの情報をマッピングしてもらいつつ、そ

の説明をお願いするわけだが、ただ言葉で説明される場合に比べると理解のしやすさが格段に上がることは述べるまでもないだろう。

　また、これはリサーチを実施する側が理解しやすくなるだけではなく、リサーチ協力者も目の前に一旦書き出すことによって頭の中が整理されるという効果がある。例えば、「仕事の上で同僚とは席が隣同士だし距離的に頻繁にコミュニケーションしていると思ったけれど、よくよく自分の仕事を考えてみると、同じ部署の人と話をするのは朝会の時ぐらいで営業チームのAさんやBさんとやり取りする機会のほうが頻度も量も多かった」など、一度目の前に情報を描き出してみることで、自分の思い込みが是正されることは案外多い。

なお、ここまでインタビューの計画について紹介したが、リハーサルを必ず実施するようにしてほしい。インタビューの質問項目が適切であるかどうかを確認することももちろんだが、録音や録画機材の使い方について確認しておくことも重要である。プロトタイプを利用したユーザーテストの場合は、プロトタイプが想定通り動作するかも必ず確認すべきである。リサーチツールについても、それが想定通りの役割を果たすかは要確認ポイントだ。特に、初めて使用するリサーチツール（自作含む）の場合は、リサーチツールの概要や使い方を把握するだけではなく、どのように説明すればリサーチ協力者がリサーチツールの使い方を理解して、スムーズにワークに取り組めるかを十分に検討しなければならない。リサーチ協力者に敬意を払い、彼らの時間を一秒でも無駄にしないよう心がけよう。

3.5.1.2　インタビュー準備

インタビュー計画を作成したあとは、その実施のための準備に取りかかる。インタビュー計画に沿って、インタビュー協力者のスケジュールを調整し、会場を確保する。

機材について

当日になって録音機材の電源を入れてみたらバッテリーがほとんど残っていなかった、カメラのSDカードがいっぱいだったというトラブルを避けるためにも、インタビューに必要な機材の準備は余裕を持って進めるべきである。可能であれば前日には機材一式をまとめておくことを心がけたい。またインタビューが連続する場合は録音や録画によってバッテリーやメディアの記録容量をどの程度使用するか把握しておく。必要であればスペアのバッテリーや記録メディアを用意しておこう。

　録音機材については、iPhoneやAndroidのスマートフォンアプリで済ますこともできるが、専用のレコーダーがあるとより良いだろう。スマートフォンの録音アプリについては、画面が消灯している状態だと録音の状態やエラーの有無の確認が難しいという点が心もとない。アプリが何らかの理由でシャットダウンしてしまう場合もあるだろうし、ストレージへの書き込みエラーもゼロとはいえない。こういったことが発生するのは仕方がないとしても、すぐに気づけないことが問題だ。また、急遽電話がかかってくる場合などもある。マナーモードだったとしても、インタビュー中に机の上でバイブレーションが作動するのは適切とはいえない。

　レコーダーを使用する場合は外部から見て録音状態がひと目でわかるものがよい。これは筆者の経験によるものだが、録音したつもりだったのに録音されておらず青ざめたことが何度かあり、確実に操作できる専用機種を買い求めた。筆者の場合は、念のために最低2台の録音用機材（専用レコーダー＋スマートフォンや、専用レコーダー＋ビデオカメラなど）で記録するように心がけている。

　カメラについては、インタビューの目的によって使い分ける必要があるだろう。静止画だけで十分な場合もあるし、インタビューの様子を動画で記録したい場合もある。録画する場合も、インタビュー協力者が話をしている、あるいは何らかの作業をしている様子を記録したい場合もあれば、場の雰囲気を残したい場合もあると思う。前者は一

眼レフカメラやビデオカメラなどが適切であろうし、後者はGoProなどに代表されるような広角レンズを備え持つカメラを使う必要があるかもしれない。

　その他、Webサイトやスマートフォンアプリのユーザーテストなどを実施する場合は、インタビュー対象者がどのように使用しているかを記録するためのカメラが必要になる。

　PCの場合は、スクリーンをキャプチャするためのソフトウェアを使用して操作内容を記録するかもしれない。そうであればあらかじめインストールして動作確認をしておく必要がある。スマートフォンの場合は、図3-24に示すような書画カメラなどを利用して手元を撮影するとよいだろう。

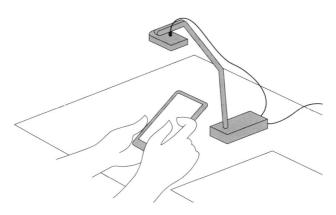

図3-24

　また、これらの操作内容を他のPCに転送して確認したい場合がある。この場合、例えばZoomなどのオンラインビデオ会議システムを利用して、画面共有した状態で操作してもらい、録画機能を利用する方法もある。これらはインタビューの状況に応じて柔軟に設定すべきであろう。

　その他特殊な例では、視線計測装置や脳波測定機材を使用したり、筋肉などにかかる負荷を計測するための機材、あるいは赤外線などを利用したモーションキャプチャの仕組みを使ったりする場合もある。

また、ハードウェア製品のリサーチではリサーチ用にデバイスを自作したり、センサ類を使用してデータを収集することもある。

さらに、インタビューの様子を隣の部屋から、あるいは遠隔地から見学したいというニーズもあるだろう。インタビューを実施する場に大勢の見学者が詰めかけてしまうとインタビュー対象者を萎縮させてしまう恐れがあるため、ビデオカメラなどで部屋の様子を遠隔地から把握できるようにしておき、見学者は別室から様子を窺う形になる場合がある。この場合、映像が別室まできちんと伝送できるかどうかを含めて事前によく確認しておく必要があるだろう。

同意書、秘密保持義務書など

実際のプロジェクトでは、インタビュー対象者に対して秘密保持義務を負わせたり、撮影や録音の許可を取る必要が生じることもある。

秘密保持義務では、インタビューの内容や、あるいはインタビューが実施されたという事実について他言しない（TwitterやFacebookなどのソーシャル・ネットワーキング・サービスへの書き込みを含む）旨を誓約してもらうことになる。

またこれはリサーチの目的によるが、インタビュー内容についてWebサイトで「ユーザーの声」などとして紹介したい場合もあるだろうし、外部公開はしなかったとしてもプロジェクト内で様々な使い方をすることが想定される。そのため先に述べた秘密保持義務への同意とともに、インタビューを実施する前に同意書のような形で利用範囲の承諾を取ることが望ましい。

この同意書については、インタビュー中に出たアイデアについて、権利などを主張しないという内容も含めておくべきであろう。インタビューを実施していると、例えば「このようなプロダクトが欲しい」「このプロダクトがもっとこうだったら良いのに」、あるいは「この部分が使いにくい」「このように改善してほしい」などという声が出てくるであろうし、場合によってはそういった声を集めることが目的のインタビューもあるはずだ。その際に、実施側がインタビューの中で得

た知見やアイデアを自由に使いたいと思うのは当然のことである。しかしながら、そのアイデアが誰のものか？というところで揉めるケースがないとも限らない。そもそもある程度の規模の組織の中では、インタビューとは無関係のプロジェクトで同様の課題・ソリューションについて同時期に検討しているケースが往々にしてあり、インタビュー対象者のアイデアに依拠していなくともアイデアが重複することはある。インタビュー協力者のアイデアは大変ありがたいものではあるが、そういったケースを想定して、アイデアの権利帰属については明らかにしておいたほうがよいだろう。

　なお、インタビュー対象者の属性によって必要な条項が変わってくることは述べるまでもない。例えば、業務改善を目的としたリサーチにおいて従業員にインタビューするケースが多くあるが、クライアントの社内でのインタビューとなるので、秘密保持条項に関しては必要ないだろう。少なくとも、従業員と所属企業とのあいだで秘密保持に関する契約や情報管理がなされているはずであるから、インタビューに際して新たに誓約させる必要はないはずである。

　一方で、従業員といえどもアイデアの取り扱いについては若干の配慮が必要だ。状況によっては特許などの権利性が認められるケースがあると考えられるためである。アイデアレベルで権利性があるとみなされるケースは少ないと思うが、これについてはケースバイケースで判断するのが望ましい。

　また、インタビューの様子などを社内報やイントラネット上で、改善事例として紹介したい場合があるかもしれない。この場合は当然従業員の肖像権などに配慮するべきであり、従業員であるから勝手に写真を撮って社内に公開してよいものではない。

　参考までに事業会社が自社のプロダクト用に社外から協力者を募りインタビューを行うことを前提とした書式を、次頁に掲載する。前述の通り、リサーチ協力者の属性やプロジェクトの性質によって必要な項目は異なってくるため、実際に使用する際には自社の法務担当者などに確認してほしい。

インタビュー調査協力に関する同意書

この度は、〇〇〇〇株式会社（以下「当社」といいます）によるインタビュー調査にご協力いただき、ありがとうございます。本インタビューに先立ち、以下の項目をご確認ください。ご同意いただける場合は、末尾の署名欄にご署名ください。

- 本インタビューを通じてご提供いただいた情報は、当社の関係部署内にのみ共有・開示され、それ以外の第三者に開示されることはありません。本インタビューは、以下にご記入いただいた形式で記録いたしますが、当該記録も同様に扱います。

    記録形式（☑をつけてください）： ☐ 音声のみ　　☐ 音声及び動画

- 前記にかかわらず、本インタビューデータ及びその他複数の方から収集したインタビューデータを統合した情報を、以下の通り匿名化を行った上で公開する可能性があります。この場合も、インタビューにご協力いただいた方の氏名や所属等、個人を特定することが可能な情報が公開されることはありません。

    職業：　業種名・職種名まで
    年齢：　年代（「〇〇代前半/後半」の形で公開する可能性があります）
    性別：　（公開しません）

- 本インタビューに際して知り得た情報（質問事項や提示された資料、本事業所内で見聞きした情報等）やインタビューの回答内容は、当社の秘密情報として扱い、第三者に対して開示または漏洩してはならないものとし、ホームページや、ブログ、掲示板、各種SNSへの書き込みもしてはならないものとします。

- 本インタビューを通じてご提供いただいた情報に関する著作権（著作権法第27条及び第28条に定める権利を含む）その他一切の権利については、当社に譲渡いただくものとします。また、著作者人格権等の人格権を当社又は当社の指定する第三者に対して行使しないものとします。

- 本同意書に関して訴訟の必要が生じた場合、〇〇地方裁判所を第一審の専属的合意管轄裁判所とします。

上記確認の上、同意します。

〇〇〇〇年〇月〇日
氏名：
住所：

謝礼について

インタビュー協力者への謝礼の準備も忘れてはならない。金額については様々な考え方があり一概に述べるのは難しいが、一時間あたり5,000円から10,000円程度が相場ではないかと思われる。謝礼を渡した場合は、領収書に名前などの記入を依頼する必要があるが、経費精算に必要な手続きは企業によって異なるので、経理などに事前に確認してほしい。リクルーティング会社を利用してインタビュー協力者のリクルーティングを実施した場合には、リクルーティング会社経由で支払いがなされる場合と、直接支払いを実施する場合があるのでこれも事前に確認しておく必要がある（私は現金や領収書を用意する手間を省くため、基本的にはリクルーティング会社経由での支払いを選択することが多い）。

　また、謝礼として金銭に加えて、あるいは金銭に代えて現金以外のモノを協力者に渡す場合もある。例えば自社の商品や、ノベルティなどが考えられるだろう。

　ここでの謝礼には、様々な考え方があると思われるが、私個人としては、追加のリサーチなどが必要になった場合に協力を依頼でき、かつ、また協力してもよいなと思ってもらえる状態を維持することを理想とし、目指している。そういった観点からインタビュー後もリサーチプロジェクトに協力的な関係を維持できるような、適切な謝礼について検討すべきであろう。

　またそれがたとえ自社ではなかったとしても、他社が実施するリサーチプロジェクトにも参加してもらえるような状態を作り出すことがリサーチを実施する者として最低限の心構えではないかと思う。少なくとも企業が実施するインタビューになんか二度と参加するものかと思われてしまうことは避けたい。なお、気を付けるべきは謝礼だけではなく、インタビュー実施に関するすべてのコミュニケーションについて細心の注意を払うべきである。

インタビュースクリプトの作成

インタビューのスクリプト（台本）を作って抜け漏れがないか確認しよう。複数人でインタビューを実施する場合は、誰がインタビュー協力者を出迎えるのか、誰がインタビュアーを務めるのか、誰がメモを取るのか、誰が撮影や録音などの機材を操作するのかなどの役割分担についても決めておこう。また、インタビューセッションの進め方についても秒刻みである必要はないが大まかに決めておくとスムーズだ。

- チーム紹介、プロジェクト概要と期待している内容の説明、同意書へのサイン
- 協力者本人のことを知る：バックグラウンドについて、トピックとの関係について。議論へのウォーミングアップ
- Key Questions
- ラップアップ（要点まとめ）、最後にコメントや質問があるかの確認、お礼

インタビュースクリプトの例を下記に紹介する。

本日は、お時間をいただきありがとうございます。 私はアンカーデザイン株式会社の木浦と申します。こちらは同僚の山口です。 私たちは、サトーカメラ株式会社と一緒に、新しいカメラを作るためのプロジェクトを進めております。 お客様にとって魅力的なカメラを作り、その新しいカメラを通してより良い撮影体験を実現するために、お話をお伺いできればと考えております。1時間程度お時間をいただきたいと思っております。お忙しいところ大変恐縮ですが、どうぞよろしくお願いいたします。	自己紹介、プロジェクト内容の紹介

まずはじめに、本日のインタビューにつきまして、承諾をいただきたいと考えております。こちらに同意書を用意いたしましたので、内容を説明させていただきます。

【秘密保持について】
(外部の個人の場合) 本インタビューの中では開発中のプロダクトに関する情報などをご紹介させていただく場合がありますので、このインタビューの中で見聞きしたもの、またこのようなインタビューに参加したことについて、ご友人やご家族に話をしたり、TwitterやFacebook、ブログなどで、このインタビューに参加した、このようなことを聞かれたといった内容を発信されるのは控えていただきますようお願いいたします。

(社内の従業員の場合) 本インタビューは開発中のプロダクトに関する情報を含んでおり、また他の従業員に対しても実施させていただく予定ですので、このようなことを聞かれたといった内容は、同僚であっても口外しないようお願いいたします。

【アイデアの帰属について (特に外部の個人の場合)】
本インタビューの中では、私たちのプロダクトに関していろいろとお話を伺いたいと思っております。お話を伺う中で「プロダクトがもっとこうだったらいいのに」といったアイデアが出ることもあるかと思いますが、将来そのアイデアがプロダクトに反映されたとしても対価をお支払いすることはできません。また、そのアイデアを出したのは「自分だ」と主張することもお控えいただけますようにお願いいたします。

【インタビュー内容の記録について】
インタビューの内容を記録させていただきたいと思っております。メモを取らせていただくと同時に、録音・録画させていただければと思います。なお、ここで記録した録音や録画について、外部に公開しても差し支えない場合はこちらに○をお願いいたします。

以上、同意いただけるようでしたら、こちらにサインをお願いできますでしょうか?

インタビューについて承諾を得る
(業務プロセス改善などで従業員に対してインタビューする場合は、業務としての対応であることが期待されるため、簡素化する場合がある)

196 — 197

同意いただきありがとうございます。インタビューに入る前に、一点お伝えしておきたいことがあります。このインタビューは試験ではありませんので、正しい答えや間違った答えというものはありません。私たちは、普段あなたがどのように感じ、どのように考えているかを知りたいと思っています。ですから、できるだけ本音で、思ったことを率直に答えていただけると嬉しいです。	回答に正解がないことを伝える
（社内の従業員の場合）また、インタビューの回答内容については誰が発言したかわからないように匿名化した上で分析を行います。仮に会社に対して批判的な発言があったとしてもそれをあなたの上司に対して共有することは絶対にあり得ませんし、それが人事評価に使われることもありません。ですので、気を楽にしていただいて、思ったことを率直にお話いただきたいと思っています。	
では、最初に・・・	インタビューの本題に入る
以上でインタビューは終了となります。	インタビュー終了
本日は私たちのインタビューにご協力いただきましてありがとうございます。本日のインタビュー内容は、私たちのプロダクトをより良いものとするために、大変役立つと思います。もしインタビュー終了後、これについて言い忘れたなど、回答いただいた内容に付け加えたいことがありましたら、いつでも私たちにご連絡ください。（必要であれば名刺を渡す） （謝礼が発生する場合）こちらは、本日の謝礼になります。金額を確認いただき、こちらの領収書にサインをお願いいたします。	

なお、ここで作成するインタビュースクリプトは一言一句台本通りに読まなければならないというものではない。インタビューの内容に応じて臨機応変に対応する必要がある。

3.5.1.3　インタビューテクニック

インタビューは準備が9割であり、インタビュー対象者が決まり、イ
ンタビュー実施日時と場所が設定されており、機材や書類などが用意
できていれば、あとは実施するのみである。しかし、実践には様々な
注意点やテクニックが存在するので、いくつかを紹介する。

- インタビュー協力者は専門家
  インタビューは試験ではないため、回答に正解や不正解がない。
  私たちはあなたから学びたいんだという気持ちを伝えよう。私
  たちリサーチャーは、インタビューの形でリサーチに協力して
  もらう方々を専門家として扱い、敬意を払い、学ばせていただ
  くという気持ちを忘れてはならない。専門家という言葉からは、
  弁護士や医者、エンジニアなど、特別なスキルや知識を持った
  人をイメージするかもしれないが、すべての人々は、彼ら自身
  がどのような生活をしており、どのように働き、あるいは遊ん
  でいるかについて、誰よりも知っている。業務プロセスに関す
  るリサーチであれば、その現場で働いている方々はその業務の
  専門家であろう。人々がどのようにカメラを使用しているかに
  関するリサーチであれば、リサーチ対象者はカメラで収入を得
  ているようなプロカメラマンではないかもしれないが、彼ら自
  身のカメラの使い方については誰よりも熟知しているはずであ
  り、専門家と捉えることに大きな違和感はないはずだ。自身の
  体験に基づく専門家として、インタビュー協力者を迎え入れ
  よう。

- ニュートラルな態度を貫く
  インタビュー協力者の発言に対して反論したり、あなたの意見
  を述べたり、思うところがあっても態度に出したりはせず、イ
  ンタビュー協力者の発言を真摯に捉えることが必要である。ト
  ピックによってはリサーチャーの認識と異なるかもしれないし、

あるいは間違った知識に基づいて回答していると感じるかもしれない。例えば「このプロダクト、〇〇機能がないんですよね。あったらすっごく便利だと思うのに！」と、実際には存在する機能について言及がある場合もある。ときには偏見や差別的なニュアンスを含む発言が出る場合もあるだろう。しかし、その答えは紛れもなくリサーチ協力者の発言であり、リサーチとして尊重すべきものである。仮に違和感を覚えたとしても、できる限り態度には出さず、可能であればインタビュー協力者がなぜそのように捉えているかを深堀りしてみてもよい。いずれにしても人々から学ぶために私たちはインタビューを実施しているのであり、リサーチ協力者と議論するために場を設けているわけではない。プロダクトに関する勘違い、前述したように「存在する機能を存在しないと思っている」などは、インタビューが終わってから、そう感じている理由を確認したあとでその存在を伝えるのもよいだろう。いずれにせよインタビューの時間は、インタビュー対象者から学ぶことに集中し、その場で判断したり解釈を加えることは避けよう。

- 時間とともに深いトピックへ
  リサーチ協力者の方とは、おそらく初対面であることがほとんどだろう。いくらインタビューのような非日常な場であったとしても、いきなり核心となる話題に踏み込んだところで適切な回答を引き出せるかは怪しい。まずは表面的な話題から入り、ある程度打ち解けて場が温まってきたなと感じてから、より深いトピック、あるいは感情的な話題へと入るのが望ましい。また具体的なエピソードについて尋ねる前に、一般論として答えやすい質問を投げかけるのも回答を引き出しやすくするテクニックである。

- なぜなぜ分析 (5 Whys)
  インタビューの回答の中で気になった事柄があれば、好奇心を

持って、なぜこのようなことを言うんだろう？　なぜこのような行動をしているんだろう？と、どんどん深堀りしていこう。もともと「なぜなぜ分析」とは、トヨタ自動車において問題が発生した際に、表面的な解決に留まるのではなく本質的な原因に辿り着き、根本的な解決を試みるために「なぜ」を5回繰り返すことを推奨していたとされる手法だ。無論ここで重要なのは回数ではなく、本質的な情報に辿り着いたかどうかである。

– 見せていただけませんか？（Show Me）
　できればインタビューを会話だけで終わらせるのではなく、可能な限りモノ、写真、環境など証拠を見せてもらおう。イメージと実物は異なる場合があるし、同じ言葉であっても言葉に対する認識は人によって異なる可能性がある。人々に対する理解を深め、感情や価値観、行動などの把握を助けるためには、言葉だけで理解したつもりになるのではなく、実際のモノや環境を自分の目で見て、そこから得た情報を大切にすべきである。

– 思考発話法（プロトコル分析）
　リサーチ中は、作業や体験について、感じたこと、考えていることを口に出してもらおう。特にプロダクトのユーザビリティ評価において頻繁に利用される手法だが、これによって動機や懸念、行動の理由や感じたことなどを理解しやすくなる。プロダクトを見た時、利用している時に、リサーチ協力者が何を考えているのかを外部（観察）から推し量ることが難しいため、発話してもらうことによって、理解を深めるのである。

– 当たり前のことを聞く
　インタビューの中で、あえて当たり前のことを聞いてみるのもひとつのテクニックである。これによって彼らのメンタルモデルや、リサーチャーとの認識の違いが明らかになる場合も多い。

- オープンクエスチョンとクローズドクエスチョン

  質問の仕方にはYes/Noで答えられるクローズドクエスチョンと、自由な回答を求めるオープンクエスチョンが存在する。例えば、リモートワークに関するリサーチだったとして、「あなたはリモートワークが好きですか？」ではなく「あなたはリモートワークをどう感じていますか？」と質問することで、できる限りリサーチ協力者の言葉で説明してもらえるようになる。

- 具体的なストーリーを引き出す

  抽象的な話ではなく、具体的なストーリーを引き出すよう心がけよう。例えば「普段友人とフットサルをする時、どうしていますか？」と質問すると抽象的な回答になりがちであるが、「最後に友人とフットサルをした時のことを教えてください」と聞けば、具体的なストーリーを引き出すことができる。

- 沈黙の時間を恐れない

  インタビューに慣れていないリサーチャーは特に、インタビュー協力者が黙ってしまうと気まずくなってしまい畳み掛けるように質問するケースが見受けられる。このような場合もまずは落ち着いて、インタビュー協力者が喋り出すのを少し待ってみよう。

- 感謝を忘れない

  最後に当たり前のことであるが、インタビュー終了後、インタビューに協力してくださった方に謝意を述べるのを忘れないようにしよう。

3.5.1.4　インタビューで得た情報のまとめ方

インタビュー後は、各インタビュー対象者に対して、プロフィール

シートを作成する。プロフィールシートとは、図3-25のようなもの
である。

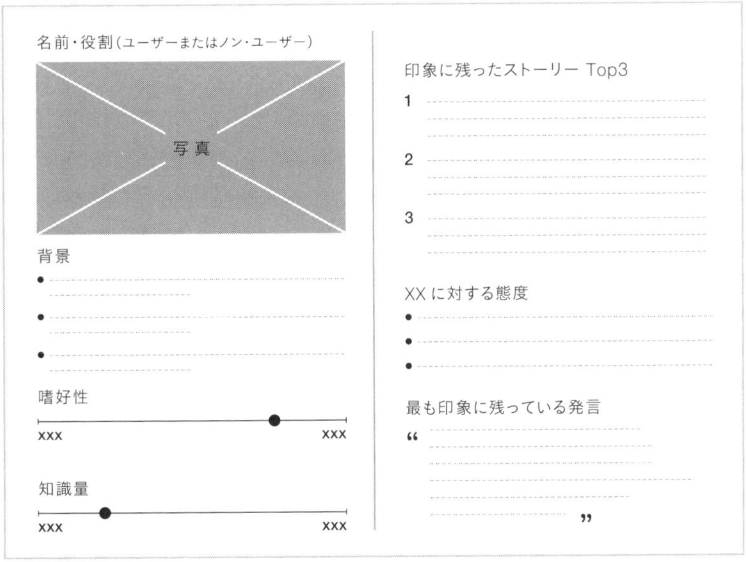

図3-25

プロフィールシートには、名前、写真、背景、属性、インタビューで
得られた情報（例えば、インタビューの中で得られた興味深いエピソード、リ
サーチトピックに対してリサーチ協力者が持っている印象、最も印象に残ってい
る発言の引用など）を記載するが、これらの情報がなければならないと
いうわけではなく、リサーチのテーマに応じて、適宜内容を組み換え
て構わない。また、写真は撮影が難しい場合、イラストなどで代用す
ることもあるだろう。

　背景とは、どんな仕事をしていて、どんな生活をしているかといっ
たその人のことを示す様々な情報である。属性とは、例えば嗜好性と
知識量で分類した上でインタビュー対象者をリクルーティングしたの
であれば、そのインタビュー対象者が、その指標の上でどこに属する
かを示したものだ。

　インタビュー協力者1人につき1枚のシートを作成していく。これ

によって、どのような人に対してインタビューを実施したか、その人からどのような情報が得られたかをひと目で把握することができるようになる。特にチームでリサーチを実施する場合は、全員がすべてのインタビューに参加できるとは限らない。かといってインタビューを文字に起こしたものを全員が全部読むことは困難であろう。仮に読んだとしても、インタビューの中で得られた情報が抜け落ちていることもある。同じ発言だったとしても、笑いながらの発言と、真面目な顔での発言は、発言の意図が大きく異なるが、それが文字起こしに反映されているとは限らない。そのため、このような形で、インタビューに当たったリサーチャーの主観を入れつつ、リサーチに関する結果を共有することが非常に重要となる。

ペルソナとの違いについて

リサーチを通して得た人々の情報をまとめる方法として「ペルソナを作るのは適切でしょうか?」と質問されることがある。プロフィールシートとペルソナが類似しているため、このような疑問が生まれるのだと思われる。

　ペルソナとは、プロダクトが対象とする人物像を描き出したものであり、あくまでも架空の人物である。もちろんリサーチを通して得られた知見をもとにペルソナを作っているケースも多く存在するが、一般には複数人に対してインタビューを実施し、そこで得られた知見を切り貼りしたり、あるいは中央値を取ることによってペルソナを作ることが多いのではないだろうか。ペルソナは、実際の戦略を検討する際には有用な場合もあるが、デザインリサーチで活用されるシーンは多くない。デザインリサーチで注目すべきは実在する目の前の人物であって、架空のキャラクターではない。この社会の中で実際に生活し、仕事し、遊んでいる人々にフォーカスして、彼らが何を思い、何を考えながら毎日を過ごしているかをありのままに理解しようとすることがデザインリサーチの態度であり、それは人々をペルソナのような形で抽象化することとはまた異なる。

3.5.2 観 察

観察（オブザベーションと呼ばれることもある）とは、リサーチ対象となる現場、対象となる行動がなされている現場、プロダクトが使用されている現場に張り込むことである。現場でユーザーがリサーチ対象のサービスや製品を使用している様子を観察することによって、ユーザーがどのように使用しているか、そしてユーザーの口からは語られない課題やニーズを探索するのである。

　ここでいう「現場」は、リサーチ内容に応じて様々なケースが想定される。例えば、業務改善プロジェクトであれば業務が行われている職場に赴き、どのような環境で、どのような人々が、どのようにして業務を遂行しているかを観察するだろう。空港のサービスデザインプロジェクトであれば、空港で人々がどのようにチェックインして、搭乗開始時間までをどのように過ごし、どのように搭乗ゲートに向かうかなどについて観察するであろうし、ショッピングセンターに関するプロダクトの検討であれば、人々がショッピングセンターでどのようにして買い物をしているか観察を通して理解する必要があるだろう。

観察の計画づくりについて

観察を実施する場合に考えるべき点は大きく分けて3つある。

- Where & When：どこでいつ観察するのか
- How：どのようにして観察するのか
- What：何を見るのか

Where & When：どこでいつ観察するのか

まず考えなければならないのは、どこで観察を実施するのかという点であろう。店舗での接客を改善するためのリサーチであれば店舗で実施するとしても、どこの店舗で実施するかという問題がある。アパレルブランドの店舗であれば、銀座の路面店と、百貨店の中に入ってい

る店舗では接客が異なる可能性がある。わかりやすいところでは、百貨店の場合は店舗ごとにレジがあるのではなく、百貨店に出店している各店舗が共同で利用する会計システムがあり、お客様から代金やクレジットカードを預かってそこへ持っていき、会計を済ませ戻ってくる。これは街中にある単独の店舗とは異なる会計フローであり、自然と接客プロセスにも影響が出るはずだ。また、同じブランドであっても、銀座と表参道に出店している店舗では客層が大きく異なる場合がある。

　次に、いつ観察するかも重要なポイントである。飲食店の場合、ランチタイムやディナータイムのピークタイムは混雑していることが多いが、開店直後や閉店間際、あるいはランチとディナーで通し営業をしている店舗の場合、客がほとんど入らない時間帯もあるだろう。また、平日と休日でも客の入り具合や従業員の稼働状況に違いがあるかもしれない。観察に十分な時間を割ける状況であればよいが、現実的には限られた時間内で観察を実施して知見を得る必要がある。

　調査の目的がどのようであったかを念頭に置き、いつどこで観察を実施するべきかを考えよう。

How：どのように観察するか

どこからどのように観察するかも重要なポイントになる。環境の中に入り込んで観察する方法もあれば、外から観察する方法もあるだろう。外から観察する場合、例えば店頭に監視カメラがついており、監視カメラ越しに実施するケースもある。環境の中に入り込むことができればリアルな情報を得ることができ、人々の行動をより理解できるかもしれないが、私たちがその場に存在することによって人々の行動に少なからず影響を与えてしまうことを意識しなくてはならない。

　環境の中に入り込んで観察する場合は、シャドウイング（Participant Shadowing）と呼ばれる手法をとる場合がある。例えばスーパーマーケットなどで、ユーザーの後ろをついていって、ユーザーと同じように行動するのである。そうすることで、ユーザーの挙動について理解を深めることができ、課題やニーズを抽出することができる。例えば、

商品に手を伸ばそうとしたけど手を引っ込めたとか、店内で似たような場所をウロウロしているといった行動をユーザーが取った時には、ユーザーの気持ちになって行動をなぞることによって、何らかの発見があるかもしれない。

　また、自分自身が体験してみる (Be The Experience) こともひとつのリサーチ手法である。この場合は、自分自身だったらこのようにしてプロダクトを使用するという考えのもとに体験することもあるし、他の誰かになりきって体験してみる場合もある。例えば、子連れの人だったらこういう行動を取るだろう、日本語が読めない人だったらこの看板は理解できないだろうから、きっとこういう行動を取るだろう、などである。

What：何を見るのか

観察を実施する場合、頭を空っぽにして広く情報を吸収することも重要だが、まずは人々の行動に注目するのがよいだろう。その環境の中でどこに何があるか、レイアウトがどうなっているかは観察する上で重要であり把握すべき情報といえるが、容易に言語化できる情報でもある。私たちが注目しなければならないのは人々の行動であり、これは容易に言語化できるものではなく、その場で観察することによってこそ様々な気づきを得られるものである。

観察のためのテクニック

観察はインタビューのようにコントロールされた環境下で落ち着いて実施するケースよりも、実際の現場で様々な状況の変化に臨機応変に対応しながら実施する必要があるため、事前に準備しようとしても準備し切れないケースが多い。しかしながら、実践には様々な注意点やテクニックが存在するので、そのうちのいくつかを紹介する。

- ボディランゲージに着目する
  私たちは喜んでいる時は微笑むし、混乱している時は眉をひそ

める。警戒している時は腕を組むし、時間を気にしている時は時計を頻繁に確認するかもしれない。 人々のノンバーバルな（言葉によらない）コミュニケーションや行動に着目し、解釈することによって環境に対する人々の反応を理解することができる。

- 人々が何を気にしているかを知る
 私たちは日々の生活の中で様々なものに注意を払っており、その注意を払っている対象は、環境あるいは人々が置かれた状況によって異なる。観察を通して人々が何を気にして何に注意を払っているかを知ることは、人々のニーズや機会を発見する上で非常に重要である。

- アノマリー（逸脱）に着目する
 ルーチンワークを理解することはもちろん重要であるが、エラーや異常発生時に人々がどのような行動を取るかに注目する。これによって、人々がどのような優先順位で行動しているかを理解することができる。

- アナロジーを意識する
 アナロジーとは類推のことであり、それぞれ全く関係ないように見えることでも特定の要素に着目すると共通性が見いだせる場合がある。これについては2.3節で述べた通り、手術室とF1のアナロジーが良い例であろう。

3.5.2.1　観察で得た情報のまとめ方

観察の結果は図3-26のようにまとめる。

場所 _____ 日付・担当者名

気が付いたこと Top3

1

2

3

AEIOU、POEMS などによるまとめ

写真、地図、見取り図など

図3-26

フォーマットについては必ずしもこうでなければならないというものではないが、1回の観察につき1枚作成するとよい。観察結果をまとめるときは、実際その場に行っていないメンバーにも状況が伝わるように、写真や地図などを併せて記録しよう。チームメンバー全員で観察を実施したとしても、数週間もすればその時の記憶は薄れていく。顧客情報の保護や秘密保持などの事情で写真撮影ができない場合は、その場のスケッチを描くことで代用する場合がある。

　観察を分析する方法としていくつかのフレームワークがある。そのひとつがAEIOUである。これはActivity（活動）、Environment（環境）、Interaction（インタラクション）、Objects（物）、User（人）の頭文字をとって並べたものであり、現場における状況を、これら5つの要素から理解するというものである。アパレル店舗における接客の様子を観察する時のことを例に、AEIOUのフレームワークに基づき内容を書き出すと次のようになる。

- 活動（Activitiy）：
    - バッグを買う
- 環境（Environment）：
    - デパートの中
    - 地上階かつ入り口から近いため人通りが多い
- インタラクション（Interaction）：
    - 顧客は店員を呼び止めバッグを購入する意思を伝える
    - 店員は在庫確認をして、新品をバックヤードから持ってくる
    - 店員は顧客に支払い方法を尋ねる
    - 店員は顧客から代金やクレジットカードを預かり会計をする
    - 店員は顧客に自ブランドの会員になることを薦める
    - 店員は顧客を店舗の外まで見送る
- 物（Object）：
    - バッグ
    - 現金
    - クレジットカード
- 人（User）：
    - 顧客
    - 店員

このように、観察したものを要素ごとに書き出すことで、比較的容易に観察の様子を共有できる。また、抜け漏れにも気が付きやすくなる。

　他の有名なフレームワークとしてはPOEMSが存在する。こちらはPeople（人々）、Objects（物）、Environment（環境）、Message（メッセージ）、Service（サービス）を並べたものであるが、AEIOUと基本的な内容は共通している。

　デザインリサーチにおけるインタビューや観察といった調査方法は大量の情報を処理する仕事であるから、あとから調査内容を見返せるようにすることは必須である。調査内容をまとめ、記録する時間をあらかじめ計画の中に織り込んでおくのがよいだろう。

3.5.3　ワークショップ

ワークショップ (Workshop) は様々な意味で使用される言葉であり、定義としては非常に曖昧なものとなっている。複数人が集まって、何らかのワークを行うことをワークショップと定義すると、捉え方によってはワークショップをリサーチ手法のひとつとして利用することもできる。

　ワークショップとはそもそも作業場や工房などのことを指していたが、現在では司会進行役としてのファシリテーターと、参加者による (ただ話を聞くだけではない) 参加型のイベントであれば、下記のようなものを含めてワークショップと呼んでいる。

- 学びや研修などの教育を目的としたワークショップ
- 体験型講座としてのワークショップ
- トレーニングの場としてのワークショップ

デザインリサーチでは上記のものはワークショップには含めず、あくまでもプロダクトデザインのためのワークショップについて取り扱う。
　デザインリサーチにおけるワークショップには、大きく分けると下記の4つがある。

1. プロジェクトの方向性を定めるためのワークショップ
2. 機会を発見し、優先順位をつけるためのワークショップ
3. アイデア創出や評価のためのワークショップ
4. プロトタイプやソリューションの評価のためのワークショップ

それぞれのワークショップは、3.1節で述べたダブルダイアモンドにおける各フェーズ、Discovery、Define、Develop、Deliver と照らし合わせると理解しやすいだろう。いずれにしても、デザインリサーチでは様々なフェーズで積極的に人々を巻き込む。これについて従来のものづくりをしてきた人は違和感を覚えることもあるかもしれない。こ

れは人々をどのような存在として捉えるかの意識の問題でもある。仮に原子力発電所や宇宙ロケットのプロジェクトがあったとして、プロジェクトにその分野の専門家を加えないということはあるだろうか？

　原子力発電所はきっとこのように動く、宇宙ロケットはこのような仕組みで飛ぶはずだ、などと推測でプロジェクトを進めるよりも、専門家をプロジェクトに招き入れたほうがプロジェクトが成功に近づくであろうことは容易に想像がつく。

　我々が人々の生活の中にある、何らかの課題を解決したいと考えた時、その課題の専門家は人々なのである。繰り返すが、人々は自身の生活の中にある課題がどのように解決されると嬉しいのかを知っている。解決方法に関する具体的なアイデアを持ち合わせていないかもしれないが、一緒に解決策を考えることによって、そもそもその課題は解決されて嬉しい課題なのか？といった本質的なインサイトを得ることができる。また、課題に対する解決方法を目の前に提示されれば、あるいは実際にその解決方法を擬似的にでも体験してみれば、それが望ましいものか、望ましくないものであるかを判断できることが多い。

　人々をリサーチに巻き込むには様々な方法があるが、インタビューとワークショップが異なるのは、質問に答えるだけといった受動的な立場ではなく能動的に参加してもらう必要がある点だ。そのための動機づけや仕組みづくりをワークショップ開催側で工夫する必要がある。

　なお、ワークショップの参加者は必ずしもユーザーだけではない。プロジェクトの方向性を定めるためのワークショップでは、ステークホルダーを集めて、プロジェクトのビジョンやステークホルダーが想定している顧客の体験を、カスタマージャーニーやサービスブループリント[8]の形で見える化するケースもある。これは参加者間による認識の擦り合わせの効果も期待できる。なぜなら、自社の製品を使うユーザーが何を考え、どのように行動しているかの認識は、担当業務

8　プロダクトが顧客に価値を提供する際の、顧客、事業者側双方の動きを時系列順に示したもの。プロダクトを運用するための設計図ともいわれている。

や人によって大きく異なるからである。マーケティング担当者は自社や自社の製品の認知度を高めることを考え、潜在顧客がどこにいて、どのような行動をしていて、どのような情報に関心を持つかについて詳細に把握しているだろう。一方で、営業担当者は顧客との接点を持ち、顧客がどのような課題を抱えており、自社また自社の製品のどのような点に魅力を感じ、顧客がどのように意思決定するかについて熟知しているはずだ。商品開発担当者は、マーケットにおけるユーザーニーズについて敏感で、どのように課題が解決されると嬉しいか、そして商品はどのような機能・形状であるべきかを日夜考えているだろう。カスタマーサポート担当者は実際に顧客からの問い合わせを受ける中で、顧客がどのように製品を使い、どのような課題に面し、どのようにしてその課題を解決しようとしたか（そしてできなかったか）、またどのようにして顧客が自社製品から離脱していくかについて詳しいに違いない。

　このような様々な部署の担当者にそれぞれ個別にインタビューを実施して情報をまとめる方法もあるが、ワークショップ形式で各部署から参加者を集め、ユーザーに対する認識を擦り合わせることで、プロジェクトのスコープや、ユーザーに対する理解を深め、各部門において認識にどのようなギャップがあるかを把握できる。

　機会発見および優先順位づけのワークショップでは、リサーチで得られた結果をもとに、何が課題であるか、あるいは何が解決されると嬉しいかについて検討し、優先的に検討されるべき項目を選び出す。これは誰が参加するかによって、つまり顧客が参加するワークショップなのか、あるいはステークホルダーが参加するワークショップなのかによって、結論にいくつかのバイアスがかかるだろう。顧客が参加者の場合は、ビジネス上の都合よりも顧客としての便益が優先されるであろうし、ステークホルダーが参加者の場合は、ビジネスや組織としての都合が優先されることになる。そのため、いずれにしてもワークショップを通して至った結論をそのまま利用することは難しいかもしれないが、重要なのは結論に至るまでのプロセスであり、そこからインスピレーションを受けることだ。

アイデア創出やプロトタイピング、ソリューションの評価について
も一種のワークショップを実行することができる。実際に課題を抱え
ているであろう人々と一緒に課題に対してのソリューションを考え、
評価を行うのである。人々がソリューションを評価する際には、ビジ
ネスとして成立するか、技術的に実現可能かどうかといった観点より
も、ユーザーの都合が優先されるべきである。つまり、実際に課題を
抱える人々が、このように解決されると嬉しいと考えた上でソリュー
ションが評価されることが望ましい。

　ワークショップはインタビューや観察のような手法とは異なり、人
々が何を言った、何をしたのような表面的な知見だけではなく、人々
が何を知っていて、何を感じていて、どのような希望を持っているか
のような、より深いインサイトを得ることのできる手法である。

3.5.4　デスクリサーチ

デスクリサーチとは、インターネットでの検索、書籍や論文などの資
料を活用して情報を集め整理することである。リサーチにおける情報
には、大きく分けて一次情報と二次情報がある。一次情報とは、自分
の目や耳で直接集めた情報や、行政などが集め公開している資料であ
り、学術論文を一次情報とみなすこともある。二次情報とは、誰かが
集めて整理、保管されていた情報のことであり、具体的には書籍、論
文、報告書などであろう。これらの情報は実際の現場ではなく、オ
フィスや図書館など、机の上で情報に当たることが多いためにデスク
リサーチと呼ばれる。また、触れる情報が主に二次情報であることか
ら、セカンダリーリサーチと呼ばれることもある。また、二次情報を
さらに細分化して二次情報と三次情報として区別する場合もある。二
次情報と三次情報の区別について私の知る限り明確な分別方法はない
が、専門家向けか、一般向けかで判断することはできるだろう。例え
ば専門家向けの専門書は二次情報であるが、一般向けの解説書や
Wikipediaの記事などは三次情報とみなすことが適切であろう。これ

らは、誰が書いているかではなく、誰向けの情報であるかで判断する。例えば、著名な学者が執筆した書籍であっても、専門家向けの二次情報と一般向けの三次情報が存在する。

　インターネット上に情報がある場合は検索エンジンで適切なキーワードで検索してみる。現在はインターネット上にも様々な情報が存在するが、専門的な情報や、体系立った情報は依然として書籍に利があるように思われる。インターネット書店や在庫検索などで探して購入するのがよいだろう。ただし出版から長い年月が経っているような昔の書籍や専門書の場合は簡単に購入できない場合もある。プロジェクトに利用できる予算の問題もあるだろう。その場合は、各種図書館をあたってみるのがよい。論文についてはオンラインで閲覧あるいは購入できる場合もあるが、オンラインに存在しない論文も多くある。その場合も国会図書館や大学の図書館などで閲覧することができるケースが多い。さらに情報によってはマーケティングデータバンクなど私立の専門図書館をあたってみるのもよいだろう。

　デスクリサーチには大きく分けていくつかの目的がある。例えば競合調査の場合は、特定の分野における競合をリストアップし、彼らのサービスの特徴についてまとめる。Microsoft Excel や Google スプレッドシートなどの表計算ソフトを使用して、情報を蓄積していく。

　あるいは特定の事象について理解を深めるためにリサーチを実施する場合もある。例えば、新入社員向け研修の内容についてであれば、いくつかの事例を収集して共通点を抜き出したり、良い点、悪い点などを抽出する。

　デスクリサーチにおいて多くは二次情報を当たることになるわけであるが、その情報は誰が発表した情報であるかを意識する必要がある。前述したように、デスクリサーチにおける一次情報とは、企業や行政などが発表している情報、二次情報はそれらに対して専門家などが解釈を加えたものである。新聞や雑誌などの各種メディアの解説記事、ニュース記事もそれにあたるだろう。また、リサーチをしていく上で、リサーチ担当者の気づきや解釈を入れたくなる場合もあるだろう。この際に、これらを区別してチームで共有すべく気を付けてほしい。

3.5.5 エキスパートインタビュー

専門家に話を聞くことも重要なリサーチ手法である。ここでいう専門家とは、文字通り特定の分野に精通したエキスパートという意味だ。本や資料にはない、彼らの経験や知識や意見を得ることができるため大変有意義である。1時間単位で有識者にアポイントを取り、専門分野に関するヒアリングを実施できるビザスクなどのサービスを活用する場合もあるだろうし、専門家に直接コンタクトをとって時間をいただき話を聞く場合もあるだろう。

書籍などが出版されるためには、ある程度の熟成の時間がかかり、かつそこそこの市場規模が見込まれることが必要であるが、専門家へのインタビューであれば"活字にするほどではないがプロジェクトにとって有意義な情報"を得られる可能性がある。また、時間の制約などで特定分野をゼロから学び始めることがどうしても現実的ではないプロジェクトが存在する。こういったケースにおいてエキスパートインタビューは実に有効だ。

エキスパートインタビューは通常謝礼を支払って実施するが、とはいえ彼らの貴重な時間を割いてもらっていることを十分に意識するべきであろう。また、インタビューを打診する段階で、あらかじめインタビューの目的（「東南アジアでコールセンターを運営する際に、人事制度設計をどのようにすればよいか教えてほしい」「CtoC向けEコマースアプリをバイラルさせるための施策立案について教えてほしい」「自動運転自動車を構成するテクノロジーのトレンド概要について教えてほしい」など）と、こちらの現状とニーズについて、ある程度具体的に伝えておくべきである。

自分の専門家としての話を聞きたいのか、それとも業界全般に関する話を聞きたいのかでは受けるモチベーションも大きく変わってくるであろうし、専門的な話をするつもりがインタビューに来た人々がその分野について何の知識もなくゼロから説明するのであっては、拍子抜けを通り越してイライラさせてしまう場合もある。

3.5.6　インターセプトインタビュー

インターセプトとは、街に出て通行人に対してインタビューを実施する手法のことである。ゲリラリサーチ、ゲリラインタビューなどと言われることもある。明確な決まりがあるわけではないが、おおよそ一人5分程度で聞きたい項目に絞ってインタビューを実施する。短時間で多くの人の話を聞くことができるので、リサーチトピックについて様々な角度から知見を得ることができる。

　本格的なデプスインタビューなどに取り組む前にインターセプトインタビューを実施することで、リサーチの大まかな方向性を決める目安として使用することもできるし、デプスインタビューで得た知見の妥当性を確かめるためにゲリラリサーチを行うこともある。

　比較的少ないリソースで、かつ簡単に行えるため、方向性の修正も簡単である。しかしながら街ゆく人にいきなり話しかけるわけであるから、皆が皆快く応じてくれるとは限らない。勇気を出して話しかけた時に断られても落ち込まない強靭なメンタルが必要な手法といえる。

　当然であるがこちらの都合で話かけているわけであるから、断られたり、無碍な態度を取られたとしても、こちらが悪態をつくなどの態度を取ることは論外である。

　なお、鉄道の駅やショッピングモールなどでインターセプトインタビューを実施する場合には、施設管理者に許可を取ることが必須である。業務改善プロジェクトでは、店舗やオフィスなどでスタッフに話しかけるケースがあるが、この場合も事前に施設管理者に承諾を得て周知に協力してもらえるとスムーズである。

3.5.7　フォーカスグループインタビュー

フォーカスグループインタビューとは、特定のテーマについて一度に複数人に対して実施するインタビューである。リサーチ協力者同士の対話によって、インタビュアーと一対一の対話では得られないような

知見を得られる場合がある。

　なお、フォーカスグループインタビューには否定的な立場を取る人も少なくないことを述べておく。この理由としては、リサーチ設計の難しさにあると思っている。一人ひとりを対象に実施するデプスインタビューと同様の内容をフォーカスグループで実施しようとしてもうまくいかない。リサーチ協力者が複数名いることによる安心感や話しやすさはあるだろうが、フォーカスグループインタビューとして2時間で4人程度に話を聞くとすると、単純に計算すれば1人あたり30分程度しか話を聞くことができない。しかも1人が話をしているあいだ、その他の3人は手持ち無沙汰になってしまうだろう。また、参加者同士が他の参加者に遠慮してしまう場合や、回答内容に見栄が含まれてしまう場合などがあり、必ずしも本音の意見を得られるとは限らない。フォーカスグループインタビューを実施する場合は、参加者同士の本音の対話をいかにして引き出せるかが成功の鍵となる。

　近年のプロダクトデザインの現場では、サービスもプロダクトと捉え、ユーザーに提供する体験だけではなく、そのサービスをいかに効率よく、持続可能な形で提供するかを検討するために、従業員などのサービスをオペレーションする側からも話を聞く機会が多くなっている。従業員同士にフォーカスグループインタビューを実施する場合は特に注意が必要である。まず、同じ業務を実施する従業員同士に話を聞くと、たとえ担当する職場が異なったとしても本音で話をしにくいケースがある。また、特に日本企業の場合であるが、上司の前では本音で話をしづらいというケースも往々にして存在する。可能であれば、同じ年次ぐらいの従業員を対象にしてインタビューを実施するほうが望ましい。参加者が初対面同士であれば他者の目を気にすることも多少は少なくなるかもしれないが、それでも他人に対して良いところを見せようと思う人は少なくない。

　上記のような理由から、フォーカスグループインタビューはデプスインタビューとは異なるインタビュー設計が必要であり、少なくともデプスインタビューを効率よくまとめて実施するための方法と捉えてはいけない。

3.5.8　オンラインサーベイ

オンラインサーベイとは、オンラインによる定量的な情報を収集するためのものである。GoogleフォームやSurveyMonkeyといったアンケートツールを利用したり、電子メールやソーシャル・ネットワーキング・サービスで回答者を集めることでも安価に実施できる。一方で、オンラインサーベイを専門とする企業も存在し、委託すれば数百から数千もの回答を簡単に集めることが可能である。

オンラインサーベイは、デプスインタビューを実施するためのスクリーニングツールとして利用することも可能であるし、デプスインタビューで得た知見がどの程度一般的であるかを検証するためのツールとして利用することもできる。

オンラインサーベイを実施する際には、質問項目の設計がポイントとなり、バイアスがかからないように細心の注意を払う必要がある。またオンラインサーベイの場合、オンラインでリーチする点で回答者に偏りが生じてしまうことは避けられない。そのため、郵送でのアンケート調査を実施するケースもある。郵送によるアンケート調査の場合、アンケート用紙の印刷、発送、返送用封筒の準備、人の目による回答結果の集計など、時間と手間がかかる。しかしながら郵送によるサーベイでしかリーチできない層もあるため、リサーチのトピックによって、必要性を検討すべきだろう。

3.6 分析

インタビューや観察などの調査手法を用いて様々な情報を集めたあとは、分析を実施するフェーズである。リサーチに慣れてない人は、インタビューなどを通して得られた想像以上に膨大で構造化されているとは言い難いデータを前に、どこから手をつけてよいかと気圧されるかもしれない。しかし、この分析フェーズこそが、あなたの取り組んでいるプロジェクトにとって何が重要なのか？を見いだし、プロジェクトの方向性を決定づけるための非常に重要なステップである。

3.6.1　リサーチ分析の概要

日本語では「分析」という単語が曖昧な使われ方をすることが多い。上司から「このデータを分析しておいてよ」などと雑な言い方で仕事を頼まれることもあるだろう。

　分析とは、何らかの目的に基づいてデータを精査することによって明確なアウトプットを試みる行為であり、目の前にあるデータをなんとなく眺める行為ではない。前述したダブルダイアモンドに沿って説明すると、図3-27の1つ目のダイアモンドの右半分である。

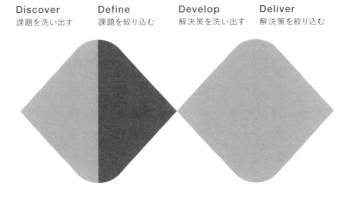

Discover
課題を洗い出す

Define
課題を絞り込む

Develop
解決策を洗い出す

Deliver
解決策を絞り込む

図3-27

1つ目のダイアモンドの左半分が調査フェーズであり、様々な観点で情報を収集する。スタート地点では、手元にある情報は限られていたが、インタビューや観察、ワークショップなどを通して様々な情報が手元に集まってきている状態が1つ目のダイアモンドの中間部分である。

　ダイアモンドの縦幅は情報の量、あるいは取り得る可能性、選択肢の幅であると捉えることもできる。人々から様々な情報を集めて、プロジェクトの方向性はかなり広がっているはずである。

　デザインリサーチにおける分析とは、解くべき問いを定義すること、機会を見つけ出し、それぞれの問いや機会に優先順位をつけることである。

　なお、分析フェーズで重要なことは、決して一人で実施しないということである。リサーチフェーズについて、例えばインタビューやワークショップなど、チームメンバーで手分けして進めることは珍しくない。グローバルに展開する企業のプロダクトに関するリサーチであれば、ロンドンでリサーチする人、ニューヨークでリサーチする人、東京でリサーチする人のように各拠点に分かれて、現地のチームにリサーチを任せる場合もあり、実際弊社では海外の企業から日本でのリサーチを依頼されることも多い。この場合、リサーチ結果だけを報告書のような形で報告するケースもあれば、簡単な分析まで現地で実施

した上で報告するケースもあるが、このような場合においても分析フェーズを一人で実施するということは基本的にない。これは、複数人の視点を入れることによって、下記のようなメリットがあるからである。

- 異なる視点から情報を評価することができる
- 対話を通して情報に対する理解を深めることができる

同じプロジェクトに参加しているとはいえ、各メンバーは異なるバックグラウンドを持ち、異なるスキルや知識を持ち、興味を持っている分野も異なることが常である。同じものを見たり、同じ話を聞いたとしても、そこから受ける印象は大きく異なるかもしれない。よって、調査を通して得た情報を改めて共有し共に分析することで、そこから新しい発見が生まれる可能性が高い。

リサーチ分析のゴール

リサーチ分析のゴールは、人々に対して新しいプロダクトを提供するための、あるいは既存のプロダクトを改善するための、機会を特定することである。詳細は後述するが、どのようなユーザーに、どのような価値を提供すればよいかを、How Might We と呼ばれる文章で表現する。機会はプロジェクトの性質によって異なるため、もう少し具体的に見ていこう。

　例えば、新規事業創出プロジェクトであれば機会というのはわかりやすいだろう。サッカーのサポーター同士を繋げる新しいマッチングアプリを作る、小売店向けの新しい集客支援サービスを作る、などが想定される。

　新規プロダクト開発の場合はどうだろうか。旅行会社だったら地域振興のためにSDGsをテーマにした旅行商品や、旅行代理店に赴くのが面倒だったり時間がなかったりする顧客向けの旅行手配サービス、家電メーカーだったら子どもが気軽に利用できるデジタルカメラ、な

どが想定される。

　既存プロダクトの改善の場合であれば、街中に置かれたモバイルバッテリーの貸出機の使い方をひと目見て理解できるようにする、保険商品の販売にあたって営業担当者が一つひとつ販売するのではなく、口コミなどの方法で加入者が広がるようにする、若者が成人式や結婚式以外で着物を着たくなるようにする、などが想定される。

　業務改善の場合であれば、タクシードライバーの離職率を改善する、クレジットカード会員の顧客満足度を向上させる、コールセンターの業務効率を改善する、などが想定される。

　このようにプロジェクトの性質によって、新しい領域やプロダクトや機能や改善のポイントなど様々だが、いずれにしても機会を特定するにあたり重要なのは、人々の視点から社会を見つめ、対象に対する理解を深め、内省することだ。リサーチ結果からインスピレーションを得て、議論を起こすことだ。

リサーチ分析の手順

リサーチ分析には様々な方法があり、必ずしもこうしなければならないというものはないが、本書では下記のようなステップに沿って説明する。

- ダウンロード
- テーマ作成（分類）
- インサイト抽出
- 機会発見（How Might We 作成）

ダウンロードとは、調査フェーズで集めた情報を整理しチーム内で共有すること。テーマ作成とは、ダウンロードした情報を分類し、そこから意味を見いだすこと。インサイト抽出とは、作成したテーマをもとに、私たちに新たなインスピレーションを与える文章を作成すること。機会発見とは、インサイトをもとに解くべき課題と、そのための

アプローチを設定することである。のちほど順に解説する。

　さて、このようなプロセスについて話をすると「プロセスって大事なんですか？」「本当に必要なんですか？」といった趣旨の質問をされることがよくある。

　このようなステップに沿わずに、調査した内容を俯瞰的に眺めながら、直接機会を特定することも不可能ではないだろう。我々の直感は案外正しいことが多く、手順を経ても経なくても結局同じ結論に辿り着く場合もある。それにもかかわらず、上記のようなプロセスがあるのはなぜだろうか。私はプロセスを共有し、プロセスに従ってプロジェクトを進めることで下記のような利点があると考えている。

- チームとして働く際の作業の流れと意思決定の過程を透明化し、チームとしてコラボレーションしやすい状態を作り出すことができる
- 結論に至った背景を説明できる
- 機会がイマイチだった場合に前に戻ることができる
- どこに問題があるかを確認することができる

チームの結束を高める

プロセスを透明化することで、チームの結束を高めプロジェクトを前に進める原動力とすることができる。

　調査結果から直接機会を特定する場合、どのようにして機会に辿り着いたかは、その担当者の頭の中では整理されているかもしれないが、チームの他のメンバーがその過程を推測できない場合がある。そうなると、調査結果を踏まえてもっともらしい理由を述べたとしても、最終的には声の大きい人が勝つプレゼン大会になってしまうだろう。声の大小に適切さと相関があるわけではないため、このような状況が望ましいとはいえない。また作業後に、自分たちがどのようなプロセスを経て現在の結果に辿り着いたかを振り返ることができるほうが、納得感を得られる。納得感、あるいは結論が腑に落ちるというのは非常に重要であり、自分はイマイチ納得できていないのだけれどチームと

してこのような結果になった……というのでは自信を持ってステークホルダーに説明することができない。

　実績豊富なカリスマ、例えばスティーブ・ジョブズやビル・ゲイツ、孫正義、柳井正、宮本茂、ジョージ・ルーカス、スティーブン・スピルバーグが「これをする」と宣言したら、彼らのプロジェクトに喜んで協力する人の数は数える必要もないだろう。しかしながら、私たちの大半は彼らのようなカリスマ性を持ち合わせているわけではない。チームメイトやステークホルダーを説得し、周りの人たちの協力を取り付け、プロジェクトをドライブさせて成果を出さなければならない。チームの各々が納得感を持ち、チームとしての自分たちの決定に自信を持てることが、プロジェクトにとって大切なのである。

ステークホルダーを巻き込む

リサーチ結果は次の行動に繋がるべきものである。リサーチをして終わりではなく、何らかの行動に繋げて現状を改善したり、新しいプロダクトを生み出したり、あるいは社会に価値を提供したり、目指すべきところはプロジェクトの性質によって異なるが、リサーチ結果は机の引き出しの中に保管しておくべきものではない。デザイナーの役割は機会発見、ストーリーテリング、実行であると1.1節で述べたが、機会発見だけで役割を果たしたと胸を張れるようなものではなく、理解され、実行され、それが評価されてこそ機会発見に価値があったといえる。

　リサーチチームのみで実行まで担当するプロジェクトも存在するが、多くの場合はリサーチ結果をステークホルダーに伝え、次のアクションに繋げていくことになるだろう。その際に、ステークホルダーを動かすためにはどのようなプレゼンテーションが必要だろうか。

　あなたが高価な商品、例えば車やマンション、保険商品などを購入する時、販売員から「私の経験から言うと、お客様にはこれがおすすめです」とただおすすめの商品を伝えられた場合と、「お客様の状況をお伺いすると、現在はこのような状況ですが、数年後にはこのような状況になっている可能性が高く、そういったケースですと、この商

品のこの部分がとても価値を発揮します。また、こういったケースに
なった場合は、このような対応が可能ですので、お客様にぴったりだ
と思います」と根拠をもとに商品をおすすめされるのとでは、どちら
が説得力があるかは明白である。

　ステークホルダーに説明する時に、なぜその結論になったかを根拠
をもとに説明できなくてはならない。なんとなく調査したらこうなり
ましたではなく、このような考えに基づいて、このような結論になり
ましたと伝えたほうが納得感が増す。

　また、その推論過程にズレがあれば、その時点で指摘してもらえる。
「実は今年度、組織の方針としてこのようなスローガンを掲げること
になっていて、それはちょっと合わないんだよね」という情報が得ら
れる可能性もある。その場合は、新しい情報を得られたことに感謝し
つつ、インサイト抽出をやり直せばよいのである。プロセスを隠蔽し
て直感で結論を出してしまった場合、どのような考えに基づいてその
結論に辿り着いたのか外部から確認することが不可能であり、上記の
ような指摘を得る機会は永遠に訪れないか、訪れたとしてもずっと後
のことになる。

　つまり、ストーリーに説得力を持たせると同時に、プロセスを検証
可能にすることで、手戻りを最小限にすることができる。機会を特定
してみたものの、間違いだったということは珍しくない。そういった
時にプロセスに従ってステークホルダーを巻き込みながら作業してい
れば、最初まで戻らずにすむのである。

チームとしての学びの質を高める

分析時にプロセスを重要視することの価値のひとつは、組織としての
学びの質にあると考えられる。

　プロセスは武器である。武器は使い込むことでより研ぎ澄まされて
いく。私はCIIDの教授陣と話をしている時に、デザインプロセスと
武術には共通点が多いのではないかと感じた。これは人によっては
サッカーやバスケットボール、あるいはチェスや将棋に近いと感じる
かもしれない。

多くのサッカーチームは試合に挑むにあたりチームとしての戦術を決め、各プレイヤーはこの戦術に基づいてプレイすることを期待される。戦術はチームによって異なるが、有名なものにポゼッションサッカーと呼ばれるものがある。これは試合時間中のボール支配率を高めれば、得点を奪われにくいという前提に基づいたもので、チーム全体で細かくパスを回すことによってボール支配率を高める。短いパスを繋げながら前線を相手ゴール前まで押し上げてシュートの機会を見いだそうとするものである。

　このように言葉にすれば理論としては理解できるが、簡単に実現できるものではない。試合中、ボールは常に動いているし、味方の位置も刻一刻と変化する。練習時とまったく同じシチュエーションは二度とやってこない。あろうことか、試合においては相手チームがフィールド上に11人も存在し、それぞれが自由に動き、我々からボールを奪おうとしてくるのである。

　これに対応するには、学び続けるしかない。チームメイトと対話し、各プレーヤーによる内省を積み重ね、このようなケースではこう、あのようなケースではこう動くのが良いと学び続けるのである。この際に必要なのは、基本となる戦術である。小さくパスを回すポゼッションサッカーでいこう、というベース（あるいは制約）があるからこそ、その上で各人がどのように動けば目的をより良い形で達成できるかを議論し、学び続けることが可能になる。

　3.1節で挙げたダブルループ学習のように、あらかじめ共有された戦術の中での最適化と同様に、戦術自体の改善が必要な場合もあるだろう。しかし、もしも基本的な戦術が与えられておらず、「相手のゴールにボールを入れたらよい」という点だけが合意された状態で試合に挑み、試合後に振り返りをしようとしたらどうだろうか。基本となる方針がないために、短いパスが適切だったのか、長いパスが適切だったのか、意見を出し合うことはできたとしても合意に達するまでに多くの時間が必要になる。また何らかの合意に達した結果、このようなケースではこうしようというガイドラインのようなものがチーム内で構築されていくわけであるが、このガイドラインをゼロから構築する

のは大変な作業である。

　ここで紹介するプロセスとは、先人たちが試行錯誤を重ねた末に辿り着いた知恵を集結したものである。すべてのプロジェクトに対して最適とはいえないかもしれないが、多くのプロジェクトにおいて高いパフォーマンスを発揮できると考えられているものだ。デザインリサーチ初学者の方はまず、本書で紹介する手順の通りにプロセスを進めていただくのがよいのではないかと思われる。

　最後にもうひとつ、プロセスに基づいてプロジェクトを進めることの利点に、プロジェクトの状態や進捗について共通認識を作ることができる点がある。今、プロジェクトがどのような状態なのか、スケジュールに対して順調に進んでいるのか、あるいは遅れているのか、遅れているとしたら何が課題なのかを、チームメンバーあるいは状況によってはステークホルダーと容易に共有することができる。これは言い換えれば、問題があれば適切なタイミングで軌道修正可能であるともいえる。

　スペースの都合などがあって難しい場合も多いが、私はプロジェクトに取り組む際に専用のプロジェクトルームを用意することを推奨している。完全な部屋を用意することが難しければスチレンボードなどを活用して壁を作るのでもよいだろう。プロジェクトに関連する資料をそこに集めることによって、ひと目見ればプロジェクトの状況を把握できるようにするのである。

　リモート主体のプロジェクトなどで物理的な壁を用意することが難しい場合は、オンラインホワイトボードなどでもよい。一箇所にすべての情報を集め、一覧性を確保することが重要である。

3.6.2　ダウンロード

ダウンロードとは、調査フェーズで集めた情報をチーム内で共有することである。チームとして一緒にプロジェクトに取り組み、同じインタビューに参加し、同じものを観察したとしても、そこで見たものや

感じたものや得られたインスピレーションはチームメンバーによって大きく異なることがある。

インタビューのセッションひとつとっても、例えば実際にインタビュアーとしてインタビュー協力者と対話をしていた者と、その横で写真撮影やメモを取っていた者とでは、同じ空間にいたにもかかわらず違う気づきを得る場合がある。例えば、インタビュアーはインタビューに集中するために、自分自身の発言を客観視できなかったり、インタビュー協力者の発言に対する解釈を十分に行う余裕がなかったりする。一方で、記録係となった者は、その様子をある程度客観的に眺めることができ、些細な違和感に気が付くこともあるかもしれない。

観察においても同様である。店舗にて接客の様子を観察したとする。同じ時間、同じ場所にいて、一緒に接客の様子を見ていたとしても、興味の対象やバックグラウンドが異なればそこから得られる知見は異なることが多い。例えば弊社では以前、国際的に展開するファッションブランドに関するリサーチプロジェクトにおいて、海外から来た担当者と共に店舗での調査を実施することがあった。担当者は私と一緒に来店する顧客の買い物の様子を観察していたはずであるが、普段海外で生活している方が見た日本の接客シーンと、普段日本で生活している私が見た日本の接客シーンでは、感じられるものが大きく異なった。これは少々極端な例かもしれないが、例えばエンジニアと営業、あるいはカスタマーサポート担当者が同じものを見た時の感じ方には、異なるものがあるはずである。このような差が気づきとなり、イノベーションのためのヒントになることは珍しくない。

同じ時間、同じ場所で同じインタビューセッションや観察セッションに参加していても、得られるものに差異が生まれる。この差異を認識するのもダウンロードの目的のひとつである。

また、規模の大きなプロジェクトでは、複数のグループに分かれて調査に取り組むケースもあるだろう。チームメンバー全員がすべてのセッションに参加していたとは限らない。それぞれの担当者が見たもの聞いたものをチームで共有する必要がある。

ダウンロードの手順

ダウンロードの手順について説明する。これまでに実施したインタビューや観察の内容について、それぞれの担当者がリサーチの内容を振り返りながら概要を説明していく。

　ここでは、前節で説明したプロフィールシートや観察シートが役に立つであろう。インタビューでどのような会話がなされたかまで一言一句共有していたのでは、とてもではないが時間がいくらあって足りない。プロフィールシートとしてまとめた情報について、チームの皆に説明するのである。

　例えば、ビールに関するリサーチだと次のような内容だろうか。

「この方は山梨県出身で高校時代までは山梨で過ごし、その後上京。東京で商社に就職して現在15年目だそうです。自宅は八王子にあり、会社までは電車で通勤しているとのこと。8年ほど前に結婚して現在は子どもが2人います。趣味はゴルフですが、もっぱら仕事の接待として参加することが多く、仕事と趣味の境が曖昧な状態になっていて、もう少し家族サービスに時間を割きたいと思っているそうです。

飲み会は好きで、仕事関連の飲み会も、自宅でビールを飲むこともあるそうです。ビールの銘柄にそこまで大きなこだわりがあるわけではなく、自宅で晩酌をする時は、発泡酒や第三のビールでも満足していたそうです。

インタビューの中で興味深かったのは、最近、友人たちとオンライン飲み会を開催するようになったらしいんですね。オンライン飲み会ではカメラをオンにするため、お互いが何を飲んでいるか、何を食べているがわかるじゃないですか。見栄を張りたいわけじゃない、とは言っていましたが、そのような場で第三のビールを飲むのはちょっと恥ずかしい気がしていて、オンライン飲み会のときは

ちょっといいビールを用意するようにしているんだそうです。自分
　　一人や家族と飲むときは銘柄にそこまでこだわりがないのに、他人
　　の目線があると銘柄を気にするのが興味深いなと思いました。」

　このように、インタビュー対象者の出身や職業、ライフスタイルなど
のバックグラウンドと、インタビューの中で得られた興味深いエピ
ソードを紹介していく。
　何度も繰り返しになってしまうが、デザインリサーチプロジェクト
においては、情報を目に見える形にすることを心がけよう。この場合
であればまずプロフィールシートだが、同じ内容を人に説明するので
あってもシート1枚があるのとないのでは、理解のしやすさが段違い
なのである。
　それぞれのインタビューの中で得られた情報を共有している時は、
随時質問を挟んでもよい。話を聞いていて興味深いと感じた点につい
ては担当者相手にどんどん掘り下げていこう。そうすることで、新し
い発見があるかもしれない。
「商社で働いているっていうけど、どういう仕事をしているの？」「商
社は激務なイメージがあるけど、自宅でビールを飲む余裕があるって
ことは、比較的早い時間に退社しているってこと？」「晩酌は1人で？
奥さんと一緒にするの？」など、おそらくいくら時間があっても足ら
ないだろうが、このような対話を通して、そのインタビュー対象者に
関するイメージが参加者の頭の中に構築されるのである。
　一通り議論が落ち着いたら、そのセッションの中で印象深いと感じ
たトピックについてポストイットに書き込んで壁に貼っていこう。こ
こでポストイットに書き留める情報＝ダウンロードした情報を、本書
ではファインディングスと呼ぶ。ファインディングスとしては、下記
のようなものが挙げられる。

　　－ 人々が語ったストーリー
　　－ 人々のニーズ
　　－ 人々の行動

- 観察結果
- インタビューの中で得られた興味深い発言
- インタビューの中で得られた発言や、観察で得られた人々の行動が示唆するもの
  など

ポストイットに記載する際には、「ビールの銘柄」や「iPhoneのバッテリー」のような単語ではなく「誰かに見られているときはビールの銘柄を気にする」「iPhoneのバッテリーが減ってくると不安になる」といった文章で記載することを心がける。

　一般的に、デザインリサーチプロジェクトは数週間以上の期間に及ぶことがほとんどであるため、リサーチプロジェクトの中で見たもの、聞いたものをすべて覚えておくのは不可能だ。プロジェクト中、あるいはプロジェクト後にダウンロードした情報を見返した時に、それがどのような内容であったかを思い出せないのでは意味がない。ポストイットをあとで眺めた時に、どのような内容であったかを容易に思い出せるように書き留める必要がある。

　なお、ダウンロードには十分に時間を確保した上で挑んでほしい。1時間のインタビューを要約して説明するとして5分、そこに質疑応答が5分、情報の書き出しに10分と考えるとインタビュー対象者1人あたり少なく見積もっても20分程度は必要になる。もし仮に10人にインタビューしたら単純に足して200分。休憩時間を考えると4時間程度は必要であるが、これはあくまでも少なく見積もった場合の時間であり、ディスカッションが盛り上がってしまった場合はこれ以上の時間がかかることは述べるまでもないだろう。

3.6.3　テーマ作成 (分類)

ダウンロードの次はテーマ作成である。テーマとは、ファインディングス (ポストイットに書き出した情報) の分類をして、その各要素に含ま

れる共通のテーマを導き出すことである。

　英語ではThemeと呼ぶことが一般的であるため本書でもテーマと称するが、日本語話者には馴染みがないかもしれない。英単語のThemeからイメージするのは「今日の会議のテーマは我社が取り組むべき新しいプロダクトについてです」といった利用法だろう。いくつかの英和辞書を調べたところ名詞としての意味しか記述がないものもあった。しかしThemeには動詞としての用法もあり、特定の情報からテーマを見いだす、あるいは設定するといった意味で使われる。分類あるいはカテゴライズとして説明したほうが理解が容易であろうから補足しておく。

　さて、ダウンロードのステップを経て書き出した情報を眺めてみると、様々な粒度で様々な情報が場にあることと思われる。このままでは分析が大変なので情報を整理していくつかのカテゴリーに分類していく。

分類の手順は、例えば下記のような方法である。

- 　一番興味深いポストイットを手に取る
- 　空いているスペースに移動させる
- 　移動させたポストイットに近い内容のポストイットを探す
- 　内容が近いと思われるポストイット同士を近くに配置する
- 　上記を繰り返し、ある程度分類が見えてきたらそれぞれのグループごとに名前を付ける

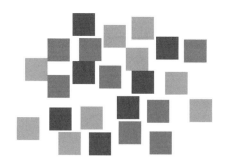

図3-28

ダウンロードを終えた状態はおそらく図3-28のようになっていると
思われる。この時点ではまだグルーピングされておらず、ランダムに
近い状態で付箋が貼られている。

図3-29

これらの中から、一番興味深いポストイットを探し、図3-29のよう
に空いているスペースに移動させる。ただし、どのポストイットが一
番興味深いかについて、厳密に議論する必要はない。それが実際には
2番目に興味深いポストイットであっても、あるいは5番目に興味深
いポストイットであっても、大きな違いはないからだ。興味深い、つ
まりチームとしてこれは面白いと感じられる情報であることが重要で
ある。ここでいう「面白い」とは、リサーチに取り組むまで知らなかっ
たことや、知ってはいたがそこまで注目していなかったこと、普通と
はちょっと違うような生活スタイルや行動、あるいはハッとさせられ

るような発言を指すことが多い。

　実際には「これ面白いよね」「そうだね」ぐらいの流れでポストイットを選ぶことになるはずだ。あくまでも多くのポストイットの中から、ポストイットをひとつ選ぶ際の基準として、ランダムにどれでもというわけではなく、チームとしてそこに意味を見いだせることが重要である。

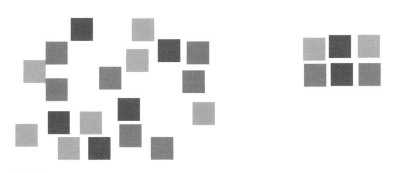

図3-30

次に、選んだポストイットと似ているポストイットを選び、図3-30のように近くに移動させよう。これを繰り返すことによって、図3-31のように内容が似ているもの同士がグループとして可視化される。

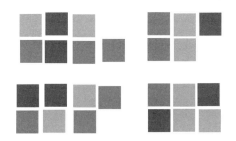

図3-31

最後に、この状態で見いだされた各グループに対して図3-32のように名前を付けていく。重要なのは、先にカテゴリを決めてから分類するのではなく、先にグループを作って、その後で名前を付けていくこ

とである。

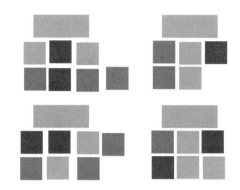

図3-32

ここでの名前の付け方に関して何らかの制約があるわけではないが、「お金に対する価値観」「家族との関係」「新しい承認欲求」「デジタル機器との接し方」などがテーマの候補になるかもしれない。

3.6.4　インサイト抽出

次に、グルーピングされたポストイット（ファインディングス）からインサイトを抽出する。インサイトとは、インタビューや観察などの調査から得られたファインディングスをもとに作成する簡潔な文章で、新しい発想のヒントとなるものである。
　例えば、インタビューを通して異なる2人から次のような発言が得られたとしよう。

　　Aさん「友達とテニスをする時、僕は自転車で日比谷公園まで行くんだけど、これは僕にとってちょうどよいウォーミングアップになっているんだよ」

　　Bさん「この前ママ友たちと日比谷公園でピクニックをしたんだ

けど、家の近所で待ち合わせてからバスで向かったのよ」

これら2つの情報からどのようなインサイトが抽出できるだろうか。この正解はひとつではなく、いくつものパターンが想定される。例えば、次のようなものが考えられるだろう。

　「公園の利用者は公園に向かう単調な道のりを前向きで楽しいものとして捉える方法を探している。」

なぜこのようなインサイトが抽出されたのだろうか。公園を利用する時は公園まで行く必要がある。これは当たり前のことである。Aさんは、公園へ向かうために自転車に乗ることをウォーミングアップと表現している。これは行間を読むと、Aさんにとってただ自転車で公園まで移動することは気が乗らないことであり、楽しくない時間なのかもしれない。そのため、ウォーミングアップであると考えることによって、自転車に乗るモチベーションにしているのではないかと考えたのだ。

　一方で、Bさんの場合はどうだろうか。公園で皆とピクニックをするのが目的であるなら、現地集合にすることもできたはずであるが、家の近所で待ち合わせしてから一緒にバスで向かったのはなぜだろうか。本人に確認できない以上は推測するより他にないが、バスの中で気の合うママ友と一緒に過ごすほうが道のりも楽しい、と考えたのかもしれない。

　ここでAさんとBさんの共通点として「公園へ行く道中の時間を有効に使っている」あるいは「公園へ行く道中の時間を有効に使う方法を探している」ことを見いだすことができる。おそらくこれは2人だけでなく、公園利用者の多くに共通して見られるニーズであろう。これはあくまでも一例であるが、このように調査で得られた情報に対して推論を重ね、抽象化し、インサイトを作成していくのである。

　良いインサイトとは何かを一言で言い表すのは難しいが、ひとつの基準として次のようなものが挙げられるだろう。

- 文章を読んで状況を理解できること
- イノベーションのヒントとなっていること
- 新規性があり、容易に予測できないこと

これらについて順番に説明する。まず、インサイトは、その文章だけで読み手に状況を適切に伝えられなければならない。ここで述べる読み手とは、これまでリサーチに関わってこなかったステークホルダーなども含まれる。つまり会社のトップがいきなり部屋に入ってきて、壁に貼ってあるインサイトを読むだけで「なるほど、そうだったのか！」と納得するような文章であることが理想である。

　次に、インサイトはイノベーションのヒントとなることが求められる。いくら興味深いインサイトであったとしても、それをもとに何も行動を起こせないのであれば意味がない。例えば「このプロダクトのユーザーの大多数は幼少の頃から国民的アイドルグループの熱心なファンである」という情報が調査結果から導き出せたとしても、この情報をどう活用してよいかわからないのであれば、次の行動に移すことができない。プロダクトのプロモーションのために該当するアイドルグループを起用すれば効果が期待できるかもしれないが、国民的アイドルグループによるプロモーションに効果が期待できるのはある意味で当然であり、これをイノベーションのヒントと捉えるのは少々無理があるだろう。

　これが「人々は新しい服を購入する時、店頭で買い物するあいだ店員に話しかけられずにじっくり商品を見たいと感じている一方で、ECサイトで商品を見ている時には店頭での店員のように積極的に背中を押してくれる人がいないせいで、イマイチ自信を持って購入できずにいる」のようなインサイトであれば、ECサイトに購入を後押ししてくれるような何らかの機能を付け加えれば、ユーザーの満足度や売上の向上に結び付けることができそうな気がしてこないだろうか。

　また、インサイトはこれまで知られていなかったこと、簡単には予測できなかったことが望ましい。プロジェクトの種類によっては、大

きなイノベーションというより小さな改善を積み重ねるべき種類のものもあるだろう。しかしデザインリサーチにおいては、調査にそれなりのコスト（時間や費用）をかけている以上、既存の調査手法でも得られる情報、あるいは既知の情報をインサイトと提示してもあまり意味がない。手元にある情報をもとに推論を重ねて導出できる解ももちろん重要であるが、そのような解はそれに適した方法で得るべきであって、デザインリサーチのような手順を踏む必要はないはずである。

3.6.5　機会発見（How Might We 作成）

インサイトを抽出したあとは、いよいよ機会発見のフェーズである。前述した通り、機会とは、新しい事業や、プロダクトの可能性がある領域、新しい機能の可能性や、改善すべきポイントなどである。

　例えば「子どもが扱いやすいデジタルカメラ」「がんの治療薬」などはひとつの機会であろう。「簡単に商品を買うことができるようにする」なども機会といってよい。

　ただし、機会であればどのようなものであってもよいというわけではなく、その機会に対して新しい意味のあるソリューションを生み出せるような類いのものでなければならない。

　この機会を定義する方法として、本書では How Might We を使用する。How Might We とはアイデアを出すための発射台と考えてもよいが、「どうすれば我々は○○できるだろうか？」のような質問形式で表現される文章のことである。2000年代にデザインファームの IDEO が使い始めたといわれているが、現在では世界中のデザインファームで使用されているテクニックのひとつであり、ここで作成した文章（英語では How Might We Question と呼ばれることもある）を使用してアイディエーションに取り組む。なお、本書ではスタンフォード大学が公開している How Might We を例に解説する。

　私たちがアイデアを出す時に重要なのは、いかに良い問いを設定をするかであるが、例えば、次のような課題だと問いがざっくりしすぎ

ていて、どのようなアイデアを出せばよいのかわからない。おそらく、何らかのニーズに基づいて、この問いが設定されたのだと推測されるが、そもそも何らかの課題があってこのような問いが与えられたのか、あるいは特に現状不満があるわけではないがもっと良くしたいという思いから相談されるに至ったのか、あるいは現状の課題探しからしてほしいということなのか、そもそもどのような状態であればユーザーにとって有益なのかすら不明である。

「地元の国際空港の地上での体験をデザインする。」

この文章を見た時、おそらくアイディエーションに参加する人それぞれが異なるイメージを持つであろう。人によってはチェックインカウンターでの体験をイメージするだろうし、免税店での買い物について思い浮かべる人もいるだろう。会員制ラウンジでコーヒーを飲みながら搭乗を待つシーンをイメージする人もいるかもしれない。搭乗ゲートで搭乗を今か今かと待っているシーンを思い浮かべる人もいれば、そもそも搭乗前ではなく、着陸後の体験を思い浮かべる人もいるかもしれない。

　そこで、もう少し問いを明確にする必要があるが、これでもやはり様々な解決の方向性がある。

「子どもを連れた母親は空港のゲートで待っているあいだ、子どもたちを退屈させないように楽しませる必要がある。なぜなら子どもたちが騒いで他の乗客をイライラさせることがあるためだ。」

このような課題を解決するためにアイディエーションに取り組むと、おそらく様々なアイデアを得ることができるだろう。しかし解決しようとするアプローチは多岐にわたることが予想される。あるアイデアは子どもたちのエネルギーを他の乗客を楽しませるために使うことを提案するかもしれないし、他のアイデアでは子どもたちをゲートから遠ざける方法を提案するかもしれない。また他のアイデアでは、そも

そも子どもたちにとって待ち時間を楽しいものにする方法を提案するかもしれない。

　様々なアプローチが提案されることは決して悪いことではない。しかし、幅広いアプローチからのアイデアは、多くの場合、浅い、抽象的なアイデアとなってしまうことが多い。「子どもたちのエネルギーを他の乗客を楽しませるために使う」という提案があったとして、これは課題に対するアプローチとしてはよいかもしれないが、抽象的なアイデアであり、実際にどのような施策に落とし込めばよいのかさらなる検討が必要となってしまう。そのため、課題に対するアプローチ、つまり解決の方向性を制限し、その分野に集中して様々なアイデアを出していくわけだが、この解決したい課題と、アプローチをひとつの文章にしたものがHow Might Weである。

How Might Weの例

下記にいくつかHow Might Weの例を示す。

　空港に関するデザインプロジェクトを例に、どのようなHow Might Weがあり得るのか考えてみよう。

　このような依頼を受けるとデザイナーたちは空港に出かけて利用者の様子を観察したり、利用者にインタビューを行うなどして、空港が持つ課題を洗い出していくはずだ。その結果、下記のような課題を見つけ、これに対して解決を試みることとなるだろう。ちなみに、下記のような問題定義をPoint of View（着眼点）と言ったりもする。

> 「子どもを連れた母親は空港のゲートで待っているあいだ、子どもたちを退屈させないように楽しませる必要がある。なぜなら子どもたちは大声を出したり、走り回ったりして、他の乗客をイライラさせることがあるためだ。」

そして、この問題定義から、どのようなHow Might Weを作成できるかを考えてみる。実に多くのパターンが考えられる。

１．良い面を伸ばす

「我々はどうすれば、子どもたちのエネルギーを他の乗客を楽しませることに使えるだろうか。」

子どもたちは大声を出したり走り回ったりして他の乗客からみると迷惑な存在ではあるものの、異なる捉え方をすれば、子どもたちは大きなエネルギーを持っており、それを持て余しているということでもある。このことをポジティブに捉え活用することはできないだろうか？他の乗客をイライラさせているのが問題であるならむしろ、子どもたちのエネルギーを他の乗客を楽しませることに向けられたらよいだろうという観点である。

２．悪い面を除去する

「我々はどうすれば、子どもたちを他の乗客から分離できるだろうか。」

良い面を伸ばすことができるなら、逆に悪い面を除去することもできるはずだ。他の乗客をイライラさせてしまう原因は子どもたちであるが、その子どもたちと他の乗客との接点を減らすことができないだろうか？という観点からの課題設定である。あるいは子どもたちのエネルギーを何らかの方法で無効化できないだろうか？や、子どもたちのエネルギーを他の乗客の迷惑にならない形で消費させることはできないだろうか？などでもよいだろう。

３．反対を探す

「我々はどうすれば、待ち時間を旅の楽しみに変えることができるだろうか。」

そもそも待ち時間というものが旅の中で面白くない部分のひとつであり、この課題の大きな原因になっている。一般的には大人であっても時間を持て余して面白くないために、子どもが走り回ったり、大声で

はしゃいだりすることにイライラしてしまうのである。では、そもそも待ち時間が楽しい時間だったらどうだろうか。きっと周りの子どもたちにそこまでイライラしないのではないだろうか。そのためにはどうすればよいだろうか？という課題設定である。

４．そもそもの質問
「我々はどうすれば、空港での待ち時間をなくすことができるだろうか。」

3のパターンでは待ち時間を楽しくするにはどうすればよいだろうか？という観点からの課題設定を試みたが、そもそも待ち時間は必ず発生してしまうのだろうか。この待ち時間をなくすことはできないのだろうか。完全にゼロにすることは難しいかもしれないが、限りなく短くすることができれば他の子どもにイライラさせられるという問題は限りなく些細な問題になるはずである。

５．形容詞で考える
「我々はどうすれば待ち時間を苦しい時間から心地よい時間に変えることができるだろうか。」

形容詞とは、ものごとの大小・長短・高低・新旧・好悪・善悪・色などを表現する単語である。状況を理解し文章などの形で説明を試みると「かわいい」「長い」「楽しい」など、そこには数多くの形容詞が含まれるはずである。これら形容詞に注目し、その形容詞を変化させることを検討する方法である。

６．他のリソースを活用する
「我々はどうすれば他の乗客の自由時間を活用することができるだろうか。」

注目している環境に、使用可能なリソースがないかを検討するのであ

る。リソースには様々なものがあるが、わかりやすいものだと人材、時間、お金、場所、物、情報（知識・経験）、知的財産などが挙げられる。もし余剰リソースが存在するのであれば、あるいは余剰リソースを作ることができるのであれば、そのリソースを活用して問題解決を試みる。

7. ニーズやコンテクストから連想する
「我々はどうすれば空港を遊び場のようにできるだろうか。」

デザインの対象となる現場におけるコンテクストから連想して、課題を設定することもある。例えば、前述した子どもが走り回り、大声を出したりする場は、まるで空港の待合室が遊び場であるかのような印象を受ける。ではいっそのこと、空港を遊び場のようにしてしまうことはできないだろうか？　遊び場で子どもたちが走り回って大声を出していても多くの大人たちは気にも留めないであろう。

8. 原因の立場になって考える
「我々はどうすれば空港を子どもたちが楽しめる場所に変えることができるだろうか。」

ここまで私たちは大人の立場で、いかに子どもたちを抑え込むか、子どもたちの行為を迷惑に感じずに済むかという観点で問題を捉えてきたが、この課題の原因である子どもたちの目線で物事を捉えると社会はどのように見えるだろうか。よくわからず空港まで親に連れて来られたけれど、ここでおとなしくしてなさいと指示されている。とはいえ、いつまでおとなしくしていればよいかわからなくて不安になるし、そもそも周りには普段見ないような光景が広がっている。とりあえず走り回って探検してみよう！　すごいものを見つけたからお父さん、お母さんに教えてあげなくちゃ！　などと思っているかもしれない。では、子どもたちの目線で子どもたち自身が楽しめる場所に空港を変化させることは可能だろうか。

9. 現状を変更する

「我々はどうすれば子どもたちをおとなしくさせることができるだろうか。」

今、私たちの目の前にある状況について考えてみると、子どもたちが騒がしいことが問題である。もちろん子どもたちが騒がしいのはなぜか？と質問を繰り返していくことで本質的な原因に辿り着くかもしれないが、まずは現状にフォーカスして課題を設定することもひとつのアプローチだ。そのように考えてみると、目の前にある課題「子どもたちが騒がしい」を解決する方法として「子どもたちをおとなしくさせる」が考えられるだろう。

10. 問題を分割する

「我々はどうすれば子どもたちを楽しませることができるか。」
「我々はどうすれば母親を焦らさずに済むか。」
「我々はどうすれば他の乗客を安心させることができるか。」

現状を変更するとは逆の考え方で、問題を分割してみる方法もある。「子どもたちが騒がしい」が目の前にある問題だったとして、そこに関連する様々な課題が存在する。例えば子どもたちが退屈している。母親は子どもたちを落ち着かせよう、周りに迷惑をかけてはいけないと焦っている。他の乗客はイライラしている。様々な解決すべき課題が現場に共存していることがわかる。これらの課題を一度に解決できるようなソリューションがあればよいが、そのような銀の弾が存在しないこともある。そのようなケースにおいては、分割統治法のように問題をいくつかに分割して、様々な角度から How Might We を作成することもできる。

How Might We の作り方

では、どのようにして How Might We を作ればよいのだろうか。まず、

How Might We の基本的な構成について説明する。

　How Might We は、対象となるユーザー、ゴール、制約から構成され、「どのようにすれば私たちは【対象となるユーザー】のために【制約】を考慮しながら【ゴール】を提供できるだろうか」のような文章になる。なお、【】の中に入る文章に応じて【】の前後は多少変わっても問題ない。

　そしてここでのゴールは、前節で作成したインサイトから提供されるため多少の主観が入っても構わない。一方で、対象となるユーザーや、制約についてはリサーチで得られた、ある程度客観的な情報から作成する。

　対象となるユーザーについては説明不要であろう。「アマチュアカメラマン」や、「都心で働く20代の女性」、「猫を飼っている共働き夫婦」などが当てはまる。制約に当てはまるのは目的を達成するためのアプローチであり、「位置情報を活用したスマートフォンアプリを活用して」や「通勤時間を活用して」「入社時の研修カリキュラムの中で」などが入るだろう。そしてゴールとしては「お互いのスケジュールを共有する」「得意先顧客との接点を強化する」「健康的な食生活を実現する」などが含まれるだろう。なお、ゴールを定義するときに注意すべきは、前向きで建設的な文章となるように心がけることだ。IDEO創業者らの著書『クリエイティブ・マインドセット　想像力・好奇心・勇気が目覚める驚異の思考法』(トム・ケリー、デイヴィッド・ケリー著、日経BP)でも説明されているように、ネガティブな言葉遣いは、新しいアイデアの創出を阻害する。

　なお、これらは数多くの下書きを経て、文章をブラッシュアップしていくべきであり、ほとんど同じ内容の How Might We であっても、いくつかのパターンを作ってみてほしい。ほんの少しの言い回しの違いでアイデアの出しやすさが大きく変わることもあるからだ。良い How Might We とは、たくさんのアイデアを呼び起こすようなものである。

なぜHow Might Weなのか

How Might Weの基本的な考え方はわかったけれども、これってなんだか遠回りなんじゃないだろうか。具体的なアイデアを考える前に、解決の方向性について考えるのはなぜなのか。もっと直線的に、リサーチ結果をもとに解決方法を考えればいいんじゃないか。そんな声があることも承知している。

確かにHow Might Weのように、わざわざリサーチ結果から問いを立ててアイデア出しをするというのは一見遠回りのようにも見える。しかしながら解決の方向性についてチームで意思統一をしておくことで、より密度の濃いアイデア出しが可能になるのだ。密度が濃いということは、「そういうのがあるならこういうのもありだよね」などとチームメンバーのアイデアをブラッシュアップする機会も増えるということであり、別々に凄いアイデアを探るより、最終的により良いアイデアが出揃うのである。

問いの定義でソリューションの幅が変わる

Fjordのマネージングディレクターである Shelley Evensonの言葉に次のようなものがある。

"Suppose I asked you to design a vase. You would sketch or model any number of forms, most of them probably looking like a cousin of a regular vase. But suppose I asked you to design a way for people to incorporate plants into their life, or a way for people to enjoy flowers."

これは日本語にすると次のような内容になる。
「私があなたに花瓶を作るように依頼するとしましょう。あなたは何枚かの形状の花瓶をスケッチしたり、あるいはモデリングしたりするでしょうが、それらのほとんどはおそらく通常の花瓶のいとこのように、つまり似たようなものになってしまうでしょう。しかし、もし私

があなたに、人々の生活の中に植物を取り入れる方法を、あるいは人々が花を楽しむ方法をデザインするように依頼したとしたらどうでしょうか。」

この話のポイントは2点ある。

　1点目は前述した内容と重複するが、これは従来のデザインと、現代のデザインの差でもある。従来のデザインにおけるプロダクトは、外から見た形状や素材、色、大きさ、コストなどによって評価されてきたが、現代のプロダクトの評価軸はそれだけではない。そのプロダクトが人々や社会に対してどのような価値を提供するかが重要となってきているのである。

　そして、2点目がさらに重要なことである。それは、問いをいかに定義するかによって、ソリューションの幅をコントロールすることができるということである。花瓶は確かに、花を我々の生活に取り入れ、花を楽しむための良い方法である。そのため新しい花瓶をデザインするというのは間違いなく重要な仕事であろう。一方で、目的にフォーカスするのでれば、ソリューションが必ずしも花瓶である必要はないことは明確であるし、人々が花を楽しむ方法については、おそらく様々なアイデアが生まれてくるはずである。

　改めて述べるまでもないが、問いは広ければ良いというものでもない。例えば「花」という制約を取っ払ってしまって「人々が生活を楽しむ方法をデザインしてください」というお題について考えてみよう。人々の生活を良くするという点については同じであるが、花を使わなくてもよいわけだから、さぞかし様々なアイデアが出てきそうなものである。しかしながら実際にはほとんど使えそうなアイデアが出てこないのが実情だ。問いは広すぎると、かえって逆効果なのである。そのため、広すぎず、狭すぎない、ちょうどよい問いを生み出す必要がある。

広すぎる   丁度よい   狭すぎる

図3-33

図3-33を踏まえて、他の例について考えてみよう。

　東京を訪れる外国人旅行者のためのサービスを作ることを考えた時に、ちょうどよいサイズの問いとはどのようなものだろうか。

広い問いの例

まずは広い問いである。

　「東京を訪れる外国人旅行者のために良い経験をデザインする。」

この問いの場合、誰に向けたプロダクトをデザインするかは明らかであるが、「良い経験」が非常に曖昧である。慣れない土地でスムーズに移動できることを良い経験と捉える人もいれば、飲食店で料理を楽しむことを良い経験と捉える人もいる。また慣れない土地で彷徨いながらやっとのことでホテルに辿り着き、大変だったけれども後から思い出すと、現地の様々な面が垣間見え、ちょっとした冒険気分を味わうことができて良い経験だったなぁということもある。またこれは海外の事例であるが、デンマークの観光庁Wonderful Copenhagenの調査によると、近年では現地の人とのコミュニケーションを楽しみたいと考える旅行者が増えていることに考慮して、「Localhood for every-one」をビジョンとして掲げている。良い経験の定義は地域やコミュニティ、あるいは旅行者によって様々であることがわかる。

　このように、良い経験をデザインするというお題でアイデアを出しても、人によって捉え方が異なると、幅広く散発的なアイデアが集ま

るだけになってしまう。もちろんソリューションの方向性、つまり可能性を探るために様々なアイデアが欲しいケースもありえるだろうし、それを否定するわけではない。しかしここまでの様々なリサーチを通して、私たちはユーザーの好みやニーズについて、大枠は理解できているはずであり、それに対してアイデアを出すような問いを設定するのが適切だ。

狭い問いの例

旅行者へのインタビューや観察を通してわかったことのひとつに、多くの旅行者は日本に着いた直後に利用できるSIMカードを持っておらず、空港内では無料で無線LANを利用することが可能だが、空港の外に出てしまうとインターネットに接続することができず紙の地図やあらかじめダウンロードしてあった情報に頼らざるを得ない、という状況があったとする。このような人々に対して、新しいソリューションを提供するとしたらどのようなものが考えられるであろうか。

　「東京を訪れる外国人旅行者のために、SIMカードを簡単に入手できる自動販売機を作るには、どうすればよいだろうか？」

この問いは明らかに狭い。何が狭いか。まず、SIMカードを入手できる自動販売機を作るにはどうすればよいだろうかという問いを見た時に、どの程度のアイデアが出てくるかを考えなければならない。この問いの場合、ソリューションとしては、SIMカードを購入するための自動販売機である。自動販売機のデザインは様々なものが考えられるであろう。四角かったり、あるいは若干丸みを帯びているかもしれないが、しかし、おそらくは金属の箱のような形状になるであろう。決済方法としては、現金、クレジットカード、電子マネーなどが考えられるかもしれないが、いずれにしても代金を入れて商品を選択すると、選択したSIMカードがポトリと出てくる機械であり、いくらアイデアを出しても似たようなものになってしまう可能性が高い。
　これは自動販売機と言ってしまった瞬間に、我々の頭の中に自動販

売機のイメージができてしまい、そこから脱却できないためである。

　では、どのようにすればよかったか。例えば「SIMカードを簡単に入手できる方法をデザインする」としてはどうだろうか。「自動販売機」の部分を「方法」に変えただけだが、こうすることで自動販売機以外にも様々なソリューションが出てくるかもしれない。例えば空港からバスに乗って都心に向かう人のために、バスの乗車券とSIMカードをセットにしたチケットを販売するのはどうだろうか？　あるいは、空港のバゲッジクレームの出口に「無料でお取りください」のような形でSIMカードを置いておくのはどうだろうか。または、日本を出国する人と日本に入国する人とをマッチングして、出国する人が使っていたSIMカードを、今から入国する人にプレゼントするような仕組みがあってもよいかもしれない。このように、言葉を少し変えるだけで、出てくるアイデアの幅というのは簡単に広がるのである。

　さらなる応用として、目的の部分に手を入れるとどうなるだろうか。「SIMカードを簡単に入手できる」の部分は、実は手段であって目的ではない。つまり、日本を訪れる外国人旅行者がSIMカードを手に入れたいと考えるのは、自分のスマートフォンでインターネットに接続したいのであり、SIMカードを手に入れること自体が目的ではないのである。そしてさらに、インターネットに接続したい理由について考えてみると、情報を検索したい、予約したホテルに辿り着きたい、誰かと連絡を取りたいなどの理由が考えられるであろう。

ちょうどよい問いの例

例えば問いを次のようにしてみてはどうだろうか。

> 「東京を訪れる外国人旅行者のために、インターネットがない環境で魅力的な場所を見つけてもらう方法をデザインする。」

この場合、紙のパンフレットを配布する方法や、専用の看板を用意する方法、あるいは空港で旅行者に専用端末をレンタルさせる方法や、専用のピンバッジを荷物に付けてもらい、現地の人はピンバッジを付

けた人に積極的に話しかけてもらうといったキャンペーンの実施も考えられるかもしれない。

　問いの形を少し変えるだけで、そこから生まれるアイデアの方向性や多様性は大きく変化するのである。

制約をつけることでより面白いアイデアが出てくる

制約がある場合と制約がない場合では、制約があったほうが面白いアイデアが出る可能性が高い。こう聞くと「そんなばかな」と感じる人もいるかもしれない。制約がない状況であれば私たちは自由に発想することができ、結果として素晴らしいアイデアに辿り着けるはずではないか。しかし、実際にはこのイメージは誤りである。私たちは制約がないと、どんなアイデアを出したらよいかわからなくなってしまうのである。

　スーパーを改善する方法を考える。コーヒーを楽しむ方法を考える。運動をより楽しむ方法を考える。これらの問いは、非常に広い問いである。スーパーを改善する方法は、おそらく多々あるだろうが、逆に多すぎて何を出せばよいのかわからない。

　一方で、40代男性がスーパーに買い物に行きたくなる施策を考える。あるいは、オフィスで仕事中にコーヒーを楽しむ方法を考える。このように制約をつけることで、私たちの想像力はより刺激され、よりクリエイティブになることができる。

　制約とクリエイティビティの関係についてはいくつかの研究がなされている。例えば、英国キャスビジネススクールでクリエイティビティとイノベーションなどについて研究しているOguz A. Acar准教授らは、制約がクリエイティビティとイノベーションに及ぼす影響にフォーカスし、145件に及ぶ実証実験の結果を比較して、適度な制約が課されているプロジェクトのほうが、より好ましい結果が得られていることを明らかにした。

センスチェッキング

おそらくこのステップまでくると、少なくとも5、6個、場合によってはもっと多くのHow Might Weが出来上がっていることだろう。私はこの段階で一旦、ステークホルダーや顧客と認識の擦り合わせを行うことをおすすめしている。

　センスチェックとは、ステークホルダーの目線で、その課題がそのように解決されると嬉しいかどうか、あるいはそれぞれの問いが重要かそうでないか、を確認することである。つまり、それが本当に我々が解くべき課題なのかを確認するのである。場合によってはステークホルダーが考えている方向性と異なる場合もあるだろう。そういったケースでは、作成したHow Might Weを利用してこの先のステップ(つまりアイディエーション)に進んでも出てきたアイデアが無駄になってしまうことがある。

　センスチェッキングの方法は様々である。How Might Weを一つひとつ説明して、それぞれについてディスカッションすることもあるし、1つのHow Might Weを1枚の紙に印刷した紙の束を打ち合わせの場に持参し、重要 / 重要でない、理解できる / 理解できない、などの2軸でマッピングしてもらうこともある。

　これらの結果を元に、How Might Weを練り直したり、あるいはさらに詳細なリサーチに取り組むこともある。デザインプロセスというのは、決して一本道ではない。状況によっては手戻りも発生するし、ジグザグにプロジェクトが進んでいく場合も当然ある。柔軟にプロセスを組み替えながらゴールに向かう姿勢が重要だ。

インスピレーションを刺激する資料を用意する

ただ文章だけをHow Might Weとして用意するのもよいが、その背景を説明するためにリサーチで得られた写真などを添えるのもよい。言葉だけではイメージするものが人によって大きく異なる。「どうすれば我々は、仕事で使うための鞄を買う体験を改善することによって、

仕事へのモチベーションを高めることができるだろうか？」のような How Might We をもとに、アイディエーションをすることを考えた時、「鞄を買う」に対するイメージは人によって大きく違うだろう。

　スーパーやショッピングモールで普段使いするための鞄を購入することをイメージする人もいれば、銀座のような高級ブランド街でブランドバッグを選ぶさまをイメージする人も、あるいは通販サイトで一通りの鞄を眺めて選ぶことをイメージする人もいる。高級ブランド街といっても、目抜き通りにある旗艦店と、百貨店に入った店舗では買い物体験は大きく異なるし、百貨店といっても、様々なブランドが密集してブランドとブランドの境目が曖昧なフロアもあれば、ブランドごとにしっかりとした内装が作られているようなフロアもある。こうした状況を言葉で誤解のないように伝えようとすると、説明的な文章となり、How Might We の内容を理解するのに時間を要してしまう。

　同時に、リサーチをした店舗の外観や中の様子などを写真として提示することで、聞き手は How Might We の意図するところを容易に理解することができるだけでなく、写真が制約としての役割も果たすのだ。

3.7 アイディエーション

前節で作成したHow Might Weを用いてアイディエーションを行う。リサーチャーが主に関わるのは機会発見フェーズであり、アイディエーション以降のプロセスについてデザインリサーチに含めるか否かについては議論の余地がある。しかし、リサーチで得られた内容や、立てた問いの妥当性を検証するための手段として以降も有用だと思われるため、本書では紹介したい。先に述べた通りプロダクトデザインプロセスにおいてデザインリサーチャーの役割はある程度のグラデーションを伴うものであり、全体像を把握しておくことも重要である。

アイディエーションとはアイデアを出すこと、あるいはアイデアを作ることである。アイデアを出す手法としてブレインストーミングがよく利用されるが、ブレインストーミングはアイディエーションのためのひとつの方法にすぎず、ブレインストーミング以外にも、Crazy 8、マインドマッピング、マンダラート、オズボーンのチェックリストなど様々なアイディエーション手法が存在する。

本書では、ブレインストーミングを前提にアイディエーションについて説明するが、本節で説明するようにアイディエーションフェーズの役割を達成できるのであれば、どのようなアイディエーション手法を使用しても問題はない。

3.7.1 デザインにおけるアイディエーションの役割

アイディエーションに取り組む前に、アイディエーションの役割について説明する。

デザインプロジェクト、あるいはデザイン思考といえばポストイット、というイメージを持つ人も多いと思う。そしてポストイットといえば、多くの人はアイデア出しをイメージするだろう。しかしながらこのアイデア出し、つまりブレインストーミング（ブレスト）は、大変残念なことにその目的や役割が正しく理解されていないと筆者は感じている。ブレストの役割や特性を正しく認識した上で実施しないと、せっかく時間をとってブレストをしたのにいまいちイケてるアイデアが出てこない……を繰り返すことになり、疲れだけが残ることもある。

デザイン思考はポストイットを使って遊んでいるだけである、あるいはデザイン思考はアイデアを出すための手段にすぎないといった批判的な意見を耳にすることもある。これらの批判がどのような意図に基づいて述べられているのか真意を確かめることは難しいが、これもアイディエーションの役割が正しく理解されていないためではないかと思われる。

アイディエーションはただアイデアを出すだけの行為ではなく、デザインプロセスにおける前後のステップと密接な関わりがある点について解説したい。

アイディエーションとは、解くべき問いを定義して、コンセプトを見いだすまでの一連の流れの中で、アイデアを発散させることを指す。これを図にすると、図3-34のようになる。

問い
解こうとする課題を
より適切に定義する

アイディエーション
課題解決の方向性と方法を
幅広い可能性から探索する

コンセプト
アイデアをより価値のある
コンセプトに昇華させる

図3-34

大きな流れとして、問いをスタート地点とし、アイディエーションでその可能性を広げ、コンセプトとして具体化するのである。そもそも多くの場合、課題に対するアプローチには様々なものが考えられるが、適切なアプローチを選択するためにはまず、どのようなアプローチが存在するかをリストアップして検討の俎上に載せる必要がある。

　これは非常に単純な話で、3個のアプローチの中から一番良いアプローチを選んだ場合と、100個のアプローチの中から一番良いアプローチを選んだ場合に、どちらが良いアプローチである可能性が高いか？と考えることもできる。

　100個もアプローチを考えても1個しか選ばないのであれば99個のアイデアは無駄になってしまう。これは非常にもったいないことかもしれないが、かといって適切なアプローチだけを最初から捻り出すというのはなかなか難しい。いきなり良さそうなアプローチに辿り着くかもしれないが、もっと良いアプローチがある可能性は常に否定できない。

　そこで、アプローチとして可能性があるものをできる限り多く出し、どのアプローチがより良いかを比較検討し、取捨選択したり、ブラッシュアップしたりしてコンセプトを作り上げていくのだ。

　この一連の流れの中において、アイディエーションの役割は大きく分けて3つある。

課題を解決する方向性と方法を探索する

アイディエーションの目的はなんだろうかと問われると「アイデアを出すこと」だと考える方が多いと思う。企業の中で、あるいはチームで働いていると、同僚などを巻き込んでアイデア出しをする機会というのは数多くある。テーマは様々だが「新しいキャンペーンの内容についてアイデア出しをしましょう」「顧客からの問い合わせへの平均応答時間を短くする方法について考えましょう」などのような流れでアイディエーションが行われる。

　このようなケースにおいてブレインストーミングなどのアイディ

エーション手法はとても強力なツールとなりえる。ブレインストーミングを行うことによって、出発点、つまり定義された問いに基づいた多くのアイデアを手に入れることができ、解決の方向性と方法が探索できるのだ。

　ここではできる限り広く、深い領域からアイデアを見つけられることが望ましい。なお、アイディエーションに限った話ではないが、チームメンバーの多様性が重要である。同じお題が与えられたとしても、知識や経験が異なれば異なる発想が出てくるであろう。また、自分には思いつかなかった発想を見聞きすることによって、さらなるアイデアに至ることも珍しくない。1人でアイデア出しをするよりも、複数人でアイディエーションに取り組むほうが効率が良い。1人で2時間頭を捻るよりも、4人で30分アイディエーションに取り組むほうが、出てくるアイデアの幅は広くなるはずだ。

解こうとする問いとコンテクストを適切に定義する

ブレインストーミングによって、様々なアイデアを出すだけではなく、問いの定義が適切であるか、あるいはそもそもの話になってしまうがチームの中で課題の理解に齟齬がないかなどについて把握することができる。

　例えば、高齢者向けの新しいプロダクトを考えるプロジェクトがあったとしよう。高齢者やその家族へのインタビュー、高齢者向け施設での観察などを経て、インサイトを抽出して、How Might Weを設定した。ところがここで作成したHow Might Weを使用してアイデアを出してみると、場に出てきたいくつかのアイデアについては、How Might Weで設定したお題への答えとしては相応しいものの、チームがプロダクトを提供したいと考えている実際のコンテクストを念頭に置くと、明らかに相応しくないものが含まれていた。

　あるいは、参加者間において、問題に対する認識のズレが明らかになることもある。我々が取るべきアプローチとはちょっと違うのではないか、思ったようなアイデアが出てこない、もっとこういう解決法

があるのではないか、あるいはもっと本質的に、そもそも我々が解決したい課題はこれではなく、違うところにあるのではないかなどと考え及ぶ。

　また、How Might Weを設定してみたものの、アイデアがそもそも出てこないという場合もある。問題が難しすぎるとか、制約が厳しすぎるといった理由があるかもしれない。

　思ったようにアイデアが出なかったケースに関しては、アイディエーションのために専門知識が必要で、集めたメンバーが適切でなかったという可能性もある。仮にHow Might Weとして「我々はどうすれば介護未経験の方にボディメカニクスの原理を伝え、習得させることができるだろうか？」を作成したとしよう。ボディメカニクスとは、介護従事者が介護を必要とする人々を抱えたり、持ち上げたり、支えたりする際に、自分自身への負担を軽減させ、腰痛や肩こりなどを予防するための基本的な技術である。しかし、介護に関する知見がない人がこのHow Might Weを提示されたとして、具体的なアイデアを出すことができるだろうか。この場合、検討すべきはHow Might Weそのものではなく、アイディエーションに誰が参加すべきか？である。

　アイディエーションのプロセスを通して自分たちの立てた問いが適切であるかどうか、適切でないとしたらどのようなズレがあるのかを認識し、必要に応じてズレを修正していこう。

アイデアをブラッシュアップしてコンセプトへの橋渡しをする

ブレインストーミングのルールに「他人のアイデアに便乗してOK」がある。この点が周知されている一方で、私が見聞きしている範囲ではアイデアのブラッシュアップが積極的に行われることは比較的少ない。参加者同士のアイデアは多少なりとも影響を受けているとしても、他人のアイデアに便乗しようと意識されていることは少ない。アイデアを出して、その中から一番それっぽいものを選ぶだけ。これは非常にもったいないことである。

　アイデアは質より量であるものの、独立したアイデアをとにかく出

すだけではなく、他人のアイデアに便乗したり、そこからインスピレーションを得ることにこそ価値があるケースが多い。また、ゼロから新しいアイデアを考えるよりも、他人のアイデアをちょっと良くするほうが実は簡単だったりする。

　他人のアイデアに便乗するにはいくつかのパターンが想定される。

- アイデアの一部を変化させる。
- アイデア同士を結合する。
- アイデアを具体化する。

アイデアの一部を変化させるとは、例えば「Suicaのような非接触カードで入退室できる無人コンビニ」というアイデアがあった場合に「Suica」の部分を「指紋」に変化させて「指紋で入退室できる無人コンビニ」を提案するのである。

　アイデア同士を結合するなら、「通販アプリ」と「無人コンビニ」というアイデアを組み合わせて「アプリで買い物できる無人コンビニ」を提案できるかもしれない。

　アイデアを具体化するなら、「アプリで買い物できる無人コンビニ」といったアイデアに対して「アプリから商品を購入したあとで指定したコンビニ店舗に向かうと、袋詰めされた状態で受け取れる無人コンビニ」のように具体化することができるかもしれない。これらはあくまでも一例であるが、このように、他人や自分が過去に出したアイデアに便乗することでアイデアを改善し、具体化し、コンセプトに近づけていくのである。

3.7.2　良いコンセプトに辿り着くには

アイディエーションの役割を、アイデアを作ること、問いの妥当性を検証すること、アイデアをブラッシュアップしてコンセプトへの橋渡しをすること、と捉えて、良いコンセプトを生み出すためのアイディ

エーションとはどのようなものかを考えてみる。良いコンセプトを作るという観点から逆向きに考えると次のようになる。

- より良いコンセプトを生み出すためには、適切な幅と深さのあるアイデア群から絞り込みを行うこと。
- 適切な幅と深さのあるアイデア群を作るためには、定義された問いの中で集中的にアイデアを出し、ブラッシュアップを行うこと。
- 適切なアイデアを出すためには、適切に問いを定義すること。

まず1つ目だが、アイデアはただ数があればよいというわけではない。大雑把なものや抽象的なもの、浅いアイデアばかりだったとすると、いくら数があったとしても、そこから良いコンセプトを見いだすことは難しい。

　2つ目として、その具体性のあるアイデア群を作るためにはどうすればよいかを考える必要がある。数が大事であることは間違いないが、ある程度の具体性も重要である。そのためにはアイデアに触発されたり、アイデアの具体抽象のあいだを行き来したり、アイデア同士を組み合わせたりし、ブラッシュアップすることによって抽象度を下げ、具体性を高める必要がある。

　そして3つ目だが、たとえ具体性のあるアイデアがそれなりの数集まったとしても、問いが適切に定義されていないとあまり意味がない。「我々はどうすれば社会を良くできるだろうか？」というお題でブレインストーミングをし、環境問題に関するアイデアや人権に関するアイデアが出たとして、どちらも「社会を良くする方法を考える」というお題には合致しているが、アイデアの密度が高くない。本当にそれが良いアイデアなのかどうかを判断することができないのは、問いが広すぎるためである。「我々はどうすれば地元を離れて上京した若者に対して、地元社会を良くするために貢献する新しい方法を提供できるだろうか」のような具体的なお題のほうが、アイデアの密度は高くなり、同じ個数のアイデアを生み出したとしても、より良いコンセプ

トに繋がる可能性が高くなる。

このようにアイディエーションをするにあたっては、アイディエーションの役割を踏まえた上で適切に取り組む必要がある。

3.7.3　アイディエーションセッションの設計

デザインプロジェクトにおいて How Might We を設定したあと考えなければならないのは、誰とどのようにアイディエーションを実施するかである。本書では、アイディエーションの方法としてブレインストーミングを実施することを前提に説明を進めているが、ブレインストーミングといっても、その参加者と進め方には状況に応じて様々なバリエーションがある。いくつかのパターンに分けて紹介しよう。

- 参加者
  - 自分たちで実施する場合
  - 同僚を巻き込む場合
  - ステークホルダーと一緒に取り組む場合
  - 想定ユーザーと一緒に取り組む場合

- プロセス
  - アイデアだけ出す場合
  - コンセプト作成までする場合

参加者の範囲

まずはアイディエーションセッションに誰に参加してもらうか、効果や現実性を踏まえて検討するべきであろう。

パターン1：自分たちで実施する
一番簡単に実施できるのがこのパターンであると思われる。自分たち

で作った問いに対して自分たちでアイデアを出す。参加者を集める必要がなく、すぐに実施できるところが一番のメリットであろう。一方で、"自分たち"はこれまでのリサーチを経て、アイデアに対するバイアスや、あり得そうなアイデアを無意識のうちに各々で検討していたり、心当たりをつけてしまっている場合があるため、アイディエーションを実施してもそこまで突飛なアイデアが出ない可能性がある。

　とはいえ、作成した問いを利用して、アイデアが実際にどの程度出てくるかの確認や、あるいはアイディエーションセッションのリハーサルとして、自分たちでアイディエーションを実施する価値は十二分にある。自分たちで作成したHow Might Weを利用してアイデアが出てくるか確認し、例えば問いが狭すぎてどうにもアイデアが出てこないとか、あるいは広すぎてアイデアが発散してしまうとか、そういった問いとしての質を確認することも重要である。また、アイディエーションセッションのファシリテーションを初めて行う場合は、ぜひチーム内で進行に関する練習を実施してもらいたい。

パターン２：同僚を巻き込む

チーム内でのアイデア出しより少し範囲を広げて、同僚にアイディエーションに参加してもらうというのは非常にあり得る選択肢だ。なお、本節では便宜上、同僚とステークホルダーを分けて捉えることとする。ここで述べる同僚とは、プロダクトには直接関わりがないが、同じオフィスで働いている人々のことを指す。異なるデザインリサーチプロジェクトに関与しているリサーチャーや、異なるプロダクトの企画や開発に従事しているエンジニアなどが相当するかと思うが、この限りではない。クライアントプロジェクトの場合は秘密情報などの取り扱いに注意する必要があるが、これまでリサーチプロジェクトに直接関わってこなかった第三者として、同僚にアイディエーションに参加してもらうことは非常に価値がある。

　この方法のメリットは、アイディエーションセッションの開催が容易である点だろう。スケジュール調整がしやすく、開催場所の確保で悩む必要もないため、How Might Weを作成後、その文章の意図する

ところが十分に伝わるかのチェックを兼ねて、同僚にお願いするというのは有力な選択肢になるはずだ。

パターン3：プロジェクトのステークホルダーを巻き込む

プロジェクトのステークホルダーを巻き込んだアイディエーションセッションは、ぜひ実施してもらいたいもののひとつである。ここで述べるステークホルダーとは、プロジェクトによって変わってくるが、そのプロジェクトに関する意思決定者や、その事業やプロダクトに関わることになるエンジニアリング部門やマーケティング部門、カスタマーサポート部門の人々が候補になるであろう。

　新規事業や新規プロダクトの場合は、将来その事業やプロダクトに関わるであろう人々を早い段階からプロジェクトに巻き込むことによって、意思決定をスムーズに進められるようになる可能性があるだろう。特に意思決定者を早い段階から巻き込むことはメリットが大きい。

　一定以上の規模の企業において意思決定者は通常、新規事業や新規プロダクトの提案を受ける側の立場であるが、そういった立場の方にアイディエーションに参加してもらうことで、プロジェクトを「自分ごと」として捉えてもらえるようになるだろう。新規事業やプロダクトの推進にステージゲート制を採用している企業も多いかと思うが、ゲートを突破するためにはどうすればよいか、チームとして一緒に考えてくれるようになることも期待できる。

　また、プロダクトに関与する人々を早い段階でプロジェクトに巻き込むことで、作成した How Might We に対して彼らがどのような印象を受けるかを確認することができる。社内の各部門はそれぞれの職域の専門家であるため、我々が想定していなかった観点からのフィードバックを期待できるはずだ。カスタマーサポート部門の人々は自社のユーザーのことをよく知っているだろうし、エンジニアリング部門の人々はテクノロジーに関する豊富な知見を持っているだろう。バックオフィス部門はもしかしたら新しい事業が自社のバランスシートに与えるインパクトについて一家言あるかもしれない。もちろん、アイ

ディエーションの前にHow Might Weの確認だけこの括りで実施して、アイディエーションは別のメンバーで実施するということも考えられる。プロジェクトの置かれた状況によって判断してほしい。

パターン4：プロダクトのステークホルダーを巻き込む

社外に目を向けると、プロダクトには様々なステークホルダーが存在することがわかる。この社会の中に、1人だけで生きている人は存在しない。私たちは、多かれ少なかれ様々な人々とコミュニケーションを取り暮らしているのである。例えばヘルスケア製品の場合、想定されるユーザーは特定の疾患を持つ患者かもしれない。患者の場合、医者や看護師、薬剤師、保険会社の担当者や行政スタッフと関わりがある可能性がある。もちろん患者であっても日常生活を送っているわけであるから、普段買い物をするスーパーの店員や、近所の銀行のスタッフ、宅急便の配達員、賃貸マンションの大家さんなど、様々な人々との接点がある。プロダクトの種類にもよるが、そういった様々な人々との関係性に、プロダクトがどのような影響を与えるかについて配慮する必要があれば、そういった人々を巻き込んでアイディエーションを実施する選択肢も当然ながら存在するだろう。

　またプロダクトデザインにおいては、プロダクトの購入や導入を決定する人と、実際に使用する人を分けて考える必要がある場合も多い。BtoBプロダクト、つまり企業向けの業務用ソフトウェアプロダクトにおいて、特定企業への導入の判断を下すのはその企業のシステム担当者であるが、実際にプロダクトを利用するユーザーは、その業務に関与する担当者であろう。

　ニンテンドースイッチやプレイステーション、Xboxといった家庭用ゲーム機のようなプロダクトでは、最終的にゲームをプレイする人々は一般消費者であるが、ゲーム機を購入してもらうためには自社のハードウェアで遊べる魅力的なソフトウェアを用意する必要がある。そのためにはゲームソフト開発会社に魅力的なゲームソフトを開発して販売してもらう必要があるが、ゲームソフト開発会社がゲームソフト開発に取り組むかどうかを判断するにあたり、そのゲーム機が魅力

的かは重要な項目であろう。そのような観点から考えると、ゲーム機メーカーにとってゲームソフト開発会社も重要な顧客であり、ステークホルダーとして捉えることができる。

　BtoCつまり一般の消費者を対象にしたプロダクトであれば、購入する人と利用する人が同一の場合も多いが、異なる場合もある。子ども向けの玩具を例に出して説明すると、玩具を実際に利用するユーザーは子どもである。一方で、子どもは自分自身で自由に使えるお金をあまり持っていない。玩具を買ってほしいと親にねだることで、意思決定に関与する場合はあるが、最終的な意思決定者ではないだろう。この場合、親がステークホルダーとなる。

パターン5：プロダクトの想定ユーザーを巻き込む

最後のパターンとして、プロダクトの想定ユーザーにアイディエーションに参加してもらうことが考えられるだろう。この方法の良いところは、実際に製品を使用している、あるいは課題を抱えているであろうユーザーを巻き込むことによって、どのように課題が解決されると嬉しいのか、あるいは現状がどのように改善されると嬉しいのかという点について早い段階で検討できるところである。

　デザインの歴史からトレンドの移り変わりを振り返ってみると、20世紀は「ユーザーのためにプロダクトをデザインする」という考え方が主流であったが、「ユーザーと共にプロダクトをデザインする」という考え方を経て「ユーザー自身がプロダクトをデザインする」のような考え方が台頭しつつあり、デザインプロセスに対するユーザーの関わり方は大きく変わりつつある。詳しい説明は他に譲るが、ユーザーにデザインプロセスへ参加してもらうと様々なメリットがあるという点は述べるまでもないだろう。

プロセスの範囲

異なる検討項目として、アイディエーションの参加者にデザインプロセスのどの範囲まで関与してもらうかもひとつのポイントであろう。

パターン1：問いに対するアイデアを文字と絵のみで表現してもらう

参加者にはHow Might Weが提示され、それに対するアイデアを文字と絵のみで表現してもらう。アイディエーションの参加者には単純に様々なアイデアを出すことが期待される。アイディエーションセッションが終わると、そこには数多くのアイデアが残るであろう。それらアイデアをプロジェクトメンバーが読み解くことによって、それらを参考に、あるいはインスピレーションの源泉として、コンセプトを作り上げる方法である。

　このパターンでは参加者に協力してもらう時間が最小限で済む。短くしようと思えば30分程度から、通常でも1時間程度あれば実施できるであろう。参加者の負担が最小限で済むため、協力を請いやすい利点がある一方で、参加者のデザインプロセスへの関与は最小限となってしまうために、この後のフェーズでデザインされるプロダクトの方向性が、参加者のアイデアとかけ離れたものになる可能性が大いにある。これを是とするか否とするかはプロジェクトや参加者の属性にもよるだろう。

パターン2：アイデア選択までしてもらう

参加者にはアイデアを出すだけではなく、その中でどのアイデアが適切かまで、対話を通して選択してもらう。コンセプト作成の直前までアイディエーションの参加者に関与してもらうことで、最終的なユーザーにとってどのように解決されると価値があるかという非常に重要な情報が得られる。

　このパターンの場合、参加者には1時間から2時間程度の時間を取ってもらう必要があるだろう。参加者への負担はパターン1に比べて大きくなるものの、参加者がステークホルダーや想定ユーザーである場合、それぞれの立場から見た適切なアイデアを表明する機会が与えられるために、参加したことに対する満足感は高くなる傾向がある。ただし後述するパターン3と比べると、それぞれにとっての価値、つまり課題がどのように解決されると嬉しいかのみにフォーカスが当たってしまい、技術的に実現可能であるかや、ビジネスとして成立す

るかの観点が軽視されることがある。

パターン3：コンセプトの作成までしてもらう

参加者にはアイデアを選択するだけではなく、選択したアイデアをもとに後述するコンセプトの作成まで実施してもらう。このパターンの場合、どのように解決されると嬉しいかに留まらず、それが実現可能であるか、あるいは持続可能であるかの観点からも検討することが望ましい。都市計画プロジェクトなどでは、よく住民参加型のデザイン手法が取り入れられるが、その実現可能性まで踏み込んで議論がなされることが多い。つまり自分たちの街がどのような街であるとよいか、どのような施設があるとよいかという要望を出すだけではなく、どのようにしたらその要望が実現可能であるかまでを住民が主体的に考えるのである。要望を実現するためには行政の力だけでは限界があり、住民自身による主体的な活動が必要不可欠なケースもあるからだ。

　参加者への負担は、どの程度具体的なコンセプトを作成してもらうか、またコンセプトをどの程度練り上げるかにもよるが、最低でも数時間、場合によっては数日以上の時間を確保してもらう必要があるだろう。

　また、例に挙げた住民参加型デザインと異なり、プロダクトデザインのケースにおいては、どこまで踏み込んで参加者に検討してもらえるかは時間などの制約と条件による。なぜなら住民自身が街をデザインするケースの場合、街のデザインは彼らの生活に大きな影響を与える。しかしプロダクトの場合、もちろん使いやすいプロダクトによって生活がより便利になれば嬉しいだろうが、そのプロダクトの良し悪しが彼らの生活に与えるインパクトはそこまで大きくない可能性があるからだ。

3.7.4　アイディエーションの準備

アイディエーションセッションは準備が非常に重要である。前述した

通りアイディエーションには様々なやり方があるが、ここでは私が普段実施している方法について紹介しようと思う。

準備してほしいものを以下に挙げる。

- アイデアを書くための紙
  A5程度の大きさがよいだろう。弊社でのプロジェクトでは図3-35のようなテンプレートを用意し印刷して会場に持っていくが、テンプレート自体は重要ではない。単純に白いA4のコピー用紙をハサミで半分に切って代用することもある。枚数については参加者×20枚×セッション数程度用意している。余ったら使い回せばよいので多めに用意しておくのがよいだろう。残り少ないからと参加者に遠慮させるようなことがあってはならない。

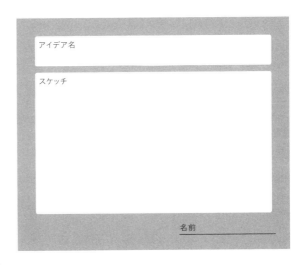

図3-35

- アイデアを書くためのペン
  遠くからも見えるようにちょっと太めのペンがあるとよいだろう。参加者に対してペンの本数が足らないと手持ち無沙汰になってしまう人が出てしまうため、最低1人1本、できれば予

備を含めて用意しよう。

- アイデアを書くための机
  チームが3-4名だとすると、ファーストフード店やカフェなどの4人用机程度の大きさがあるとよい。大きすぎても小さすぎてもよくない。小さすぎるとアイデアを書いた紙を置いておく場所がないし、アイデアを書く時に窮屈に感じてしまう。かといって大きすぎると他の参加者が書いたアイデアが把握しにくくなってしまう。

- アイデアを貼るための壁
  会議室などで実施する場合は周囲に壁があるからよいのだが、会場がカフェテリアなどで周りに十分な壁がない場合がある。スチレンボードやホワイトボードを用意して壁として利用するとよい。図3-36のように机に書き出したあと、貼り出せるスペースが別にある状態が望ましい。

図3-36

- アイデアを書いた紙を壁に貼るためのマスキングテープ
  アイデアが出揃ったら、壁に貼って一覧できるようにしよう。机の上にアイデアを書いた紙を広げると一覧性が悪くなってしまうためである。アイディエーションをいくつかのチームで実

施する場合は、各チームに1巻以上行き渡るようにしよう。

－ How Might Weを印刷した紙
　作成したHow Might We、つまりアイディエーションのお題と
なるものを記載した紙を用意しよう。口頭での説明だとすぐに
頭から抜け落ちるので、参加者やチーム毎に配布し、最低でも
ホワイトボードに書いておくなど、いつでも目で確認できる状
態にしておこう。

－ インスピレーションを与える何か
　How Might Weの文章だけでもよいのだが、インスピレーショ
ンを与える何かがあるとより良いだろう。例えばトピックに関
する写真や、問いが作られた背景を説明するような写真、ある
いはリサーチの中で得られた映像や、モノなどがあってもよい
かもしれない。リサーチのテーマがアパレル店舗における接客
の改善であるなら、店舗での接客の様子や顧客が買い物する場
面の写真を見せることに意味があるだろう。「アパレル店舗」
がどんな場所のどんな雰囲気の店舗かは、イメージする人に
よって大きく異なるからだ。玩具製品に関するアイディエー
ションであれば、製品に触れられるようにしてもよいだろう。
参加者が言葉からイメージするものは常に様々であるため、そ
の補足を行うことで方向性をある程度誘導することができる。
　なお、私の同僚は未来の食事について考えるプロジェクトに
おいて、実際に食べられる昆虫を持ち込んだことがある。これ
は場としては盛り上がったものの、残念ながら一部の参加者か
らは不評であった。

3.7.5　ブレインストーミングのルール

　ブレインストーミングは「ブレスト」と略され日本のビジネスの現場

において比較的広く取り入れられている手法でもあるが、デザインリサーチに利用するという観点から改めてポイントを紹介したい。

●ひとつのセッションを30分以内に収める

アイディエーションというのは集中力を要する行為であるが、人間が集中力を持続できる時間には限界がある。一般的には45分程度であるといわれているが、実際には45分も何かひとつのことに集中すると疲労感を覚えてしまい、ダレてしまうだろう。30分程度でも軽い疲労を感じるはずである。数十分間にわたってアイデアを出すことに頭を使うよりも、数分単位で集中する時間を作ることを意識する。本書ではすでにデザインプロジェクトで活用できるテクニックとしてタイムボクシングを紹介した。タイムボクシングを活用したアイディエーションセッションについては後述するが、1セッションにつき15分程度が目安になるだろう。どうしても30分で収まり切らない場合は休憩を取るなどして、参加者に疲労感を感じさせず、かつ集中力が持続するように工夫しよう。

●アイデアの良し悪しを判断しない

ブレインストーミングは質より量が大事だ。より良いコンセプトを作り出すためには数多くのアイデアから選ぶ必要がある。とにかくアイデアを発散させることを重視するのである。質にこだわったり、参加者が良くないアイデアを出してはいけないと萎縮すると、数が出なくなる。とりあえず思いついたことは場に出してみることを心がける。その場に出てきたアイデアが他の人に影響を与えて、新しいアイデアが生まれるのが理想である。

●突拍子もないアイデアを歓迎する

瞬間移動を使ったコミュニケーションシステム、地球上のすべての国を統合して国境をなくす、巨大な宇宙船を作って他の惑星に移住するといった、実現には多くの困難を伴うような突拍子もないアイデアも、他のアイデアを生み出すための良い呼び水になることがある。そのア

イデアそのものは技術的な制約や政治的な事情、あるいは事業的な持続可能性などの観点から実現が難しかったとしても、そのアイデアを元に実現可能なアイデアが出てくるとしたら、突拍子もないアイデアがチームに対して大きな貢献を果たしたと考えてよいだろう。

● 人のアイデアに便乗することを歓迎する

アイディエーションの役割でも紹介したことだが、ブレインストーミングにおいては他人のアイデアに便乗しアイデアをブラッシュアップすることが歓迎される。

● テーマを忘れない

アイデア出しに熱中していると、稀に、何のためにブレインストーミングを行っているのか忘れる場合がある。適切な範囲の中でアイデアを出すために、テーマは紙に書くなどして、常に参加者の目に入るところに置いて実施する。

● 人の話に割り込まない

人が自分のアイデアについて話をしている時に、割り込んでそれを遮らないようにする。アイディエーションにおいては、参加者がそれぞれアイデアを出すだけではなく、そのコンテクストを含めてチームで共有することが重要であり、それによってアイデア同士のコラボレーションが生まれることがある。人の話を聞いていて他のアイデアが生まれることも当然あるだろう。その場合も割り込まず、ぜひ紙に書いてほしい。口頭で述べたアイデアは3秒後には世の中から消えてしまうと思ってよい。

● すべて紙に書く

アイデアはすべて紙に書く。「紙に書かれないアイデアは無価値」ぐらいの強い気持ちでアイディエーションに挑んでほしい。音声によるコミュニケーションは非常に利便性の高いものであるが、音だけだとすぐに我々の記憶から消えてしまう。録音できても時系列に沿って表

現されるために、様々な情報を一覧したり必要に応じて分類・整理したいケースにおいては適切ではない。

　紙に記された情報を介したコミュニケーションは、リアルタイム性やインタラクティブ性には乏しいものの、それらを壁などに貼り出すことによって多くの情報を一覧できる状態を作り出せ、容易に分類・整理可能である。これによりその後のフェーズにおいてアイデアをコンセプトに繋げやすくしているのだ。また、他の人が特定のアイデアの上にさらなるアイデアを重ねることも容易となる。これはアイディエーションの場においては大きなアドバンテージである。

　なお、私の場合は前述したテンプレートを利用して、アイデアのタイトルと簡単なスケッチをお願いすることが多い。ただしこれについては、アイディエーションセッションに参加するメンバーの顔ぶれや環境、プロセスによって変える必要がある。特に、オンラインでアイディエーションを実施する場合は、すべての参加者が利用可能な入力デバイスがキーボードかマウスに制限されるため、絵を描いてもらうことが難しい。

● 1枚の紙には1つのアイデア

アイディエーション後に分類・整理することを考えて、1つの紙に描いてよいアイデアは1つとする。同じようなアイデアであるが、いくつかの派生系やバリエーションが想定される場合は、それぞれ1つのアイデアとして1枚ずつ書き留めていこう。

3.7.6　セッションの進め方

次に、アイディエーションセッションの進め方について、具体的に紹介する。これはあくまでも一例であり、必ずしもこのように進めなければいけないというものではない。

1. 参加者を選定する

誰にアイディエーションに参加してもらうのがベストだろうか。3.7.3 節で述べた通り、スケジュールや予算、プロジェクトの状況などを鑑みてアイディエーションの参加者を検討・選定する。

2. 開催の案内をする

誰に参加してもらうかについて検討したら、該当者に対してアイディエーションセッションへの参加をお願いする。この時、プロジェクトの趣旨や進捗などに触れつつ、なぜあなたに参加してもらいたいのかについて説明できるとよいだろう。

　この案内については、セッションに参加するのが同僚なのか、ステークホルダーなのか、あるいは想定ユーザーなのかによっても大きく変わってくる。チームとの関係性を考慮した上で適切な案内をしてほしい。

3. 会場の準備をする

1チームにつき1つのテーブルを用意し、前述した紙とペン、How Might We、壁などを用意する。各チームの人数はファシリテーターを含めて4名から5名程度が望ましい。6名以上で一度にセッションを開催する場合は2チームに分ける。これは各々が思いついたアイデアをチーム内でシェアする際に人数によって時間がかかってしまうためである。

4. 趣旨を説明する

参加者にもよるが、「皆さんの力を借りたい」と真摯に伝えるのがよいだろう。インタビューの項も参考にしてほしい。

5. 練習をする

アイディエーションではアイデアをスケッチしてもらうことが望ましいが、多くの人は、さぁアイデアを紙に描いてください！と言われてもなかなか手が動かない。まず紙に何かを描くということに慣れてな

い人も多い。特に日本人は「間違えてはいけない」という意識が強い傾向があるが、そもそもアイディエーションに間違いはないのである。

　そこでハードルを低くするために、まずは簡単な練習問題をこなすとよいだろう。これは少しずつ難易度を高めていくのがよい。例えばまずは「車」や「飛行機」などを描いてもらう。車や飛行機は誰が描いても同じようなものになる。次はもう少し難易度を上げて「絶対に目が覚める目覚まし時計」や「燃えるゴミの日を忘れない方法」などを描いてもらってもよいかもしれない。

　この時、時間制限を強調してみよう。車や飛行機であれば10秒程度、目覚まし時計やゴミの日を忘れない方法など、アイデアを考える必要があるものに関しては15秒から20秒程度でもよい。このような短い時間では綺麗な絵を描くのは不可能である。丁寧に時間をかけて、綺麗な絵を描くのが目的ではなく、いかに短時間で自分のアイデアを紙に落とし込むかに挑戦してもらうのである。どれだけ下手でも汚くてもOKなんだという意識を共有することが重要だ。

6. How Might Weを紹介する

アイディエーションの対象となるHow Might Weを説明する。アイディエーション中、常に目に入るようにしておきたいので、紙に印刷したものを配布するのがよいだろう。

　なお、多くのケースでは事前に実施するHow Might Weを決めておくが、参加者の属性によっては参加者にHow Might Weを選ばせることを検討してもよい。How Might Weに書かれているのは、リサーチャーが考えた解くべき課題とその解決方法であるが、それがどの程度ステークホルダーの意向や、ユーザーの意向とマッチしているかも重要な検証項目である。アイディエーションに参加してくれたステークホルダーやユーザーにとって、どの課題が、どのように解決されると嬉しいか、対話を通して選択してもらうのである。もちろん、アイディエーションの機会を使うのではなく、事前に擦り合わせができるのであれば擦り合わせをして、How Might Weをブラッシュアップできるとさらに良いだろう。

7. 1セッション目：アイデア出しタイム

ここからが肝心のアイデアを出す時間である。3分程度でよいだろう。実際にやってみるとわかるが3分間はとても短い。しかし、この3分間という短い時間で、集中してアイデアを出すことが重要なのである。3分のあいだ、各参加者は紙に思いつくままにアイデアを出していく。何枚使ってもらっても構わない。

8. 1セッション目：共有タイム

出てきたアイデアについて、他のチームメンバーに紹介しながら壁に貼っていく。その際に、他の人と同様のアイデアがあれば、並べたり重ねたりして一緒に貼ってもらうとよいだろう。また、ファシリテーター役の人は各アイデアについて不明瞭な点があればその場で質問しておこう。アイディエーションセッションが終了して参加者が帰ったあと、そのアイデアの意図を確認するチャンスは二度とないかもしれないからである。

9. 2セッション目：アイデア出しタイム

1セッション目と同じHow Might Weに対してアイデア出しを行う。先ほど、アイデアについて共有をしたが、それにインスピレーションを受けたり、それを発展させたアイデアも大歓迎であるということを伝え、他人のアイデアに便乗することを積極的に推奨していこう。

10. 2セッション目：共有タイム

1セッション目と同じく、それぞれのアイデアについて1枚ずつ説明しながら壁に貼っていく。

11. 小休憩

1つのHow MIght Weに対するアイデア出しが終わったら、5分程度の休憩を挟もう。まだ物足りないと思うかもしれないが、集中力は長時間持続するものではないため、物足りないぐらいがちょうどよいのである。

12. 異なるHow Might Weを選択し、アイディエーションを実施する

1回目とは異なるHow Might Weを選択して、その背景や内容をセッション参加者に紹介する。その後は、7から11の繰り返しである。

概要説明から始まり練習を経て、2つのHow Might Weに対してアイデアを出したところで、おそらく1時間から1.5時間程度が経過しているかと思う。How Might Weを複数個作ったのであれば、せっかくだから他のHow Might Weについてもアイディエーションをしておきたいと考えがちだが、ダレてしまうのでぐっとこらえてセッションを終了しよう。どうしても他のHow Might Weについてもアイディエーションを実施する必要があるならば、別のセッションを開催することを検討するのがよいだろう。

3.7.7　アイデア選択

アイディエーション後は、アイデアの中から有望なものを選択する。
　このステップにおいてまず検討すべきことは、そのアイデアがそもそもプロジェクトのお題にマッチしているかである。アイディエーションのルールを覚えているだろうか。突飛なアイデアは大歓迎であるし、その場でジャッジしてはいけないとも書いた。そうすると当然のことながら、そもそもプロジェクトの目的やスコープ、あるいは解こうとする問いの内容に照らし合わせた時にふさわしくないものが出てくるであろう。
　それらのアイデアは大きな可能性を秘めている可能性があり、そこから素晴らしいプロダクトが生まれてくる可能性も当然ある。しかしアイディエーション後はひとまずプロジェクトとしての目的に立ち返らなければならない。
　注意しなければならないのは、完璧なアイデアというものはこの時点では存在しないということと、この時点で選ばれなかったとして、

それらは完全に消えるものではないということだ。一度出たアイデアはいつでも参照できるようにしておくべきであるし、ふいにそれらアイデアが日の目を見る日もくるかもしれない。

そしてアイデアに必要なのは愛ではなく、それをコンセプトに昇華させるためのサポートである。つまり、そのアイデアを愛せるかどうかではなく、今後プロダクトとして世の中に出るまでをサポートしたいと思えるアイデアを選ばなければならない。これらのことを念頭に置きつつ、アイデアを選んでいこう。

アイデアを選択する時には、まず評価軸を定める。評価軸はYes/Noで答えられるようなものがわかりやすい。これは例えば、「東京以外の地域でも成立するだろうか？」「スケーラビリティがあるだろうか？」「SDGsの観点から受け入れ可能だろうか？」「子どもでも利用可能だろうか？」「技術的に実現可能だろうか？」などになる。

Yes/Noで回答できないような評価も当然ある。例えば下記のような観点があり得るだろう。

- 技術的難易度はどの程度だろうか？
- 顧客にとってどの程度の価値があるだろうか？
- 事業としての価値はどの程度あるだろうか？
- どれくらいの売上、利益が見込めるだろうか？
- リスクはどの程度だろうか？
- 既存事業との相乗効果はどの程度あるだろうか？

これらの評価基準はプロジェクトごとに大きく異なるものであるため、プロジェクトの目的を念頭に基準をチームで定める必要がある。

ただし、ここで注意しなければならない点がある。場に出たアイデアを見ながら基準を作ってはいけない。これをしてしまうと特定のアイデアを採用するために、あるいは落とすためにバイアスが含まれた評価基準になってしまう可能性が高い。

なお、創薬研究など他の分野では先に物質をスクリーニングするための仕組みを作ってから物質の合成を実施すると聞いている。しかし

ながら、ブレインストーミングへの参加者が評価軸を事前に知っていると、出すアイデアに何らかのバイアスが生じてしまうので、評価軸をブレインストーミングへの参加者に知らせないほうがよいだろう。

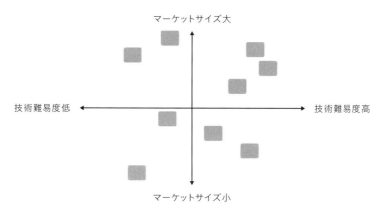

図3-37

得られたアイデアを比較するために、図3-37のようなマトリックスを用いて、アイデアをマッピングしていく。使用するマトリックスは1つである必要はなく、いくつかの評価軸を用いてアイデアを評価するのがおすすめだ。また明らかに評価が低くても、一度マトリックス上に配置してみることをおすすめする。このようにチームメンバーの目に見える形にしておくことで、個別のアイデアによるバイアスの影響を極力小さくすることが可能になる。

　上記プロセスを経て、最も有望なアイデアを選び出そう。なお、私が実際のプロジェクトで取り組む時もそうであるし、ワークショップを開催する時もそうであるが、最も有望そうなアイデアが必ずしもチームメンバー全員にとってお気に入りのアイデアではない場合も存在する。これは仕方がないことであろう。アイデアが選択できたら、有望なアイデアをいかに育てていくかに気持ちを切り替えよう。

3.7.8　How Might Weの検証

本節の冒頭で述べた通りアイディエーションの役割は3つある。その3つとは、幅広いアイデアを出して解決の方向性と方法を探索すること、アイデアをブラッシュアップしてコンセプトへの橋渡しをすること、そして設定した問いの検証をすることである。

　つまり、アイディエーションを経て、適切なアイデアが出てこない場合、How Might Weが適切でない可能性がある。適切でないといってもいくつかのパターンが想定される。問いの設定が広すぎる場合、狭すぎる場合、そして問題が問題ではなかった場合、課題へのアプローチが適切ではなかった場合である。

問いが広すぎる場合

アイディエーションがうまいかなかった原因のひとつとして、How Might Weとして定義した問題が広すぎる場合が想定される。アイディエーションを通して出てきたアイデアを眺めた際に、抽象的なアイデアが多く具体的なアイデアがあまりないな、と感じたら立てた問が広すぎるのだ。

　問いが広すぎる場合にその原因を深堀りしてみると、課題として捉えた課題の抽象度が高い場合と、制約が事実上制約になってない場合があるだろう。

問いが狭すぎる場合

How Might Weが適切でない他のパターンとしては、問いが狭すぎる可能性がある。問いが広い場合とは異なり、問いが狭すぎるとアイデアが思ったよりも出てこないケースが多い。アイディエーションを通して出てきたアイデアを眺めた時に、思ったより数が少ないなと感じたら、課題が具体的すぎるか、制約が強すぎるのだ。

問いが適切に伝わっていない場合

立てた問いが広い場合と狭い場合の他に、そもそも出てきたアイデア

を眺めてみると、自分たちが想定していたものと違っていたという
ケースもあるだろう。解決したいと思っていた課題に対するアイデア
ではなかったり、アプローチとして望ましいと思っていた方法が出て
こなかったりする。リサーチャーとアイディエーション参加者のあい
だで認識にズレが起こると、問題が意図通りに解釈されない場合が
ある。

我々は誰もがバイアスを持っており、How Might We を作成する時に
はそのバイアスが多分に含まれることを意識するべきである。例えば
解くべき問いに対する認識や、ソリューションに対する制約として設
定したものが、リサーチチームとアイディエーション参加者で異なっ
ているのかもしれない。この場合は、ズレがどこにあったのかを検証
した上で、より誤解のないような形に How Might We を修正するなど
の対応が必要になるだろう。

3.8 コンセプト作成

アイディエーションが終わると、目の前には様々なアイデアがあることだろう。それらアイデアは大いなる可能性に満ちているものの、粒度がまちまちのはずだ。あるものは抽象的だったり、あるものは具体的なように見えるが人によって解釈が大きく異なるかもしれない。アイディエーションの参加者同士であれば、文脈を共有しているためある程度の共通認識が形成されているかもしれないが、それをステークホルダーに伝え、社会に送り出すためにはアイデアをコンセプトに昇華させる必要がある。

3.8.1 コンセプトとは何か

ところでコンセプトとは何だろうか？ アイディエーションをして、手元にはたくさんのアイデアがあるが、これはコンセプトとは異なるものだろうか？

アイデアとコンセプトの違いとして明確な定義は存在しないが、本書ではアイデアを具体化したものをコンセプトと呼ぶ。アイデアとは「買い物するためのアプリを作る」のようなもの。コンセプトとは「外出難民のために、買い物するためのアプリを作る」のように、より具体的な情報で表現する。しかしながら、人によってはそれがアイデアなのか、コンセプトなのか異なる捉え方をする場合がある。

3.8.2　デザインリサーチでコンセプトを作成する目的

コンセプトを作成する目的は大きく分けると下記の2つである。

- – リサーチを通して得られた知見をステークホルダーに伝える
- – プロダクトに関するアイデアをより具体的な形で検証する

リサーチを通して得られた知見をステークホルダーに伝えるため

リサーチの結果はステークホルダーに伝え、プロダクトの開発や改善、新たな施策の実施など、具体的なアクションに繋げなければならない。そのためにはどのような情報をどのように提示すればよいのだろうか。リサーチのインタビュー結果やそこから導かれるインサイトを示すこともちろん重要だが、ある程度具体的なソリューションやアクションのイメージが湧かないと、インサイトを提示されても判断できないはずだ。

　リサーチプロジェクトのアウトプットとしてどのようなものを求められているかはプロジェクトによって大きく異なるが、ラフなコンセプトを作成するケースは少なくない。

プロダクトに関するアイデアをより具体的な形で検証するため

デザインリサーチのプロセスは検証可能であるべきである。つまり、How Might We が適切であったかどうかはアイディエーションによって検証可能であるし、アイディエーションで出てきたアイデアが適切であったかはコンセプトを作成することによって検証可能である。

　コンセプトを作成してみたところ、そもそも How Might We から見直したほうがよさそうだと判断されるケースもあるだろう。また必ずしもアイディエーションで出たアイデアの中からコンセプトを作成する必要はない。必要であればアイディエーションをやり直してもよいし、How Might We を作成し直してもよい。もちろん時間や予算など

の制約があり、それら制約の中で最適な答えを出さなければならないとしても、実施したリサーチが不十分であったこと、あるいはもっと良いソリューションの可能性に気が付くことができれば、それはデザインリサーチのひとつの成果であるといえよう。

3.8.3　コンセプトをどう表現するか

ではそのコンセプトをどのように表現するのがよいだろうか。前述の目的を達成することができればどのような方法でも構わないのだが、本書ではコンセプトを紹介するための2つのテンプレートを紹介する。

　図3-38は、コンセプトマッピングのテンプレートであり、私がワークショップなどを実施するときによく使用するものである。

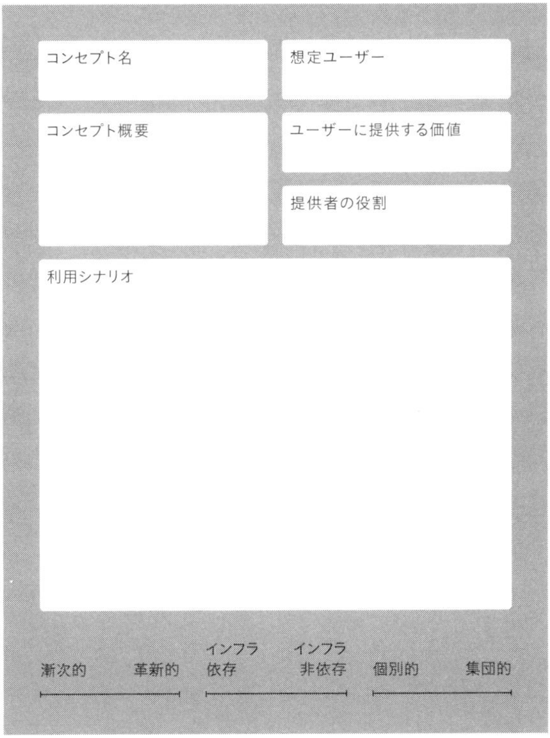

図3-38

必要なものとしてはコンセプト名、コンセプトの概要、想定ユーザー
の概要、ユーザーに提供する価値、サービス提供者の役割、それから
シナリオと、コンセプトのポジショニングである。シナリオとは、
ユーザーが、提案するプロダクトをどのように利用するかを示すもの
である。可能な限り、イラストで表現できるとよいだろう。

　ポジショニングとは、コンセプトの位置づけを示すものであり、い
くつかの軸で表現するのが望ましい。プロジェクトによってはこの項
目について考慮してほしいと事前に設定される場合もあるが、例えば
下記のような項目が想定される。

漸次的 / 革新的
インフラ依存 / インフラ非依存
個別的 / 集団的

漸次的とは、既存のプロダクトから順当な進化をもたらすようなコン
セプトであり、革新的とはこれまでのゲームのルールを大きく変化さ
せるような、社会に大きな変化をもたらす可能性のあるコンセプトで
ある。

　インフラ依存とは、提案するコンセプトが既存のインフラやシステ
ムにどの程度依存するかを示すスケールである。現代における多くの
プロダクトは社会のインフラ（例えば電気、ガス、水道、インターネット）
に依存していることは述べるまでもない。完全にインフラ非依存のコ
ンセプトは存在しないだろうが、そのインフラに依存することのリス
ク、制約は認識する必要がある。例えばTwitterやFacebook、
Instagram、TikTokなどの既存サービスをインフラとして利用できる
ことを前提にしたコンセプトは、それらサービスの方針変更に大きな
影響を受ける可能性があり、またサービスとしての成長の限界もそれ
らインフラの成長速度に影響を受ける。仮にVR（バーチャルリアリティ）
に関するプロダクトを提案する場合、VRコンテンツを再生するプ
ラットフォームやハードウェアをインフラとして利用する。将来的に
VRデバイスが世界中の各家庭に行き渡る可能性もあるかもしれない

が、2020年現在、VRデバイスが各家庭で日常的に利用される兆しは見えていない。VRを利用したプロダクトを提案しようにも、プラットフォームの成長が制約となってしまう可能性がある。

　個別的、集団的とはコンセプトの性質である。例えば、スマートフォン向けニュースアプリのスマートニュースは、個人で利用するためのプロダクトであるから個別的といえるが、メルカリは複数人で利用することを前提としているため集団的といえる。プロダクトを評価するメトリクスのひとつに、ネットワーク外部性と呼ばれる特性がある。これはプロダクトを利用するユーザーの数に応じて、そのものの価値が高まる性質のプロダクトにみられる。メルカリは、ユーザーが売りたい商品を出品してそれを他のユーザーが購入するシステムであるが、ユーザーが増えれば増えるほど商品の品揃えが豊富になるし、ユーザーが増えれば増えるほど潜在的な購入者が増加するため商品が売れる可能性が高まる。

　こういった評価指標はどちらかを選択するというよりは、グラデーションのように捉えるのがよい。絶対的な評価ではなくあくまでも相対的な、かつ主観的な評価ではあるものの、チームメンバー同士でコンセプトに対する認識を擦り合わせるために役立つ。また、複数のコンセプトを作成する場合は、それらコンセプトを比較することも可能になる。

　この他にも、アイデアを表現するためのテンプレートとして図3-39のバリュープロポジションキャンバスを使うこともできるだろう。バリュープロポジションキャンバスとは、プロダクトの特性と、それが顧客にとってどのような価値があるのかを示すフレームワークである。

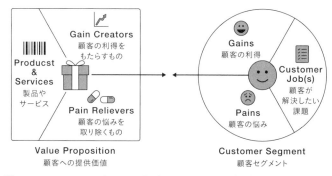

図3-39　MarkeTRUNK コラム「バリュープロポジションキャンバス (VPC) の重要性と作り方」(https://www.profuture.co.jp/mk/column/7431) を元に作成

　左側にはプロダクトの持つ特性を示す。製品やサービスがどのような機能を持ち、顧客にどんな価値をもたらすのか、どのように顧客の不安を解消するのかを記入する。そして右側には、顧客の実現したいこと、顧客のニーズ、顧客が不安に思っていることを記述する。これらを明らかにすることによって、プロダクトの妥当性を検証するのである。

　図3-38や図3-39に示したテンプレートを利用することによって、チームの考えているコンセプトがどのようなもので、ユーザーに対してどのような価値を提供できるかといった情報を一枚の紙にまとめることができる。これによって、ユーザーが抱えている課題は現実味があるものだろうか、課題に対するソリューションは適切だろうかといったアイデアの矛盾点にも容易に気づくことができる。また、リサーチに参加していないステークホルダーに対してコンセプトを説明する際にも、項目ごとに情報が整理されているため、簡潔に伝え、理解してもらうことができるはずだ。

3.9 ストーリーテリング

コンセプトを作成したら、それをチームの中で眠らせておくのではなく、実現へと向けた後押しをしなければならない。多くの場合、リサーチの結果はビジネスチームやプロダクト開発チームに対して伝えることになるであろう。ただ淡々と集めた情報や、分析結果を伝えるのではなく、どのように伝えれば開発チームやビジネスチームが動き出すか、あるいは動きやすいかを検討し、彼らの都合を考慮した形でリサーチ結果を伝える必要がある。

3.9.1 ストーリーテリングに必要な素材

リサーチを通して見いだした様々な情報は、プロダクトのデザインを行うためのインプットとなる。プロダクトをデザインするためには、どのような情報があればよいだろうか。例えば下記のようなものが挙げられる。

- インサイト
- 解くべき問い (How Might We)
- 問いに対するアプローチの例 (コンセプト)
- 人々を理解するための情報 (ペルソナやカスタマージャーニーなど)

インサイト

これはリサーチを通して発見した情報であり、未来を示唆するような文章が望ましい。適切なインサイトとは3.6節で述べた通りであるが、インサイトをチーム外の人に伝える際は、そのインサイトが相手を傷つけたり、あるいは恥をかかせたりするものでないか、十分配慮する必要がある。リサーチチーム内であれば、露骨なインサイトやニュアンスが伝わることを重視した多少インフォーマルな言葉遣いであっても許容されるかもしれないが、外に出すアウトプットとして文章が適切であるか、必ず検討してほしい。

解くべき問い (How Might We)

本書ではHow Might Weとして表現したが、リサーチを通して見いだした解くべき問いについて紹介する必要があるだろう。デザインリサーチでは、インタビューや観察といった調査手法によって得られた情報から直接ソリューションを作成するのではなく、一度課題として定義してからソリューションを検討する。デザインリサーチの結果をステークホルダーに対して共有する際には、そもそもチームがどのような問いを解くべきだと考えているのか、あるいはどのような問いを解くべくコンセプトを作成したのかを伝える必要がある。これにより、チームがコンセプトに至った背景がより理解しやすくなるだろう。

問いに対するアプローチの例 (コンセプト)

解くべき問いだけでは、それの意図するところを推し量るにも限界がある。ある程度具体的なコンセプトを示すことで、デザインリサーチのアウトプットをより価値のあるものにすることができる。なお、ここで示すコンセプトは必ずしも実現可能性を十分に考慮したものでなくても構わない。例えばエンジニアリング的に実現が容易でなかったとしても（もちろんタイムトラベルや永久機関など、現時点での技術からあまりにもかけ離れたものは避けるべきであるが）、そのコンセプトの本質的なメッセージが受け手に伝わればエンジニアリングチームと協議して現実的な落とし所を探ることも可能だ。

ファッション業界や自動車業界ではファッションショーやモーターショーなどでコンセプトモデルを展示した上で、それを量産可能な形に落とし込んで市販するケースが多く見られる。そのままプロダクトに落とし込める形でコンセプトとして提示できればそれに越したことはないが、それを重視したばかりに伝えるべきメッセージが伝わらなければ意味がない。重要なのはチームが見いだした問いに対するアプローチを聴衆に理解可能な形で伝えることである。

人々を理解するための情報（ペルソナやカスタマージャーニーなど）

コンセプトだけではなく、コンセプトの対象となる人々を理解するための情報を併せて提示してもよいだろう。例えば、ペルソナはひとつの有力な方法であるし、タイポロジーや顧客セグメンテーション、あるいはアーキタイプでもよい。ペルソナはリサーチから導き出した架空の人間であるが、タイポロジーや顧客セグメンテーション、アーキタイプは人々のグループである。

　またペルソナなどで表現される想定ユーザーの人物像と合わせて、カスタマージャーニーがあるとより適切にコンセプトを伝えることができる。人々がコンセプトと接する中でどのように行動し、どのようなタッチポイントが存在するか、また、一連の人々の行動の中で最も重要でコンセプトを実現する上で鍵となると思われる部分はどこか、目で見て把握することができるようになるため、コンセプトの内容をより容易に理解してもらえるだろう。

　提示するべき情報をこれらに限定する必要はない。リサーチの過程で発見した情報や、プロトタイピングを実施済みであればその結果を合わせて提示してもよい。いずれもコンセプトと併せて提示することで威力を発揮する。

以上が素材となるが、ビジネス側が知りたいことを盛り込む工夫を心がけたい。

　デザインリサーチは人々にフォーカスを当てた質的なリサーチ（量

的なリサーチを併用することもあるが）によって、人々がどのように働き、遊び、生活しているかを理解し彼らのニーズを探り出すものである。そのようなリサーチであるから、当然そのリサーチ結果は一人ひとりの個人にフォーカスを当てたものとなる。しかし実際にそれをビジネスとして展開しようとすると、いくつか考慮しなければならないポイントが出てくる。

　ビジネスの現場でよく利用されるペルソナは、デザインリサーチの過程で生み出されるペルソナとは少々異なり、アンケート調査などをもとに作成されることがある。つまり前者のペルソナは「自社の現在の、あるいは過去の顧客の多くはこのような人々」を意味することが多い。デザインリサーチにおけるペルソナは、現在の顧客ではなく将来の顧客である。そのためペルソナを用いて人々の生活を説明しようとする際には、それがどの程度現実的な人なのか説得する必要があるだろう。そのペルソナに近い人々がこの社会にどの程度存在するかについても確かめておくことでより説得力が増すはずだ。

　このようなケースでは、質的なリサーチと量的なリサーチを組み合わせたリサーチを実施することがあり、質的調査と量的調査の組み合わせによって見いだされるインサイトを「ハイブリッドインサイト」と呼ぶ。質的調査であたりをつけたあとに量的調査で妥当性を検証するケースもあれば、質的調査と量的調査を同時に実施するケースもある。例えば、アクティビティトラッカーをリサーチ協力者に装着してもらった上で、同じ期間を対象に質的調査（例えば日記調査とインタビューなど）を実施するのである。

　デザインリサーチにおける定量調査への注目は年々高まっており、今後ハイブリッドインサイトはさらに重視されるようになるものと考えている。適切にリサーチを実施することで、ペルソナの妥当性のような問いにも答えることができるだろう。

3.9.2　どうやって人に伝えるか

　ここまでストーリーテリングのために必要となる素材について解説してきたが、実際のストーリーテリング手法としてはどのようなものがあるのだろうか。

　多くのケースで使用されるのは、リサーチプレイブックなどと呼ばれるドキュメントである。これはパワーポイントであったり、製本され関係者に配布されたりする。このドキュメントの中には、プロジェクトの概要からリサーチのプロセス、各調査で得られたインサイトや見いだされた機会、そしてコンセプトまでが一連の資料として整理されている。この資料を手に入れた者は、内容を順番に読めば、リサーチの内容を追体験することができるようになっている。

　一方で、展示会のように一定期間部屋を確保して、壁面にポスターを貼ったりリサーチ資料を手に取れるように展示したり、あるいはリサーチの様子を示す写真や動画を掲示するような方法もある。このような方法をとる場合は、説明のためにリサーチャーが部屋で待機して、見学者を案内したり来場者とディスカッションできるようにしておくべきであろう。ただ資料を渡して目を通しておいてくださいと言い置くよりも、より適切にプロジェクトの内容を理解してもらうことが期待できる。もちろん、リサーチプレイブックを作成した上で展示会を開催しても問題ないし、プレゼン用の映像を作成する方法もある。

　私の母校であるCIIDでは、リサーチプレイブックとiPhone用アプリを組み合わせて、専用のiPhoneアプリでブックの画像などをスキャンすると、それに紐づく動画や音声が再生されるプレゼンテーションを試みたこともある。

　いずれにせよ、ストーリーテリングの方法にルールがあるわけではないため、リサーチの内容を誰に伝えたいのか、またその結果どのような行動を取ってほしいのかを念頭に置いて最適な方法を検討してほしい。なお、プロジェクトの規模が大きくない場合や、リサーチの結果を報告する相手がプロダクト開発のチームメンバーやプロダクトマネージャーであるなど日常的にコミュニケーションが取れる相手であ

る場合には、あまり形式ばったプレゼンテーションを準備する必要は
ないかもしれない。リサーチで得られた結論とそこに至るプロセスを
説明するだけで事足りるケースもある。

3.10 仮説検証プロセスとしての プロトタイピング

コンセプトを社会に送り出す前には、検証が必要である。この検証はストーリーテリングの前にデザインリサーチチームを中心に実施するケースもあれば、ストーリーテリングの後に必要なチームを別途組成して実施するケースもあるが、いずれにしてもプロダクトの価値をスピーディに高めるために必要なプロセスである。

3.10.1　プロトタイピングとは何か

デザインリサーチには、可能性を広げるため、つまり仮説を構築するためのリサーチと、不確実性を削るため、つまり仮説を検証するためのリサーチがある。新しいプロダクトのアイデアを作る行為は、「このようなプロダクトがあればユーザーは喜んでくれるだろう」といった仮説を構築するためのリサーチだが、プロダクトを世の中に出す際には、そこで構築した仮説を検証し、そのプロダクトに、あるいはそのプロダクトのためのアイデアに、妥当性があるか否かを検証する必要がある。

　この仮説検証のためのリサーチを、本書ではプロトタイピングと呼ぶ。まず、現在のプロダクト開発において「プロトタイピング」はとても広い意味の言葉であるため、一度この言葉について整理したい。プロトタイピングとは、どのようなシーンで使用される言葉だろうか。
　スタートアップ、あるいは大企業が何らかのプロダクトを作ろうと

した場合に、"とりあえずで試しに作ってみる"ケースが往々にして
ある。オフィスに転がっている部品を集めて組み立ててみることもあ
るかもしれないし、もう少し予算があるなら外部の業者に試作品を発
注することもあるだろう。こうして作られたものはおそらくプロトタ
イプと呼ばれ、この行為をプロトタイピングと捉えることに違和感は
ないはずだ。

あるいは何らかの技術、例えば画像認識アルゴリズムを持っている
企業が、その技術を活用したプロダクトを構想し、それが実際に可能
であるか、どの程度使い物になるかを検証するためにシステムを開発
する場合がある。特に、人工知能とカテゴライズされるようなアルゴ
リズムの場合、実際の環境においてどの程度の精度が出るかは作って
みないとわからないケースが珍しくない。その結果、何らかの目的を
達成できるかどうかを確認する。これはPoC (Proof of Concept) と呼ば
れることもあるが、これもひとつのプロトタイプであり、この行為を
プロトタイピングと呼んでも差し支えないだろう。

他の事例として、事業開発の代表的な手法のひとつであるリーンス
タートアップについて考えてみる。リーンスタートアップとは、コス
トをかけずに最低限の機能を持った試作品を短期間で作り、顧客の反
応を的確に取得して、顧客がより満足できる製品・サービスを開発し
ていく手法のことである。リーンスタートアッププロセスでは、最低
限の機能を持った試作品のことをMVP(Minimal Viable Product)と呼ぶが、
このMVPのことをプロトタイプと説明しても、大きな混乱はないは
ずだ。

3.10.2　プロトタイピングの目的

プロトタイプ、プロトタイピングと呼ばれるいくつかのケースについ
て挙げたが、プロトタイプを作ること、あるいはプロトタイピングを
する狙いについて整理してみると、大きくは次の3パターンに分類さ
れる。

1. そのプロダクトがユーザーにとって価値があるかを検証する
2. そのプロダクトが実現可能かを検証する
3. そのプロダクトが持続可能かを検証する

つまり、プロトタイピングとは何らかの仮説を検証することであるといえる。何らかの仮説とは、上記の通り「このプロダクトはユーザーにとって価値がある」「このプロダクトは技術的に実現可能である」「このプロダクトはビジネス的に成立する」のようなものであり、これら仮説を検証することこそがプロトタイピングなのである。それぞれもう少し具体的に解説していく。

そのプロダクトがユーザーにとって価値があるかを検証する

プロトタイピングの目的のひとつは、検討中のプロダクトに価値があるかどうかを検証することである。例えば「友人と旅行に行った時に自分のカメラと友人のカメラで、それぞれどのような被写体を撮影しているかをリアルタイムで共有できるカメラ」というアイデアがあったとして、それがユーザーにとってどの程度の価値があるのかを検証する必要があるだろう。アイデアとしては新しいかもしれないが、ユーザーが使いたいと思わないようなアイデアも多く存在する。そのアイデアをプロダクトとしてしっかり作り込む前に、それが本当にユーザーに喜ばれるものなのかどうか検証する。そして結果が想定と異なるようであればアイデアを再検討する必要があるだろう。

　あるいは、そのアイデアがユーザーに受け入れられるかどうか（つまり0か100か）ではなく、どの程度の処理速度や処理精度があればユーザーにとって価値があるかを検証する必要もある。例えば、近年のカメラではファインダーを見ている時に、人物の顔の周りに四角い枠が表示されることが多いだろう。これは撮影しようとしている人物の顔にピントを合わせるために、画像認識アルゴリズムを利用して人物の顔を検出した結果を表示している。では、この顔を認識するまでの時

間は、どの程度の処理速度があればよいだろうか？　速ければ速いほど良いと一般的には思われるだろうが、処理速度は様々な要素とのトレードオフでもある。処理速度を速くしようとすると、高速なCPUが必要となるため製品価格が上がってしまうだろう。また高速なCPUは多くの電力を消費する（厳密にはLSIの消費電力は電圧、周波数、リーク電流、信号スイッチング回数などによって決定される）ため、バッテリーの消費が激しくなることも予想される。プロダクトを世に出すためには各要素のバランスを取る必要があり、処理速度だけを優先するわけにはいかない。また、顔の検出を0.01秒で実施した場合と、0.05秒で実施した場合で、ユーザーにとっての体験はどの程度異なるだろうか。一方で、顔の検出に10秒もかかってしまうのでは、ユーザーの体験としては非常に悪いものになってしまうことは想像に難くない。では、1秒ではどうだろう？　0.5秒であれば許容可能な範囲だろうか？どのような仕様であればユーザーに適切な価値を提供できるだろうか。このような検証を実施するのも、プロトタイピングにおけるひとつの目的といえる。

そのプロダクトが実現可能かを検証する

プロトタイピングのもうひとつの目的は、プロダクトの実現可能性を検証することである。実現可能性とは、技術的にそれが実現可能であるかということもそうであろうし、法律や国際的なルールや慣習に則った形でプロダクトを提供可能であるかということも含まれる。プロダクトを検討する上で、何らかのプラットフォーム、技術などを利用する場合は様々な制約が存在し、それら制約の中でプロダクトを実現しなければならない。例えばAppleのiPhoneやGoogleのAndroidスマートフォンにはあらゆる分野のあらゆる種類のアプリケーションが登場しているが、これらプラットフォーム上でアプリケーションを提供するためには様々な制約をクリアする必要がある。例えばスマートフォンにはカメラやGPSといったハードウェアデバイスが搭載されており、アプリケーションはOSが用意したAPIを利用することで

それらハードウェアにアクセスして、写真を撮影したり位置情報を取得したりしているが、その利用には様々な制限がある。そのためアプリケーションから呼び出せるAPIの種類と、それらを使用することで構想しているプロダクトが実現可能であるかは事前に検証すべきであろう。仮に自然言語処理技術によって人と会話できるロボットを実現したいのであれば、そもそも使用を検討しているアルゴリズムで人との会話がどの程度成立するかについて早い段階で検証すべきだ。

そのプロダクトが持続可能かを検証する

プロダクトを世に出す際には、持続可能性について検討しなければならない。持続可能性も様々な解釈が可能な言葉であるが、ひとつはビジネスとして成り立つのかが問われる。つまり、「顧客はプロダクトに対価を支払うのか？」を検証しなければならない。もちろん、「顧客にアクセスすることができるのか？」や「プロダクトを提供するにあたり必要なリソースが確保可能なのか？」といった検証もする必要があるだろう。また、持続可能性について検討する中では、短期的な売上や利益に関する項目だけではなく、そのプロダクトが社会に与える影響に目を配り、長期的な目線での持続可能性について検討しなければならない。国連が推進するSDGsなどは、社会に与える影響を検討する上でひとつの目安となる。

ここでは、プロトタイピングの狙いを大きく3つに分け、それぞれの項目について説明した。プロトタイピングは領域ごとに様々な意味を持つため、これ以外の意味でプロトタイピングという言葉が使われることもあるはずだが、あえて抽象化するならば「手戻りコストを小さくするための行為」と説明することもできるだろう。しかしながら、少なくともデザインの分野におけるプロトタイピングとは、試作品を作ることや試作品が動作するかどうかを確認することそのものではなく、何らかの仮説を検証することである。

3.10.3 プロトタイピングで検証すべき仮説

前述したようにプロトタイピングは仮説検証プロセスの一環であり、仮説検証を経ながら実際のプロダクト開発プロセスを前に進める。

　一般に、プロダクト開発の現場には、数多くの仮説が存在する。仮説とは言い換えれば不確実性のことでもある。プロダクト開発を前に進め、プロダクトを成功に導くためには、不確実性とうまく付き合い、不確実性をコントロールしていくことが重要である。プロトタイピングがプロダクト開発プロセスの中に取り入れられているのは、このような理由からである。

　もちろんプロダクトの性質やプロジェクトの状況、企業の文化など様々な要素によって開発プロセスに多少の違いはあるだろう。プロトタイピングのために開発したプロダクトをブラッシュアップしてそのまま製品化を目指すケースもあれば、コードの流用などをせずにフルスクラッチで作り直すケースもある。ハードウェア製品であれば、量産設計と呼ばれるフェーズが存在し、量産のための設計が行われることもある。一方ソフトウェア製品の場合は、セキュリティやSLA（Service Level Agreement）といった信頼性確保のための施策を実装することはあるかもしれないが、明確な量産設計フェーズが存在しない場合も多い。また、前述したリーンスタートアップ型プロダクトデザインの場合、プロダクトの検証を進めながらプロダクト開発を実施するため、プロトタイピングそのものがプロダクト開発プロセスでもある。

　プロダクト開発プロセスの中におけるプロトタイピングの位置づけはこのように様々存在するが、どのようなケースであってもプロトタイピングを実施する際には何らかの仮説が存在する。仮説を持たずに手を動かしても、それはあまり意味がないものになるだろう。自分たちが取り組んでいるプロジェクトを見た時に、現時点で検証されていない箇所はどこであるかを捉え、それをどのようにすれば検証できるか検討した上で、プロトタイピングに取り組むことが大切だ。

　弊社ではプロダクトのプロトタイピングに関する相談を受けることが多々ある。「こんな感じのプロダクトのアイデアがあるので、とり

あえず簡単で構わないので動くものを作ってくれませんか？」のような話をいただくこともあるが、私の経験上、仮説検証という目的を持たずにものづくりに着手しても「あー、いいね」で終わってしまったり、「作ったはいいけどこのあとどうしよう？」となってしまったりと、あまり意味がないものになる可能性が高い。

　そのため、弊社でプロトタイピングを業務として受ける時は、「検証したい仮説は何か」「何を確認するためのプロトタイピングなのか」「プロダクト開発プロセス全体の中で、プロトタイピングがどこにどのように位置づけられているのか」などを伺い、時にはワークショップなどを通して認識の擦り合わせを行ってからプロジェクトに着手させてもらうことにしている。

　繰り返しになるが、プロトタイピングとは、何らかの目的がある場合に、その目的に到達するための仮説を検証することによって不確実性を排除し、プロダクトを成功に近づけるためのプロセスである。よって「アイデアがあるから、とりあえずプロトタイプを作ってみる」ではなく、そもそも自分たちが何を確認したいのかを確認してからプロトタイピングに取り組んでほしい。

3.10.4　仮説マッピング

ここまでプロトタイピングの概要について解説し、プロトタイピングとは仮説検証プロセスであり、不確実性を小さくしていく行為であると述べた。では、仮説とはいったいどのようなものだろうか。多くの場合、初期に作ったコンセプトは不確実性の塊であり、どこから手を付けてよいか悩ましいところであろう。どこから手を付けるべきかの答えは、「コンセプト全体に対する影響が大きい部分」であるが、そうはいっても様々な面から評価することができる。

　私たちは、特定の要素について、その影響がどの程度かの評価を下すことは苦手であるが、複数の要素が目の前にある時、それらを比較してどちらが不確実性が高いか、あるいはどちらが重要であるかについ

いて判断を下すことは比較的自信を持ってできるはずだ。そこで、本書では仮説マッピングという手法を使って、どの部分から仮説を検証してくか、決定する方法について紹介したい。

　仮説マッピングとは、仮説と事実を見極めてマッピングしていくワークである。

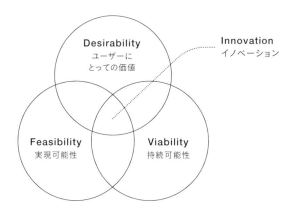

図3-40

プロトタイピングで検証すべき仮説は大きく分けると次の3種類であると述べた。

　　1.そのプロダクトがユーザーにとって価値があるかを検証する
　　2.そのプロダクトが実現可能かを検証する
　　3.そのプロダクトが持続可能かを検証する

これらはそれぞれ、Desirability、Feasibility、Viabilityと捉えることもできる。プロダクトを成功させるためには、図3-40のようにこれら3つの要素が重なっていることが重要であるといわれている。言い換えれば、良いプロダクトとは、ユーザーのニーズと、実現可能性、それからビジネス的な価値がバランシングしている状態である。そこで、それぞれの項目を図3-41のように分解し、どの程度の不確実性があるか、また重要であるかを比較しながら優先順位をつけていくの

である。

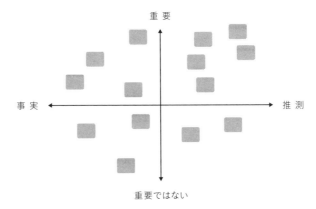

図3-41

それぞれの項目について分解する方法としては様々な手段があるが、
マッピングに役立つ代表的な要素に対する質問事項を紹介する。なお、
これら質問事項はプロダクトの性質によって適宜読み替えたり、読み
飛ばしたり、あるいは必要な項目があれば追加して取り組んでほしい。

ユーザーにとっての価値に関する質問の例：
　　① このコンセプトの想定ユーザーは誰か？
　　② 想定ユーザーが解決したがっている問題は何だろうか？
　　③ 想定ユーザーはどのようにしてその問題を解決したがっている
　　　か？
　　④ なぜ想定ユーザーはそれを解決できていないのか？
　　⑤ プロダクトを使った結果、ユーザーはどのような成果を望んで
　　　いるか？
　　⑥ ユーザーが我々のプロダクトを使う理由は何か？
　　⑦ ユーザーは我々のプロダクトを使おうと思うだろうか？
　　⑧ 我々のプロダクトを使った結果、ユーザーはどのように感じる
　　　だろうか？
　　⑨ ユーザーは我々のプロダクトの使い方がわかるだろうか？

⑩ 我々のプロダクトのUIはどのような形状であるべきだろうか？

⑪ 我々のプロダクトは、コンセプトやメッセージを伝えるために適切な見た目だろうか？

実現可能性についての質問：

① プロダクトを実現するにあたり、どのような技術的課題があるか？

② プロダクトを実現するにあたり、どのような法律や各種規制に触れるリスクがあるか？

③ プロダクト実現のために、社内で障壁となりそうな要素はあるか？　それは何か？

④ あなたの上司、あるいは会社の上層部はこのプロジェクトの推進に賛同し、必要なサポートを提供するだろうか？

⑤ プロダクト実現のために、どのようなスキルを持った人がチームに必要だろうか？

⑥ 必要な資金やリソースは十分か？　不足している場合、どこから調達できるか？

持続可能性に関する質問：

① 想定ユーザーへのチャンネルはどのように確保するのか？

② 想定ユーザーは我々のソリューションを継続して使用するだろうか？

③ 想定ユーザーは我々に新しい顧客を紹介してくれるだろうか？

④ このプロダクトは、自社の方針・ビジョンに沿っているか？

⑤ 最大の競合は誰か？

⑥ どのようにして利益を出すか？

これらの質問に答えながらマッピングしていくと、コンセプトの中には多くの仮説が含まれていることに気が付くだろう。

仮説が多く含まれていることは問題ではない。なぜなら、デザイン

リサーチは事実を積み重ねてプロダクトを作り上げる方法ではなく、人々の生活からインスピレーションを得てコンセプトを作成し、プロダクトを作るための手法であるからだ。仮説の多さは機会の大きさと捉えてもよい。ここから不確実性、つまり仮説を検証して事実にすることが重要なのである。とはいえ、すべての仮説を事実にすることは不可能である。なぜなら実際にユーザーに受け入れられるかなんて、10人程度への調査では到底証明できるものではないし、調査協力者を100人、あるいは1000人に増やしたところで、信頼性は多少高まるかもしれないが、その調査結果をもとに100万人が数年単位で使用した際のリアクションを推測できるものではない。

　なお、この作業にはぜひチームメンバーと一緒に取りかかってほしい。チームメンバーによって、仮説か事実かのポジショニングが異なったり、あるいは重要かどうかの評価が異なる場合がある。例えば、特定のトピックに対してユーザーが課題に感じていることが事実なのか、あるいは仮説の域を出ないかについて意見が分かれたとして、なぜそう思ったのかについて話し合うことは、非常に建設的な行為であるだろう。

　さて、ここでマッピングした仮説をどのように検証していけばよいのだろうか。おそらくそれはこれまでのステップで作り上げたプロダクトの性質にもよるし、仮説の種類によっても大きく異なる。

　例えば技術的に実現可能かどうかについてであれば、専門の技術者や、あるいは有識者に対してヒアリングを実施することが妥当であろう。専門家でも判断に悩む場合は、実際に施策してみるというケースも多々ある。特にAI（人工知能）を活用したシステムなどは、実際に作ってみないとどの程度の精度が出るか専門家でも判断が難しい。

　想定しているユーザーインタフェースが、実際にサービスを使用するユーザーにとって適切かどうかについてを検証するためには、やはり実際にユーザーに話を聞きに行くべきだが、その際に口頭で説明するだけでは、判断が難しい場合が多い。そのためペーパープロトタイプなどで作成した簡易的なモックアップをユーザーに見せながら、あるいはそれを模擬的に使用してもらいながら、ユーザーインタフェー

スを評価するようなことが考えられるであろう。

3.10.5　プロトタイプのフィデリティ

仮説検証する際に注意するポイントであるが、フィデリティを意識することである。最終的な理想としては、すべての仮説を、事実と呼べるレベルまで持っていくことであるが、仮説を証明することは大変なエネルギーを要する行為である。デザインリサーチにおける基本的な考え方はクイック＆ダーティーであり、早く失敗すること、多く失敗することが重要とされる。

　日本ではあまり馴染みのない表現であるが、海外ではプロトタイプの稚拙度を表す言葉としてLow-Fi（ローファイ）、High-Fi（ハイファイ）という表現を使う。FiとはFidelity（フィデリティ）のことであり、実際のプロダクトにどの程度忠実であるかを表している。

　UIデザインの例で考えると、Low-Fiプロトタイプといえば、紙に画面遷移やUIコンポーネントを手で描いた、ペーパープロトタイプと呼ばれるようなものを想像するとよいだろう。一方でHi(gh)-Fiプロトタイプとなると、Adobe XDやFigma、Sketchなどでデザインされたものが近いであろう。

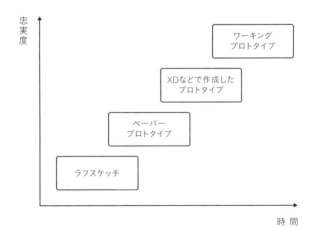

図3-42

重要なのはいかに早く作って、早く失敗するかである。図3–42は手戻りに必要となる時間とフィデリティの関係を示したものである。Low-Fiプロトタイプは、短い時間で作成することができるし、修正が必要になった場合に素早く修正することができる。一方で、Hi-Fiプロトタイプになると作成するのに多くの時間が必要になってしまうし、修正には多くの時間を要する。作成したコンセプトが最初から完璧であるならば、いきなりHi-Fiプロトタイプを作成したほうがトータルで必要な時間は短くなるだろうが、多くの場合そういったケースは当てはまらない。

さて、仮説を検証したあとはどうしたらいいのだろうか。仮説が事実だと判明した場合は、仮説マップで該当するアイテムを事実に近づけよう。問題は、仮説が間違いだと判明した場合である。これは一切恥じる必要はない。コンセプトに立ち戻り、得られた情報を元により良いコンセプトを考えればよいのだ。いずれにしてもプロトタイピングを行うことで新しい事実を発見することができ、不確実性を小さくことができた。プロジェクトが前に進んでいる証拠である。

3.10.6　プロトタイピングの手法

プロトタイピングには、ペーパープロトタイピング、フィジカルプロトタイピング、ビデオプロトタイピング、スケールモデル、スクリーンシミュレーションなど様々な手法がある。本章では代表的なプロトタイピングの手法を簡単に紹介する。

ペーパープロトタイピング

ペーパープロトタイピングとは、Webサイトやスマートフォンアプリの画面を模したものを手書きすることによって、開発しようとする

プロダクトの適切な見た目がどのようなものかを検討する手法である。

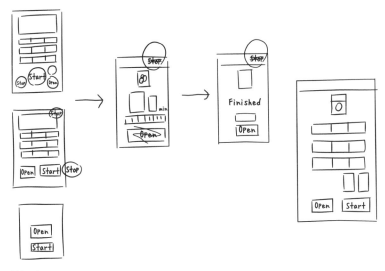

図3-43

この手法の良いところは、低コストで高速にプロトタイピングを行うことが可能なところだ。事前に特別な材料やツールを準備する必要がなく、図3-43のように紙とペンさえあれば実施でき、かつ特定のツールの使い方を習熟する必要がないためチーム内で容易にコラボレーションが可能である。チームメンバーの誰かが、もっと良いアイデアを思いつけば、手元にあるペンと紙でそのアイデアを形にすることができる。

　また、手書きでの作業になるため、熟練者でも綺麗な見た目を作ることが難しいという点がプロジェクトの初期段階では大きなメリットになるであろう。アイデアを形にするハードルが低く、アイデアを形にするためのコストも限りなく低いため、稚拙なアイデアであっても恥ずかしがらずに場に出しやすい。

　ペーパープロトタイピングによって、プロダクトの見た目に関して様々なアイデアを出し、ブラッシュアップを経たあとは、ぜひペーパープロトタイプでのユーザーテストを実施してほしい。プロジェク

トチームはこれまでのリサーチを経て様々な知見を得ているとはいえ、
ユーザー自身ではない。プロジェクトによっては、年齢、居住地、ライフスタイルなど、自分自身が想定ターゲットに含まれるケースもあるかもしれないが、これまでのリサーチで得た様々な知見がバイアスとなって、実際のユーザーと同様の反応を示すことは難しいであろう。

　なお、ユーザーテストをする場合に、確認すべき項目をいくつか紹介する。これはあくまでも例であり、プロダクトの性質によって随時組み替えて使用してほしい。

- ユーザーは、プロトタイプを見る前に、プロダクトに対して何を期待しているだろうか？
- プロダクトはユーザーが抱えている問題に対処しているだろうか？
- 彼らはプロダクトがどのような見た目であると期待しているだろうか？
- プロトタイプを見せた時、彼らはプロダクトの使い方を理解できるだろうか？
- 彼らはそれを必要としているだろうか？　欲しい、または使いたいと思うだろうか？
- プロダクトはどのようにして彼らの期待に応えるだろうか？
- 現在のプロダクトに欠けている機能は何だろうか？
- 現在のプロダクトに不要なものはあるだろうか？
- プロトタイプを使用する時、ユーザーはどのように感じるだろうか？
- ユーザーが魔法の杖を持っていたら、彼らはプロダクトをどのように変えるだろうか？
- プロダクトが利用可能だったとして、ユーザーはそれをどのようにして手に入れることができるだろうか？

モックアップ

モックアップとは、動作はしないものの外見は実物に似せて作られた
プロトタイプである。フィデリティの概念を前述したが、ペーパープ
ロトタイプよりもう少しフィデリティが高いと表現することもできる
だろう。

　Webサイトやスマートフォンアプリなどの場合、ペーパープロト
タイプよりもう少しプロダクトに近いプロトタイプを指し、XDや
Figmaなどのプロトタイピングツールを利用して作成されることが多
い。アニメーションなどが含まれる場合はAfter Effectsなどの動画制
作ツールを使用して作成する場合もある。

　デジタルアプリケーションに閉じないプロダクトの場合は、ホーム
センターに売っている木材や発泡スチロールなどを利用して実物大の
模型を作成することもある。大きなものではコンビニやアパレルや飲
食店の店舗、飛行機や電車の内部を実物大で再現し、従業員が適切に
業務に従事することができるかどうかを確かめたり、顧客役となる人
々を招いて実際の体験をシミュレートすることによってコンセプトを
評価する場合もある。

アクティングアウト

アクティングアウトとは、寸劇のことである。寸劇というとおままご
とのようなものをイメージするかもしれないが、コンセプトを検証す
るにあたり、これが非常に有効な手法なのである。アクティングアウ
トを行う際には、ユーザーになったつもりでプロダクトを使用するフ
リをする。これによって、プロダクトとのタッチポイントが想定通り
の役割を果たすかを確かめるのである。

　アクティングアウトにおいて重要なのは、一部のシーンだけを切り
取ってプロダクトを使用したつもりになるのではなく、最初から最後
まで流れとしてプロダクトを利用してみることである。つまり、プロ
ダクトを利用するのに10分かかるのであれば、アクティングアウト

としてプロダクトを利用するのにも10分が必要になる。しかしこの時間が重要だ。紙の上や画面の中だけで検討する際には、時間軸は仮に記載されていたとしても、情報として俯瞰する場合がほとんどだろう。

　実際に流れる時間軸の中で体験を共有することによって、プロダクトを利用するために必要であるが、検討から抜け落ちていたタッチポイントの存在に気が付くこともあるはずだ。また、目の前で人が実際にプロダクトを利用している様を見ることで、プロダクト改善のための着想を得ることができるかもしれない。

ビデオプロトタイピング

ビデオプロトタイピングは、新しいプロダクトやサービスがどのように提供されるか、それらがどのような状況でどのようなインタラクションを介してエンドユーザーに価値を提供するのかを示すコンテクストを重視した手法だ。コンテクストというのは、人々がいつ、どこで、何をしている時かということである。ビデオプロトタイピングでは5W1Hを盛り込むことを忘れないようにしよう。

- Who：ターゲットは誰か？
  プロダクトを利用するユーザーは誰だろうか。子どもなのか大人なのか。特定の仕事に従事する人々が対象なのか、あるいは特定のニーズを持つような人々が対象なのか。プロダクトが対象とする人をできる限り映像の中で描くのがよいだろう。

- When & Where：いつどこで使うのか？
  プロダクトはいつどこで使われるものだろうか。自宅にいる時に利用されることを想定しているのか、あるいは仕事中に利用されるものだろうか。外出中や特定のアクティビティを実施している最中に利用されることを想定しているのであれば、そのシーンを描くとよい。

- Why：プロダクトを使う動機は何か？
  プロダクトの対象ユーザーがプロダクトを使う理由はどのようなものだろうか。現状の生活に課題があるとするならば、その課題はどのようなものだろうか。

- What：プロダクトは何か？
  これが一番重要なポイントだが、プロダクトは何だろうか。スマートフォンやPCで利用されるようなデジタルアプリケーションだろうか。あるいはハードウェア製品だろうか。もしくは街の中にあるような店舗だろうか。いずれにしても動画の中で、何があなたが提案しようとしているプロダクトなのか、誤解のないように描く必要がある。

- How：プロダクトはどのようにして使うのか？
  プロダクトがどのように利用されるかも外せないポイントだ。プロダクトに関するすべてのタッチポイントを短い時間の動画で描き切ることは難しいかもしれないが、プロダクトを使用するシーンをイメージできるように盛り込もう。

なお、本書執筆時点で私が最も重視するプロトタイピング手法がビデオプロトタイピングである。ビデオプロトタイプはプロダクトが置かれる文脈と、プロダクトの価値を短時間で視聴者に伝えることができる。また、他のプロトタイピング手法と異なり、視聴する人々は時間軸に沿ってビデオを再生するだけである。（早送りされてしまう可能性はあるが）私たちが伝えたい情報を伝えたい順序で伝えることができる。例えばペーパープロトタイピングのような手法であると、そのプロトタイプと対峙した人がまずどこに注目するかは予測できない。ホーム画面を見るかもしれないし、あるいはユーザー管理画面に着目するかもしれないし、ショッピングカートを見るかもしれない。検証したい仮説によっては無用なプロセスだ。ビデオプロトタイプではこのよう

な心配は不要である。ビデオを作成するためにはカメラや映像編集ツールなどが必要になってしまうが、コンセプトを伝える非常にパワフルなプロトタイピング手法といえる。プロトタイピング実施時には選択肢のひとつとしてぜひ検討してもらいたい。

本章では、デザインリサーチの一連の流れを、設計、チームビルディング、調査、分析、アイディエーション、コンセプト作成、ストーリーテリング、プロトタイピングの順に紹介した。必ずしもこの手順通りにプロジェクトを進めなければいけないというものではないが、多くのケースにおいて本書の通りにリサーチを進めていけば、何らかの成果が得られるものと考えている。

　なお、ストーリーテリングの前にプロトタイピングを実施することによってコンセプトを検証し、それからストーリーテリングに挑む場合もあるだろう。プロジェクトの状況や予算、スケジュールにもよるが、可能であればコンセプトの検証をした上で、ステークホルダーへのプレゼンテーションを実施したほうがより説得力のある内容となることは述べるまでもない。

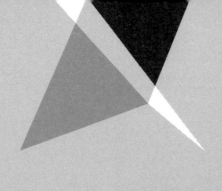

4

デザインリサーチの運用

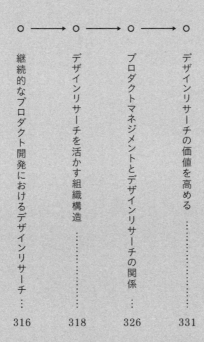

4.1 継続的なプロダクト開発における デザインリサーチ

現代におけるプロダクトは明確な「完成」を持たないことが多い。従来のプロダクト、例えば椅子や机といった家具、あるいはエアコンや冷蔵庫といった家電製品は、製品開発フェーズや量産フェーズを経て家具店や家電量販店に並ぶのが一般的であり、店頭に並べられたプロダクトは完成したプロダクトであった。

ここでいう「完成」とは、プロダクトが市場に出荷されたあと、その商品に対して手が加えられることがないという状態だ。コスト削減や性能向上などの理由で、見た目や型番が同じであっても出荷のタイミングによってアップデートが加えられているケースもあるが、消費者の手に渡った商品に対してはリコールなど特段の事情がない限り改善や改修が入らない。

しかし現代の多くのプロダクト、特にデジタルプロダクトは、商品が消費者の手に渡ったあとも何らかの方法でアップデート手段が用意されていることがほとんどである。パソコンやスマートフォンを利用していれば、OSや使用しているアプリケーションについてアップデートの通知を目にすることも多いだろう。最近ではデジタルカメラや自動車などのハードウェアプロダクトにおいても、ソフトウェアのアップデートによって機能が追加されたり、性能が向上したりといった様々な恩恵を受けることができるようになっている。

消費者にとって、プロダクトの価値を継続して向上させようとする企業の姿勢は多くの局面において歓迎すべきものであろうが、プロダクトを提供する企業としては、これまでとは異なるプロダクト開発プ

ロセスが必要となる。これはエンジニアリングチームだけではなく、ビジネスサイドやデザインサイドのそれぞれで、プロダクトが継続的にアップデートされることを前提とした、プロダクトの価値を高めるための活動が必要となる。

デザインリサーチの対象となる範囲は、アプリケーションや家電製品に限定されるものではないと述べた。店舗や飲食店、あるいはコールセンターや行政サービスなどもプロダクトとして捉えることができる。デザインリサーチによって改善機会を見いだすことができ、接客や業務プロセスを継続的に改善できる可能性があるのだ。

状態としての完成を持たないプロダクトに携わる場合、1回のデザインリサーチでもそれなりの成果は期待できるものの、理想の状態まで到達できることはほとんどない。これは本書の冒頭でも述べたが、自動車が発明されたことで交通事故や渋滞といった新しい課題が生まれたように、新しい施策は常に新しい問題を生み出すからである。そのため、デザインリサーチをシリーズとして組み立てて運用していく形が理想である。

本章では、デザインリサーチプロジェクトを企画して運用する、というマネジメントの観点から記述する。なお、プロダクトの開発体制やそのプロセスは、取り組む組織や扱うプロダクトの性質によって大きく異なることが常である。スタートアップと大企業では組織構造や仕事の進め方が違うであろうし、スタートアップ同士、また大企業同士であっても、あるいは同じ企業の中においても事業部が異なればプロセスも異なるケースがある。これからデザインリサーチを組織の中で運用するにあたり最低限抑えなければならないポイントについて言及するが、取り組む組織の状況を踏まえてより適切な方法を探して実行してほしい。

4.2 デザインリサーチを活かす組織構造

デザインリサーチをプロダクト開発プロセスに取り入れることを考えた際に、まず考えるべきことは、誰がデザインリサーチを主導するのか？である。デザインリサーチの専門家、あるいは専任担当者がデザインリサーチ導入時から組織内に存在するケースは稀だ。

多くのケースでは、開発チームやデザインチーム、ビジネスチーム、あるいはプロダクトオーナーやプロダクトマネージャーなどのうちの誰かがデザインリサーチを担当することになる。私自身、様々な企業と仕事をさせてもらっているが、それぞれ事情が大きく異なるため「このようなケースが多い」と述べることは難しい。あえて言及するならば、デザインチームがデザインリサーチに相当する職務を担当することが多い。これはUXデザインと呼ばれるような領域で歴史的に質的調査を重視する傾向があったためでないかと考えている。そもそも小さなプロダクトチームではデザイン担当者が存在しない場合も多い。そのような規模のチームではビジネスチームと呼べるようなチームも存在せず、CEOやプロダクトオーナー、プロジェクトリーダーと呼ばれる担当者がリサーチを実施することになるはずだ。

プロジェクトが進み、チームが大きくなってくると、デザインリサーチの位置づけを改めて検討する必要が出てくるであろう。組織の中でのデザインリサーチの位置づけについて分けて見ると、中央集権型、分散型、マトリックス型が存在する。

4.2.1 中央集権型の組織構造

中央集権型とは、図4-1のように、デザインリサーチャーのみが属するデザインリサーチ部門が組織の中に存在し、必要に応じてデザインリサーチに関するリソースをプロダクトチームに提供するパターンである。

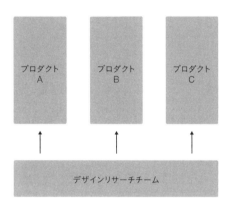

図4-1

各プロダクトチームはリサーチが必要な状況になった時にデザインリサーチチームに連絡を取る。デザインリサーチチームは、プロダクトの状況についてヒアリングを行い、必要と思われるリサーチを立案し、リソースを割り当てることになる。

　専門のデザインリサーチチームが存在することには様々なメリットがある。ひとつは人材の幅の広さであろう。デザインリサーチには様々な手法がある。質的調査、量的調査のような分類はわかりやすいが、質的調査の中にも観察、インタビュー、ワークショップ、ユーザビリティ評価などがあり、それぞれ異なる専門性と技術が必要になる。また、リサーチの対象に関する専門性も考慮すべきだ。単一のプロダクトであっても、子ども向けのリサーチが必要な時と、高齢者向けのリサーチが必要な時があり、やはりそれぞれ異なるノウハウが活きる。このような様々なリサーチの状況を考慮して、適切なデザインリサー

チャーをチームとしてプロジェクトに割り当てることができるのは、中央集権型デザインリサーチチームの大きな強みである。

　これは、デザインリサーチャー個人のキャリアパスにも大きな影響を与える。エスノグラフィックリサーチに関する専門性を深めたいリサーチャーには、そのような道を用意することも可能であろうし、ワークショップデザインの専門家を目指したいリサーチャーにはそのようなプロジェクトを集中的に割り当てることもできるだろう。スペシャリストというよりはジェネラリストを目指したいリサーチャー、あるいは将来的にはマネージャーを目指すリサーチャーもいるかもしれない。チームとしての事情も考慮しなければならないが、個々人の志向や適正を考慮し、理想とするデザインリサーチャーを目指して成長する環境を比較的用意しやすい。

　さらにデザインリサーチがチームとして存在することによってリソースやノウハウの共有が可能になるというメリットもある。例えばわかりやすいところではインタビューに使用するカメラや音声レコーダーを各リサーチャーが保有する必要はなく、チームとして保有すれば費用を最小限に抑えることができるし、万が一機材に不具合が起きた時にも代替品を用意することが容易になる。また、リサーチで使用する様々なテンプレートやリサーチそのものに関するノウハウもチームで共有できるのは大きい。

　最後に、デザインリサーチの組織内におけるプレゼンス向上もポイントであろう。デザインリサーチチームが組織内に存在するということは、デザインリサーチチームをマネジメントするマネージャーが存在するだろう。このことは組織の中でデザインリサーチのプレゼンスを高め、デザインリサーチに対する投資を促進することが期待できる。前述したリソースの共有とも重複するが、例えばプロジェクトルームやユーザビリティラボ（ユーザビリティテストを実施するための専用の部屋）などを用意するためには、それなりに大きな投資が必要となるし、場合によってはそれらを管理するために専任のスタッフを雇用する必要があるかもしれない。このような投資は中央集権型組織のほうが実現しやすいといえる。

一方で、いくつかのデメリットにも目を向けなければならないだろう。

　ひとつは、コスト負担の問題である。これは企業によって事情が大きく異なるが、デザインリサーチに関するコストを誰が負担するのかというテーマがある。デザインリサーチそのものは事業活動ではないため直接売上を産まないコストセンターであると位置づけられ、プロフィットセンターへの転換が図られることが多い。つまり特定のプロダクトに対してデザインリサーチを提供した時に、そのリサーチに要した費用をそのプロダクトチームに対して請求する。実際の金銭のやり取りが発生するわけではなく、あくまでもひとつの測定指標であるが、これによってデザインリサーチチームのコストと収益が可視化され、組織の中での収益最大化が求められる。この考え方自体は理解できるものの、プロダクトチームからすればデザインリサーチにどの程度の予算を割り当てるべきかを考えなければならず、デザインリサーチを敬遠する理由のひとつにもなってしまうだろう。

　さらに、プロダクトチームと物理的に異なる場所にデザインリサーチチームが存在する場合、本来であればデザインリサーチが必要なシチュエーションを見逃す恐れもある。これは決してプロダクトチームがデザインリサーチを軽視しているのではなく、そもそもデザインリサーチの重要性や価値について理解していないケースや、あるいは単に忘れていたケースもあるだろう。そのためデザインリサーチチームは、プロダクトチームに対して常にデザインリサーチの価値を訴求し、リサーチプロジェクトを実施するために社内である程度の営業活動をする必要がある。

　また、デザインリサーチに関するリソースをいかにコントロールするかという課題もある。プロジェクトの量に対してリサーチャーが不足していれば、場合によってはプロジェクトを断らなければならないだろうし、逆にプロジェクトの数に対してリサーチャーの数が過剰であれば、プロジェクトにアサインされていないリサーチャーに対してどのような業務を割り当てるかを検討しなければならない。

4.2.2　分散型の組織構造

分散型とは、図4-2のように、各プロダクトチームの中に、そのプロダクト専任のデザインリサーチャーが属する組織構造である。

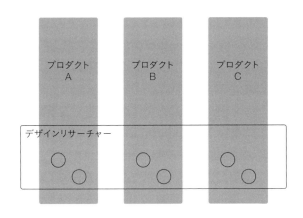

図4-2

このケースの場合、組織の中にデザインリサーチチームというものは存在せず、各デザインリサーチャーが個別にリサーチに従事し、プロダクトチームのエンジニアや他の役割のスタッフと共にプロダクト開発に携わる。

　この組織構造の利点は、多くの場合、中央集権型のデメリットを解消する。つまり、プロダクトチームの中にはじめからデザインリサーチャーが存在するため予算に関する心配はないだろう。プロダクト開発を近い立ち位置から見ているため、デザインリサーチが必要なシーンを早期に察知してスムーズにプロジェクトを進めることができる。

　一方で、中央集権型のメリットであった点がデメリットとなる。例えば、各プロダクトチームに属するデザインリサーチャーは、そのプロダクトに関するリサーチをすべて担当する必要があるため、幅広い知識やスキルを持ったジェネラリスト的な振る舞いが求められる。また「ハンマーを持つ人にはすべてが釘に見える」のような格言があるように、そのデザインリサーチャーに得意な調査手法がある場合、本

来であれば他の調査手法が適切であるシーンであっても、得意な調査手法でのリサーチを実施しがちになる傾向がある。

　またリソースやノウハウが共有されにくいこともこの組織構造のデメリットだ。各プロダクトチームごとにリサーチに必要なテンプレートを作ったり、リサーチに必要な機材などを購入したりすることがあるかもしれない。そしてユーザビリティラボのような大型投資を敢行するハードルは、中央集権型組織の比ではないだろう。

4.2.3　マトリックス型の組織構造

図4-3のようなマトリックス型の組織では、デザインリサーチャーは、プロダクト開発チームとデザインリサーチチームの両方に属し、中央集権型と分散型の利点を併せ持つ。

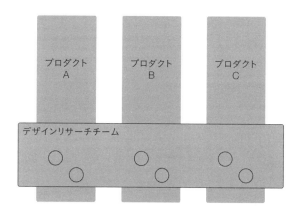

図4-3

つまりプロジェクトチームの一員として働くことでプロジェクトチームと密接な関係を作ることができるため、デザインリサーチが必要な状況を早期に察知してリサーチに取り組める。一方で、日常的な業務としてはプロダクトチームの一員として働くが、その業務はデザインリサーチチームとしても共有される。各リサーチの管理やレビューを

デザインリサーチチームで実施することでデザインリサーチのクオリティが向上する。

　また、柔軟性の高さもこの組織構造の利点だ。プロジェクトの状況に応じて割り当てたメンバーの調整を行うことも可能になる。例えばあるプロジェクトでワークショップを実施する必要があれば、ワークショップの専門家を一時的にそのプロダクトにアサインするようなこともできるし、どこかが一時的に負荷の高い状況であれば、余裕のあるメンバーをヘルプに向かわせることもできる。リサーチに必要なリソースをデザインリサーチチームで管理することで業務の効率化も図れるだろう。

　一方で、それぞれのデザインリサーチャーからすると、2つのチームに所属しているという状況は必ずしも望ましい状況ではないといえる。2つのチームに所属しているということは、単純に上司が2人存在するということでもあり、それぞれの上司の意見が必ずしも一致するとは限らない。板挟みのような状況に陥ってしまい、ストレスを抱えて仕事をするケースも考えうる。

　また、このような組織形態を適切に運用することは実際には容易ではない。各デザインリサーチャーは報告や相談、連絡といった業務が増加することになり、デザインリサーチチームのマネージャーは、プロダクトチームのマネージャーと密に連絡を取り合ってプロジェクトの状態を把握し、それぞれのチームの利害関係を調整し、同じ目標に対して向き合う状況を作らねばならない。

4.2.4　デザインチームとデザインリサーチチームがどう協働するか

ここまでプロダクトチームとデザインリサーチチームの関係性について述べたが、デザインチームとデザインリサーチチームの関係性についても検討する必要がある。多くの場合はデザインリサーチチームは、デザインチームの中に所属していることが多い。これは歴史的に、デザインチームがデザインを行う際に（組織化されていたか否かは状況によ

るものの）様々なリサーチを実施していたためであり、リサーチに対する理解が深いためであろう。

　一方で、ある程度の規模のプロダクトになると、プロダクトマネージャーがデザインリサーチを活用するケースが多くなる。そのようなケースでは、デザインリサーチチームがプロダクトマネージャー（あるいはプロダクトマネジメントチーム）に属していたり、デザインチームとプロダクトマネージャーの両方に属していたりする。

　どちらが良いかはデザインリサーチに期待される内容によって異なる。UIやUXデザインのためのリサーチが主であればデザインチームに属したほうが都合が良いかもしれないし、ビジュアルに限らず様々な仮説を作り、検証することが多く求められるのであればプロダクトマネージャーと共に働くことが多くなるためプロダクトマネジメントチームに属したほうが効率的に業務を進めることができるかもしれない。

　なお、よく質問されるので併せて述べておくが、組織の中でこれからデザインリサーチに取り組む場合、まずは小さく始めることが鉄則であろう。デザインリサーチを小さく始めて小さな成果を出し、周りを巻き込みながら少しずつ文化を育んでいくのである。

　近年ではプロダクトマネジメントの考え方が普及しつつあるおかげで、それに伴いデザインリサーチに対する認知が高まり、重要性が認められつつある。特にプロダクトマネジメントの本場であるアメリカや、その他の英語圏でデザインリサーチャーの求人が大きく伸びていることが、このことを裏付けている。このトレンドは日本にもそう遠くない将来、波及すると考えられる。

4.3 プロダクトマネジメントと デザインリサーチの関係

現在のソフトウェアプロダクトの開発現場では、プロダクトマネジメントという考え方や職域が急速に市民権を得ている。テクノロジー、デザイン、ビジネスに関する各チームが協同してプロダクトを成長させていく中で、デザインリサーチャーはどのように位置づけられ、どのようにチームに貢献していけばよいのだろうか。

4.3.1 プロダクトマネジメントとは何か

プロダクトマネジメントやプロダクトマネージャーに対する注目が、特にソフトウェアプロダクトに関する領域で急速に高まっている。マーク・アンドリーセンが2011年に彼のコラム[1]の中で「Software Is Eating The World（ソフトウェアが世界を飲み込む）」と述べたように、書店、映画、音楽、ゲームのようなコンテンツビジネスだけでなく、通信、人材紹介、小売、物流、ガス、電気、金融、ヘルスケア、教育から軍事産業に至るまで、例外なくすべての産業においてソフトウェアの重要性が高まっており、ソフトウェアプロダクトをいかにマネジメントするかがビジネスにおける競争力の源泉となっている。ソフトウェア

---

1 元はウォール・ストリート・ジャーナルのコラムとして発表されたが、アンドリーセン自身のサイトで全文が公開されている。https://a16z.com/2011/08/20/why-software-is-eating-the-world/

がビジネスに大きな影響を与える状況下では、プロダクトマネジメントやプロダクトマネージャーと呼ばれる職域が注目されることは自然なことであり、我々の周りのプロダクトを見渡してもバックオフィスまで含めてソフトウェアと完全に無縁なプロダクトはおそらく見つからないだろう。ただし、プロダクトマネジメントがカバーする領域はソフトウェアプロダクトに限らない。

　プロダクトマネージャーの位置づけは企業によって差異があるものの、多くの場合、各企業におけるCEO直下の独立した存在である。市場の状況を把握し、プロダクトを理解し、顧客のニーズを掴み、ニーズに優先順位を付けた上で、戦略を立案して、ユーザーの要求を適切な体験へ落とし込むことが求められる。そして、プロダクトの立ち上げから収益化まで、特定のプロダクトに関するすべての責任を負う存在であることが多い。プロダクトに関するすべてとは、図4-4のようにテクノロジー、デザイン、ビジネスの3つに分けて説明されるのが一般的だ。

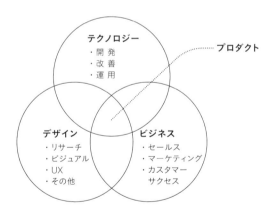

図4-4

この3つの円の中心に存在するのは当然ながらプロダクトそのものであり、プロダクトは、テクノロジー、デザイン、ビジネスの重なるところにある。

　テクノロジーはプロダクトを開発・運用する仕組みや、開発者のこ

とであり、彼らなしではプロダクトは生まれず、プロダクトを安定して提供することも難しい。

デザインはビジュアルとしてのデザインも当然含まれはするが、プロダクトを使う人、あるいは使うかもしれない人々のことを理解し、ニーズや要望を汲み取り、どのようなソリューションが適切であるかを検討する役割だ。そしてビジネスとは、プロダクトを販売し、プロダクトによって収益を上げる役割を持つ。

もしこの3つの丸のバランスに大きな偏りがあったらどうだろうか。テクノロジーの力が強すぎると開発者都合でプロダクトに実装する機能が決定され、顧客が必要としない機能、あるいは顧客が必要とする機能ではあるが望ましくない形での実装が行われる可能性がある。また、ビジネスとしての費用対効果を無視した新しい技術の導入や、重要な改善要望が後回しにされるケースもあるだろう。ビジネスの力が強すぎると、顧客の御用聞きのような状態になってしまって開発チームを振り回し、貴重な開発リソースが無駄使いされる恐れもある。あるいは短期的な売上を優先してしまい中長期的には顧客のためにならない機能の開発が優先されてしまうかもしれない。顧客ばかりが強すぎると、ビジネスとしては成立し得ない価格設定でプロダクトを提供することになったり、あるいはプロダクトのフェーズに対して過剰なUXを提供してしまうこともある。

プロダクトを生み出し、健全に成長させていくためには、デザイン、ビジネス、テクノロジーの都合、つまり顧客にとって望ましく、ビジネスとして成立し、現実的なスケジュールおよび費用で開発可能なちょうどよいバランスを見つけ出し、それを実現するために継続的な意思決定をしていく必要がある。この意思決定を行う責任者がプロダクトマネージャーであり、開発、顧客、ビジネスのそれぞれについて分野横断的に豊富な知識と経験が求められる。

プロダクトマネジメントとデザインリサーチの協働

チームが小さいうちはプロダクトマネージャーは（場合によってはプロ

ダクトマネージャーという肩書ではないかもしれないが）、いわゆる何でも屋になることが多い。プロダクトを顧客に売り込むこともあるであろうし、顧客へのヒアリングを通して要望を整理することもあるだろう。開発チームの中でコードを書くことがあるかどうかはその人物のバックグラウンド次第だが、プロダクトのリリース前には開発チームに混じって動作テストに尽力することも珍しくない。プロダクトのプロトタイプを作ったり、ワイヤーフレームを引くこともあるだろう。

　しかしながらプロダクトが成長し、チームが大きくなるにつれ、プロダクトマネージャーの役割にも変化が訪れる。プロダクト開発に際して「何を作るか？」を決定し、その作り方を関係各所と擦り合わせ、ステークホルダーを動かし、プロダクトを改善していくことがプロダクトマネージャーの役割となる。そして、ここで鍵となるのがデザインリサーチである。プロダクトマネージャーが「何を作るか？」を決定するために必要な情報提供をすることが期待される。ここで述べる情報とは、大きく分けると2点、つまり仮説とその仮説に対する検証結果である。

　仮説とは例えば「このような機能があったら顧客に喜ばれるのではないか？」「この部分を改善すれば顧客がより増加するのではないか？」のようなものであり、前章で紹介した様々な調査手法を活用してこのような仮説を立てることができる。そして、仮説に対する検証結果とは、プロトタイピングなどの手法を利用して、それら仮説の確からしさを確認した成果である。

　なお、プロダクト開発において、デザインリサーチチーム以外が仮説を作ってはいけないというルールはない。ビジネスチームが顧客と接する中で、何らかの仮説を立てる場合もあるだろうし、開発チームが「このようなUIだと、顧客は使いやすいと思います」のような仮説を作る場合も当然ある。これら様々な仮説はプロダクトマネージャーのもとに集められ、検証するかしないか、検証するとしたらどのようにして検証するかが判断される。

　検証対象となる仮説によっては、あるいは求められる検証精度によっては、デザインリサーチチームだけでは検証が為せないものもあ

り、他のチームとの連携が必要になってくるが、少なくとも初期の検証についてはデザインチームやデザインリサーチチームが主導することが多いといえる。

　このように、デザインリサーチャーはプロダクトマネージャーと共にプロダクトの価値を創出していくことができる。

4.4 デザインリサーチの価値を高める

デザインリサーチは1回のプロジェクトでプロダクトが抱えるすべての課題を葬り去ってくれるような銀の弾ではない。デザインリサーチプロジェクト自体を複数回、あるいは並列に実施することによって継続的にプロダクトをより良くしていく姿勢が求められ、その際にはデザインリサーチを実施する立場としても投資対効果を最大化できるように努める必要がある。

4.4.1 組み合わせで投資対効果の最大化を目指す

大きな規模のプロダクトになると、複数のリサーチチームが並行して走っていたり、異なる粒度のリサーチを組み合わせてプロダクト開発を進めていくことになる。異なる粒度のリサーチとは、広く浅いリサーチと、狭く深いリサーチといえばわかりやすいかと思う。

　広く浅いリサーチとは、例えば店舗のオペレーションを改善することがミッションのチームの場合、広い領域を対象に実施する最初のリサーチだ。これによって、在庫の管理や接客、店舗スタッフのシフト管理など様々な業務について理解し、いくつかの機会を発見できるだろう。しかしながら、ここで発見される機会とはおそらく「どのようにすれば作業負荷を軽減しつつ、在庫管理を効率化することができるだろうか？」のように、対象を大きな視点で捉えたものである。

　一方で、ある程度機会を捉えたあとは、より適切に問題を定義する

ための狭く深いリサーチが必要になる。例えば「採用後の研修期間を
短くしつつ、新人が現場でパフォーマンスを出せるようにするにはど
うすればよいだろうか？」のような問いに対して、人材採用と研修に
フォーカスを当てたリサーチを実施することになるだろう。

　ひとつのリサーチプロジェクトにかけられる予算、日数が同じだと
した場合、前者は業務全体を捉えた課題を設定できる反面、各業務の
理解には限界がある。一方で、後者はスコープを絞ったことで全体を
捉えることは難しいかもしれないが、特定の領域に対して深く理解し、
さらに適切に問題を定義することができる。

　狭く深いリサーチを実施する場合には、どの領域にターゲットを絞
るとROI（投資利益率）が最大化されるかを検討する必要があり、その
ためにはまず広く浅いリサーチが必須である。これらリサーチのス
コープや深度を調整しながら、リサーチリソースのROI最大化を目指
す必要がある。

　この時重要なのは、リサーチ結果をいかにして活用するかという観
点だ。例えばどれだけROIが高いリサーチであったとしても、リサー
チの結果得られたソリューションをプロダクトに反映させるための開
発チームやその他のリソースが得られない場合、いくら素晴らしいソ
リューションを提案しても絵に描いた餅となってしまう。

　一方で、開発工数をそこまで必要とせずにプロダクトを着実に改善
することに繋がるリサーチは、その結果をプロダクトバックログ、つ
まり比較的直近の開発タスクとして設定しやすいだろう。大規模なプ
ロダクトでは開発チームをいくつかに分け、漸次的な開発と、中長期
的な開発で役割分担をしているケースも見受けられる。リサーチチー
ムの運用だけではなく、各種ステークホルダーと連携して自分たちの
アウトプットの価値を高められるように調整する必要があるだろう。

4.4.2　プロセスをブラッシュアップする

リサーチチームの価値を高めるには、リサーチチーム全体の計画、つ

まりリサーチャーをどのようなプロジェクトにアサインするかを調整することによって、リサーチに対する費用対効果を高める一方で、デザインリサーチのプロセスをブラッシュアップすることによって、各プロジェクトのパフォーマンスを高める工夫も必要だ。ここで述べるパフォーマンスとは、いかに低コストで、高い成果を出すかという点である。

　各リサーチの準備、リクルーティングやスケジューリング、各種ロジスティクス、リサーチ協力者への応対などは、最初のうちは用意するのが大変な部分であるが、定常的にリサーチを実施していく場合、ある程度定型化できる業務である。次回以降のプロセスを念頭に置き、取り組んでほしい。

リサーチ協力者を探す

リクルーティングは社内で実施するか、外部の人材紹介会社などに協力を依頼するかによってプロセスが大きく変わってくる。自社プロダクトのユーザーに限らず広く話を聞きたい場合には、外部の協力会社に依頼するのがよいだろう。一方で、自社プロダクトのユーザーに対して話を聞きたい場合は、外部の協力会社を使用することは難しい。プロダクトの中にメッセージ機能などがあればそれを活用することも選択肢に入るが、メールや何らかの手段でユーザーに連絡を取る必要がある。BtoBプロダクトであれば、営業担当者や、カスタマーサクセス担当者経由で連絡を取る方法もある。どちらの場合にしても、初めてユーザーにコンタクトを取るときは、開発者や営業担当者、あるいはカスタマーサポートやカスタマーサクセス担当者に連絡を取り、プロジェクトの意義や狙いを説明する必要がある。

　なお、リサーチに協力してもらった方、あるいはお願いしたが残念ながら断られてしまった方については、社内でリストで管理・共有しておこう。ある程度の時間が経過した後に再度協力をお願いするケースもあるかもしれないし、社内の異なるプロダクトに対して協力をお願いするケースもあるかもしれない。また、社内の他のプロダクトで

すでに協力してもらっている場合は、声がけするタイミングに注意を払うべきであろう。異なるプロダクトとはいえ、同じ会社から頻繁に協力依頼があったらどのような印象を持つだろうか。良い印象だったとしても、その何らかの印象がバイアスとしてリサーチ内容に影響を与えてしまう可能性は大いにある。

このリストでは、どのようなリサーチを実施したかも併せて記載しておくとよい。将来何らかのリサーチを行う際に、過去のインタビュー内容を再度精査してインサイト抽出を試みるケースもある。インタビューの内容に興味深い点があれば追加のインタビューをお願いすることもあるだろう。過去のリサーチはプロダクトにとって、組織にとって、貴重な資産なのである。

他部署の協力を取り付ける

初めてデザインリサーチを実施する場合は、リクルーティング以外にも様々な「初めて」に直面するだろう。デザインリサーチの担当者もいないであろうし、社内の調整に時間がかかるかもしれない。毎回ゼロから説明していては工数がかかってしまうため、2回目以降も実施することを想定して、該当部署で担当者を決めてもらうのが望ましい。「デザインリサーチを実施する場合は、○○部門の○○さんに連絡する。その際は、デザインリサーチの目的と、インタビューに必要な人数、インタビュー対象者として望ましい条件、インタビュー実施予定日を伝える」のように定型化してしまうのである。場合によってはスクリーニングのための調査票をデザインリサーチチームで作成して、対象者に配布してもらうような運用にできる場合もあるだろう。繰り返し発生しそうな業務については、できる限り定型化していくのが基本である。

リサーチの準備の中でリサーチチームだけで対応できないことのひとつに、インタビュー時の同意書の準備がある。同意書は法務部門の担当になると思うが、インタビューの度に毎回新しく同意書を作成してもらうのではなく、ある程度使い回せるような内容で作成してもら

うのが理想である。企業によっては、社会情勢に応じて常にアップデートが入る可能性があるため、あくまでも同意書は法務管理として、必要な際に法務の管理するファイルサーバーや、契約書管理システムなどからダウンロードして利用する必要があるかもしれない。いずれにしても、同意書をどのようにして用意すればよいかについてのフローをあらかじめ定めておくことが重要だ。

　また、協力者への報酬や、リクルーティング会社への支払いが発生する場合は、どの部門の予算から捻出して、それは誰に相談すればよいだろうか。リサーチ部門があればリサーチ部門の予算で賄うこともできるだろうが、リサーチ部門がある企業は社会全体のごく一部であり、デザインリサーチャーはデザイン部門に属していることが多い。デザイン部門でリサーチの予算が確保してありリサーチのための出費が認められるのであれば話はスムーズであるが、それが難しい場合は、受益者負担として開発などの他の部門での費用負担が可能か検討するのがよいだろう。

リサーチ実施マニュアルの整備

リサーチ協力者への応対方法も決めておく必要がある。事前、あるいは事後にリサーチ協力者に対して送るメールの内容はテンプレートとして作成しておくべきであるし、オフィスでインタビューを実施する場合は、来客時のフローを定めておくべきだ。企業規模によっては受付担当者に特別な対応を依頼する必要があるかもしれない。リサーチ協力者を迎えに行く人、（必要であれば）お茶を出す人、インタビュー終了後、協力者を見送る人など、どのような役割が発生し、誰が何を担当するのかを決めておく必要がある。企業ごとに受付の仕組みやオフィスレイアウトなどが異なるため、インタビューセッションが終わったあとに改善すべき／改善できるポイントはあるか話し合って、より良くしていく。

　また、カメラや録音機材などのハードウェアをリサーチのために利用するだろう。担当者ごとに機材を揃えることはコスト面からも得策

ではないだろうから、社内で共有・利用できる機材として用意し、利用のフローを定めておこう。

前述したリクルーティングや、インタビューへの同意書、謝礼の支払い、インタビュー協力者への応対マニュアルなどについては、社内の異なるデザインリサーチプロジェクトでも流用できることが多い。社内のイントラネットやWikiなどがあるのであれば、そこで各種手続きを共有し、リサーチを実施しようとするものは誰でも閲覧できるようにしておくのが望ましい。

4.4.3　ナレッジを蓄積する

ナレッジマネジメントとは、2つの意味合いがある。ひとつは、デザインリサーチのプロセスに関するナレッジであり、もうひとつはリサーチから得られたインサイトや機会に関するナレッジである。

前者のデザインリサーチのプロセスの中で得られた学びについては、例えば「このようにワークショップを設計してみたところ、このような結果が得られた」「インタビューの中でこのような工夫をしてみた」など、関係者が今後のプロジェクトの中で活用できそうな知見の集合である。あるいは、「カスタマージャーニーマップを作成したので、テンプレートとして利用しやすいように共有フォルダに保存しておく」「ワイヤーフレームを作成するためのコンポーネントを作成する」なども含まれるだろう。

一方で後者はリサーチプロジェクトで得られたインサイトである。特定の目的のために得られたインサイトが他のプロジェクトにおいても活用できる場合は珍しくない。この時、そのインサイトを得た元情報にいかに容易にアクセスできるかが重要なポイントとなる。動画、インタビューの書き起こし、抽出したインサイトなどを共有できるとよい。この時、特定のキーワードなどで検索できるようにしておく一方で、特定のリサーチプロジェクトだけではなく他のプロジェクト、例えばプロダクト全体に関わりそうな情報や、あるいは今回は対象で

はないが他のプロダクトの改善に役立ちそうなインサイトが得られた場合には、タグ付けをしておく、あるいは社内ブログなどの形で書き記しておくのもよいだろう。

　これらは、筆者のようなクライアントビジネスを主体としたデザインファームにおいては、特定のクライアントの情報を他のクライアントに伝えることが不可能であるため、実現には一定のハードルが存在する。しかし事業会社において自社プロダクトのデザインリサーチに継続して取り組むのであれば、自社のプロダクトに関する様々な知見を利活用することは個人情報保護の点さえクリアできれば比較的容易であろうから、ぜひ取り組んでもらいたい。

　デザインリサーチを組織の中で効果的に運用するためには、デザインリサーチ、あるいはデザインリサーチャーとしてのスキルや経験の他に、検討すべき様々な項目がある。これらの検討項目は組織やプロダクトの状況によって大きく異なり、どの組織・プロダクトに対しても適用できる最適な答えというものは存在しない。

　しかし、デザインリサーチを取り巻く状況をみれば、デザインリサーチのみで顧客に価値を届けられるわけではないのは明らかだ。他の組織と協働することによって初めて顧客に価値を提供できるということを常に意識してほしい。私たちは、デザインリサーチャーとしての都合を組織の中で過度に主張するのではなく、組織のゴール、プロダクトの目指す方向を理解して、そこに向けて、開発、ビジネス、顧客、その他様々なステークホルダーと一緒に、1つのチームとしてプロダクトへの貢献を目指す必要がある。

　本書の最後に、日本においてデザインリサーチに取り組んでいる企業の例を紹介させていただく。なお、これらは弊社が手がけた事例ではないことを断っておく。

事業フェーズに合わせたデザインリサーチ

Ubie 株式会社 | https://ubie.life/

「テクノロジーで人々を適切な医療に案内する」をミッションに掲げるヘルステックスタートアップ Ubie 株式会社では、医療機関向けに業務効率化・診断支援サービス「AI問診ユビー」を、生活者向けに症状から疑われる病気や対処法を調べられる「AI受診相談ユビー」を提供している。

　Ubie のインハウスのプロダクトデザイナーは 2020 年 10 月時点で 5 名。リサーチ設計〜リクルーティング〜プロトタイピング〜実査〜分析まで、基本的にはデザイナー主導で行っている。Ubie では、新規プロダクトの創出や現行プロダクトの改善にデザインリサーチを活用しており、本稿ではいくつかの事例とともに紹介する。

新規事業創出

2018 年には、インド進出を念頭に、インドのいくつかの都市でのデザインリサーチを実施した。インドに住む人々が体調を崩した際の経験について、どのような状況で、その後どのように対処したか、日本における受診体験との共通点・相違点は何かといった理解を深めた。また、簡易的なプロトタイプを用意してアイデアの検証も行った。

その結果、「インドの公立病院で受けられる医療は安いが品質が低く、私立病院で受けられる医療は品質が高いが費用も高いため程よい医療機関がなく、これらが受診抑制や重症化を招いている」「インドでは地方部から都市部に移住する人が非常に多いが、彼らは仮に体調が悪くなっても地元の家庭医への相談が難しく、

医療アクセス上疎外されがちである」「日本とは異なり治療行為が公定価格でないため、医療費に対する透明性が患者体験上重視される」といったインサイトを得ることができた。

　これらインサイトをもとに価値カードを作成した。価値カードは「どこで適切な治療を受けられるかがわかる価値」「リーズナブルな費用で治療を受けられる価値」「重い病気かもしれない恐怖を緩和できる価値」「二次感染なく問診を受けられる価値」のように記述される。記述の仕方は異なるが、プロダクトが提供すべき価値を記述したものであり、解くべき問いであるとも捉えられ、本書で述べる機会（あるいはHow Might We）に相当すると見ることもできるだろう。

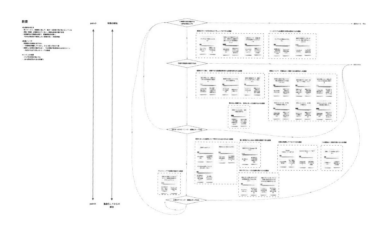

また、価値の抽出と併せて患者のジャーニーマップを作成し、優先して解くべき問いがどこにあるのか、検証すべき仮説の優先づけと検討を行い、プロトタイピングを実施している。このようなデザインリサーチを活用した新規事業創出の試みは、インドでのリサーチの他にCOVID-19影響下でも実施されている。

現行プロダクトの改善

Ubieではプロダクト開発のためのスクラムチームの中にデザイナーが入り、現行プロダクトの改善のためにもデザインリサーチが取り入れられている。

　Ubieの開発プロセスではプロダクトバックログのひとつとしてリサーチが存在し、デザイナーが主導しつつもスクラムチームとしてリサーチに取り組むカルチャーとなっている。

例えばある調査では、「プロダクトを信頼するに足る理由は何なのか」を明らかにするために、継続利用ユーザー、または離脱ユーザーに対してアプローチし、ユーザーの行動特性や背景にある価値観を探るリサーチを実施している。

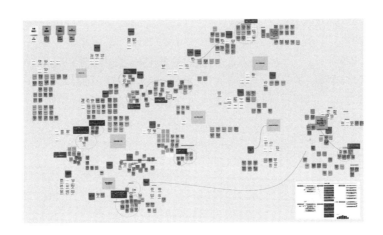

彼らのプロダクト「AI受診相談ユビー」のユーザーにインタビューを実施して、ユーザーの発話の一つひとつをポストイットに書き出し、共通点・相違点に着目して類型化し、そこからインサイトや課題を抽出する。インサイトとしては例えば「体調を崩した時、過去に経験のある症状かどうかが最初にユーザーがとる対処法の決定に大きく影響する」のような気づきを得ることができた。インサイトの抽出と併せて、例えば「自分が事前に想定していた病気や対処法と、利用後に示された結果が異なった場合、どのようなコミュニケーションを取ればより納得度を高く保つことができるか」のような解くべき課題を定義する。そしてこれら課題に対し、アイデアを出してプロダクトバックログ（今度プロダクトのために開発すべき機能のリスト）に追加し、優先度を付けた上で開発に取り組む。

　なお、解くべき課題に対してアイディエーションを実施する場合もあれば、特にアイディエーションを実施せずそのままアイデアとしてプロダクトバックログに追加する場合もあるそうである。課題の粒度や内容にもよるが、適切なソリューションが明らかな場合は、必ずしもアイディエーションのステップを踏む必要がない。

物語に基づくプロダクトデザイン

横河電機株式会社 | https://www.yokogawa.co.jp/

横河電機は、1915年創立。国内最大手、世界屈指の工業計器・プロセス制御システムメーカーである。

　横河電機におけるデザイン部門は、リサーチに限らずデザインに関する様々な業務を引き受けており、リサーチを主な業務としているのは数名程度である。ただし、顧客インタビューなどで他のデザイナーがリサーチに関わる機会は多くある。本稿ではプロダクトデザインの流れと社内でのデザインリサーチプログラムについて紹介する。

新しいプロダクトのためのデザインリサーチ

事業部門もデザイン部門も目指すゴールは同じであり、プロダクト / サービスを通してお客様に価値を届けたいと考えている。事業部門からデザイン部門への「これを格好よくデザインしてほしい」という依頼に対して、ただ「格好よくする」だけであれば難しくないかもしれないが、そのプロダクトの価値を顧客に届けることを目標にした上で「格好よい」を定義することは簡単ではない。

　多くの場合デザインは、対象となるプロジェクトの状況を理解するところから始まる。プロジェクトによっては「お客様が誰か？」という設定が不十分であったり、セグメントが不明であったり、どういう使われ方をされるのかを具体的に検討し切れていないケースもある。

　事業部は、顧客のことをよく把握している。例えば計測器の開発に関することであれば、性能や価格について顧客はおそらくこういったものを期待しているだろうという勘所が開発者の頭の中にある。一方で、顧客がその計測機器をどのように使って、どのようなものを開発しようとしているかを聞く機会はあまりない。顧客が取り組む開発内容は秘匿性が高いからだ。

　そういったケースにおいてデザイン部門ではリサーチを実施することを提案する。デプスインタビューからペルソナ作成までを 3 ヶ月で実現するパッケージとして、デザインリサーチを提供している。このプロセスでは綺麗な資料を作るこ

とが目的ではなく、リサーチする過程でお客様を理解することが大切であると考えている。

　横河電機ではリサーチの対象を大きく2つに分けて捉えている。ひとつはユーザーの仕事を知ることであり、もうひとつはユーザーのマインドを知ることである。デザイナーは、開発プロジェクトチームが何を知っていて、何を知らないかを整理して、どうやって情報を手に入れるかを考える。お客様に聞くことがもちろん最適な内容もあるが、トピックによっては大学の先生に話を聞きに行くほうがよいし、事業部のエンジニアに話を聞けば解決することも多くある。インタビューを実施するよりもまずは現場を見ることもあるし、インターネットの動画共有サイトで関連動画を視聴する場合もある。

　インタビュー実施後まずはインタビューの内容を書き起こす。その後キーワード抽出を行い整理する。横河電機では共創ルームと呼ばれる大きな壁（一面ホワイトボード）を持つ専用の部屋があり、COVID-19感染拡大防止で原則テレワーク勤務となる以前は、一連の分析作業はこの部屋で行われることが多かった。

整理を行うポイントとしては物語を作ることである。これは日記のような体裁の場合もある。朝起きて会社に行ってどのような仕事をするといったような、プロダクトのユーザーとなる人々がどのような生活をしているかを描写したものである。物語として記述する内容の期間はプロダクトの性質によって異なり、毎日の仕事について記述する場合もあれば、中長期的な視点からユーザーの物語を描く場合もある。

　この物語と合わせてペルソナを作成して開発プロジェクトメンバーと共有するようにしている。ペルソナ作成というと専用テンプレートの項目欄を埋めていく

ことに終始してしまいがちだが、物語をもとにペルソナを作成することによって、より人々に共感されやすいペルソナを作ることができる。商品開発において重要なのは、背後に物語があるかどうかである。ペルソナだけではなく物語があることで、プロダクトを使うシーンや、顧客の抱える課題をより具体的にイメージしながらプロダクト開発を進めることができる。これは、BtoC製品に限らず、計測機器のように、専門職が使用することを想定したBtoBプロダクトを扱う企業においても重要であろう。

　上記のような形で事業部と一緒にデザインリサーチに取り組むと、次回以降、プロダクト開発のもっと早い段階から相談されるケースが多い。これは事業部側にもデザインリサーチがプロダクト開発に有効であるという価値観を共有できている証左であろう。

HiT (Hunt for Innovation Treasure) UX

個別のデザインリサーチプロジェクトとは別に、社内から開発プロジェクトを集めてグループコンサルティングのような形でデザインリサーチプログラム (HiT UX) を提供している。

このプログラムに応募してくる社員は、既存の製品の延長線上にあるプロダクトについて考えている社員もいれば、全く新しいサービスあるいは全く新しいプロダクトに関して提案しようとしている社員もいる。横河電機の社内で新しいプロダクトを開発する際にはステージゲート制のゲートを突破する必要がある。HiT UXに参加するチームはこのステージゲートの最初のステージの前段階にいることが多い。例えば、顧客が誰かというのはなんとなくわかっている。あるいはやりたいことがある程度明確になっているなどである。

　4つから5つのプロジェクトに対して、グループコンサルティングを同時に提供している。チームは基本的には4、5人、最低でも3人で参加するようにお願いしている。なぜなら1人では組織を動かせない。最低でも3人いると組織を動かすことができる。製品開発プロジェクトのチームリーダーとチームメンバー数人のような構成が多い。

　リサーチの文化を社内に根付かせることもHiT UXの目的のひとつである。リサーチの有用性について理解した人材が社内の様々な部署に散りばめられていることが理想だ。その理想の状態に組織を近づけるために、このプログラムは非常に有効であろう。

※本書に掲載した図版において、出典の明記がないものは自作である（デザイナー
が書き起こした）。CASE STUDY の図版は各社からご提供いただいた。

おわりに

私たちの社会は私たちが想像している以上に民主的である。

　私は子どもの頃、私たちの社会や私たちの生活は誰かによって与えられるものであると信じていた。ウォークマンにファミコン、たまごっちにプリクラなど、世の中の誰かが考えた素晴らしいプロダクトが身の回りに溢れていたけれど、それはごく一部の才能に恵まれた優秀な人々によって生み出され、一般的な国民に販売されるものであり、その流れは限りなく一方通行で、自分たちが何らかの影響を与えられるものではないと思っていた。

　しかし実際には、少なくとも現代ではそうではない。すべての人々は素晴らしい可能性を持っており、プロダクトに、ひいては社会に大きなインパクトを与えることができる。20年前、10年前と比べて、私たちは明らかに多くの情報にアクセスできるようになり、私たちができることもぐんと増えた。

　インターネットやその関連技術、人工知能の発展やその成果を容易に利用できる環境が整ったこと、Arduinoやレーザーカッター、3Dプリンターなどデジタルファブリケーションの普及によるところも大きい。これまで資本力のある大手企業しか手を出せなかったものづくりを、私たちが私たちの手によって為すことができるようになった。その結果、私たちは社会に対する影響力を持ち、世界を変える力を持っていると私は感じている。

　私がCIIDに入学した時、学長から新しい学生たちに向けてオリエンテーションがあった。そのプレゼンテーションの中で彼女はシェイ

クスピアの劇「ウインザーの陽気な女房たち」から「The world is your oyster」というセリフを引用した。世界を力ずくで手に入れることを、真珠貝を剣でこじ開けることに見立てている。日本語を母語とする私たちにはいまいちピンとこない表現ではあるが、英語圏では非常によく使用される慣用句で、「あらゆる機会はあなたの目の前に開かれている」といった意味である。ただし、それを掴み取るかどうか、そして実現するかどうかはあなたの責任でもある。私たちは社会に対するインパクトを創出できる立場にあり、ポジティブなインパクトを創出するためにデザインリサーチは非常に強力なツールとなる。

　中国の政治家であった欧陽脩（おうようしゅう）は、良い考えの生まれやすい状況のことを三上（馬上、枕上、厠上）と表現したといわれてる。それぞれ「馬（乗り物）に乗っている時」、「布団で寝ている時」、「用を足している時」のことである。机に向かって考えているよりも、こんな時のほうがアイデアが生まれやすい。これは私自身もそうであるし、多くの人が似たような経験を持っているとのではないかと思う。

　このためであろうか、私たちはアイデアを出すことに積極的に投資してこなかったように思う。企業の中でビジネスプランコンテストのようなものがあったとしても、コンテストに提出するアイデアを作り、練ることに時間をかけることが認められることは稀で、多くの企業では従業員のモチベーションにフリーライドしている実情がある。一方で、海外ではデザインリサーチに関するマーケットが日本とは比較にならないほど大きくなり、デザインリサーチが必ず重要なイノベーションドライバーとなっている。この流れが日本に波及するまでにそう長い時間はかからないはずだ。本書が日本におけるデザインリサーチの興盛と浸透に少しでも貢献し、日本のイノベーションを少しでも後押しすることができれば、これほど嬉しいことはない。

2020年10月　　木浦幹雄

謝 辞

本書を執筆するにあたり、多くの方にお世話になった。この本は、私のこれまでのデザインリサーチに関する研究や実践に基づく学びをまとめたものであるから、本来であれば私の学生時代の恩師や、同級生、業務上お世話になった様々な方の名前を挙げてお礼を述べたいところであるが、紙幅の都合もあるため、本書執筆にあたり直接お世話になった方々のお名前だけ挙げる。

CIID Alumniである岡橋毅氏、中丸啓氏、神谷泰史氏、本間美夏氏には本書の執筆前から内容について相談に乗っていただき、原稿に対して大変有益なコメントをいただいた。

専修大学の上平崇仁教授、福山大学の中道上教授、工学院大学の見崎大悟准教授、Designit Tokyo株式会社の齊藤麻衣氏には専門家としての立場から本書の草稿を読んでいただき、大変有益なコメントをいただいた。

私の大切な友人である新角耕司氏、鈴木友博氏、野村惇氏、福田恭子氏、間野晶子氏には、早い段階から本書の草稿に対して様々なコメントをいただき、大変感謝している。

そして業務が多忙な中、インタビューにご協力いただいたUbie株式会社の畠山糧与氏、横河電機株式会社の古谷利器氏と伊原木正裕氏には深く感謝したい。

また、常日頃からデザインリサーチの実践に共に取り組むアンカーデザイン株式会社の皆様は、日々の多忙なスケジュールの中で執筆をサポートしてくださった。特に山口景子氏には本書で紹介した同意書の作成や、法律周りの面で多大なサポートをいただいた。また若旅多喜恵氏には原稿執筆中から多くのコメントをいただいた。

BNNを紹介してくださった吉竹遼氏にもお礼を申し上げたい。私がデザインリサーチに関する本を書きたいと何気なくTwitterで呟いたところ、吉竹氏に捕捉されてBNNをご紹介いただき、本の出版が決まったのである。そして最後に、BNNの石井早耶香氏には、私にとって初めての経験である書籍執筆を手厚くサポートしていただき、無事に発売にこぎつけることができた。厚くお礼申し上げたい。

木浦幹雄

索 引

木浦幹雄

アンカーデザイン株式会社 代表取締役
大手精密機器メーカーにて新規事業 / 商品企画に従事したの
ち、Copenhagen Institute of Interaction Design (CIID) にて
デザインを活用したイノベーション創出を学ぶ。国内外の大
手企業やスタートアップ、行政などとのデザインプロジェク
ト経てアンカーデザイン株式会社を設立。質的、量的による
リサーチをもとに人々を理解し、その過程で見いだしたイノ
ベーションの機会に最先端のデジタル技術を融合させ、仮説
検証としてのプロトタイピングを通した持続可能な体験作り
を得意とする。IPA未踏スーパークリエータ、グッドデザイ
ン賞など受賞多数。Twitter: @kur

デザインリサーチの教科書

2020 年 11 月 15 日　初版発行
2024 年 6 月 15 日　初版第 6 刷発行

著者　　　　　　　木浦幹雄

発行人　　　　　　上原哲郎
発行所　　　　　　株式会社ビー・エヌ・エヌ
　　　　　　　　　〒 150-0022
　　　　　　　　　東京都渋谷区恵比寿南一丁目 20 番 6 号
　　　　　　　　　E-mail: info@bnn.co.jp
　　　　　　　　　Fax: 03-5725-1511
　　　　　　　　　www.bnn.co.jp

印刷・製本　　　　シナノ印刷株式会社

デザイン　　　　　駒井和彬（こまゐ図考室）
編集　　　　　　　石井早耶香
編集アシスタント　河野和史
協力　　　　　　　アンカーデザイン株式会社